2018 全国注册安全工程师执业资格考试模拟考场

中安国泰（北京）科技发展中心　编著

中国环境出版集团·北京

图书在版编目（CIP）数据

2018全国注册安全工程师执业资格考试模拟考场/中安国泰（北京）科技发展中心编著. —北京：中国环境出版集团，2018.8

ISBN 978-7-5111-3742-5

Ⅰ. ①2… Ⅱ. ①中… Ⅲ. ①安全工程师—资格考试—习题集 Ⅳ. ①X93-44

中国版本图书馆CIP数据核字（2018）第166546号

出 版 人 武德凯
责任编辑 董蓓蓓
责任校对 任 丽
封面设计 陈常钰

出版发行 中国环境出版集团
（100062 北京市东城区广渠门内大街16号）
网 址：http://www.cesp.com.cn
电子邮箱：bjgl@cesp.com.cn
联系电话：010-67112765（编辑管理部）
010-67113412（第二分社）
发行热线：010-64965024，010-67113405（传真）

印 刷 北京中科印刷有限公司
经 销 各地新华书店
版 次 2018年8月第1版
印 次 2018年8月第1次印刷
开 本 787×1092 1/16
印 张 22
字 数 470千字
定 价 69.00元

前　言

注册安全工程师是指取得中华人民共和国注册安全工程师执业资格证书，在生产经营单位从事安全生产管理、安全技术工作或者在安全生产中介机构从事安全生产专业服务工作，并按照规定注册取得中华人民共和国注册安全工程师执业证和执业印章的人员。自2002年注册安全工程师执业资格制度实施以来，注册安全工程师执业资格考试已举行了十余年，越来越多的企业、机构要求有关人员取得职业资格，以提高其安全生产管理水平。

为满足广大考生应试复习的需要，便于考生准确掌握《注册安全工程师执业资格考试大纲（2011版）》的要求和2018年考试重点，编者在详细分析历年试题的基础上，结合考试大纲、新修订和新颁布的安全生产法相关法律法规、“全国注册安全工程师考试辅导教材（2011版）”（全四册）以及2018年安全应急工作重点，组织有关专家策划编写了本书。在模拟试卷的编撰过程中，我们遵循“以应试者需要为本”的宗旨，以“提升应试者的过关水平”为目标，既能辅助考生顺利通过考试，同时也能够提高参试人员的专业能力。

全书包括四大部分：第一部分为“安全生产法及相关法律知识”模拟试卷，第二部分为“安全生产管理知识”模拟试卷，第三部分为“安全生产技术”模拟试卷，第四部分为“安全生产案例分析”模拟试卷。其内容根据考试大纲考点、历年真题命题趋势、新修订法律法规及2018年重点工作编写而成，并对题目进行了考点分析和解析，力求为考生提供大量的、具有代表性的考前复习题。通过本书的复习，考生可以全面了解全国注册安全工程师执业资格考试的基本题型和重要知识点，以及考试的广度和深度，进而顺利通过考试。

由于编者水平有限及时间较紧迫，书中难免存在疏漏和不足，我们衷心期望读者给予批评指正，以便持续改进。

《2018全国注册安全工程师执业资格考试模拟考场》编辑部

2018年6月

目　录

第三部分　安全生产技术

第四部分　安全生产事故案例分析

注册安全工程师执业资格考试大纲

（2011 版）

编写说明

根据原人事部、原国家安全生产监督管理局发布的《注册安全工程师执业资格制度暂行规定》（人发〔2002〕87 号）和《注册安全工程师执业资格考试实施办法》（国人部发〔2003〕13 号）的规定，国家安全生产监督管理总局组织编写了《注册安全工程师执业资格考试大纲》（2011 版），并经人力资源和社会保障部审定通过。

2011 版考试大纲是在 2008 版的基础上，根据我国安全生产专业人才队伍建设需要，对有关内容进行修订，进一步体现了对安全生产专业人员素质和能力的要求，是应考人员复习备考的依据。

考试科目共四科：《安全生产法及相关法律知识》《安全生产管理知识》《安全生产技术》和《安全生产事故案例分析》。

国家安全生产监督管理总局

2011 年 4 月

考试说明

一、考试目的

注册安全工程师执业资格考试是为了适应我国经济社会安全发展需要，提高安全生产专业人员素质，保障人民群众生命财产安全，确保安全生产，客观评价安全生产专业技术人员的知识水平和业务能力。

二、考试性质

注册安全工程师执业资格考试是由人力资源和社会保障部与国家安全生产监督管理总局共同组织实施的一项国家执业业资格考试，每年在全国范围内举行一次。该考试的成绩实行两年为一个周期的滚动管理办法，参加四个科目考试的人员必须在连续的两个考试年度内通过全部科目；免试部分科目的人员必须在一个考试年度内通过应试科目的考试。考试合格方可取得《中华人民共和国注册安全工程师执业资格证书》，证书在全国范围内有效。

三、考试方式

注册安全工程师执业资格考试方式为闭卷考试，在答题卡上作答。

四、考试科目

考试科目共四科：《安全生产法及相关法律知识》《安全生产管理知识》《安全生产技术》和《安全生产事故案例分析》。

五、考试题型

前三个科目的考试题型为客观题。“单项选择题”要求从备选项中选择一个最符合题意的选项作为答案。“多项选择题”的每题备选项中，有两个或两个以上符合题意的选项，错选不得分；漏选，所选的每个选项得 0.5 分。在全部选择题中，有 70 个单项选择题，每题 1 分；15 个多项选择题，每题 2 分。

《安全生产技术》科目试卷由必答题和 4 组选答题组成。必答题为机械安全技术、电气安全技术、特种设备安全技术、防火防爆安全技术、职业危害控制技术、交通运输安全技术的内容；选答题分别为采矿安全技术、建筑施工安全技术、危险化学品安全技术和综合安全技术的内容。考生应完成必答题（占分值的 90%）和任意一组选答题（占分值的 10%）。《安全生产事故案例分析》科目考试题型包括客观题（占分值的 30%）和主观题（占分值的 70%），客观题分为单项选择题和多项选择题。主观题为综合案例分析题。

四个科目试卷总分均为 100 分。

安全生产法及相关法律知识

一、考试目的

考查专业技术人员掌握和运用安全生产法律、法规、规章和标准的有关规定和要求，分析、判断和解决安全生产实际问题的能力。

二、考试内容及要求

（一）安全生产法律体系

掌握我国安全生产法律体系的框架和内容，判断安全生产相关法律、行政法规、规章和标准的地位和效力。

（二）中华人民共和国安全生产法

掌握安全生产的基本规定，分析生产经营单位的安全生产保障、生产安全事故的应急救援与调查处理、安全生产的监督管理等方面的有关法律问题，分析从业人员的权利保障和义务履行的有关法律问题，判断违法行为及应负的法律责任。

（三）安全生产单行法律

1.《中华人民共和国矿山安全法》。分析矿山建设、开采的安全保障和矿山企业安全管理等方面的有关法律问题，判断违法行为及应负的法律责任。

2.《中华人民共和国消防法》。掌握消防工作的基本规定，分析火灾预防、消防组织建设和灭火救援等方面的有关法律问题，判断违法行为及应负的法律责任。

3.《中华人民共和国道路交通安全法》。掌握道路交通安全的基本规定，分析车辆和驾驶人、道路通行条件、道路通行规定和道路交通事故处理等方面的有关法律问题，判断违法行为及应负的法律责任。

4.《中华人民共和国突发事件应对法》。掌握突发事件应对的基本规定，分析突发事件的预防与应急准备、监测与预警、应急处置与救援、事后恢复与重建等方面的有关法律问题，判断违法行为及应负的法律责任。

（四）安全生产相关法律

1.《中华人民共和国刑法》和《最高人民法院、最高人民检察院关于办理危害矿山生产安全刑事案件具体应用法律若干问题的解释》。分析安全生产犯罪应承担的刑事责任，判断矿山生产安全的犯罪主体、定罪标准及相关疑难问题的法律适用。

2.《中华人民共和国行政处罚法》。判断安全生严活动中违反行政管理秩序的行为及应受到的行政处罚。

3.《中华人民共和国行政许可法》。掌握行政许可的基本规定，分析行政许可的设定、实施机关和实施程序、监督检查等方面的有关法律问题，判断设定行政许可的条件和实施行政许可的合法性。

4.《中华人民共和国职业病防治法》。掌握职业病防治的基本规定，分析职业病前期预防、劳动过程中的防护与管理、职业病病人保障等方面的有关法律问题，判断违法行为及应负的法律责任。

5.《中华人民共和国劳动法》。分析劳动安全卫生、女职工和未成年工特殊保护、社会保险和福利、劳动安全卫生监督检查等方面的有关法律问题，判断违法行为及应负的法律责任。

6.《中华人民共和国劳动合同法》。分析劳动合同制度中有关安全生产和职业病方面的有关法律问题，判断违法行为及应负的法律责任。

（五）安全生产行政法规

1.《安全生产许可证条例》。掌握安全生产许可的基本规定，分析企业取得安全生产许可证应具备的条件、应遵守的程序和安全生产许可监督管理等方面的有关法律问题，判断违法行为及应负的法律责任。

2.《煤矿安全监察条例》。掌握煤矿安全监察的基本规定，分析煤矿安全监察和煤矿事故调查处理方面有关法律问题，判断违法行为及应负的法律责任。

3.《国务院关于预防煤矿生产安全事故的特别规定》。判断煤矿的重大安全生产隐患和行为，分析煤矿停产整顿、关闭的有关法律问题，判断违法行为及应负的法律责任。

4.《建设工程安全生产管理条例》。掌握建设工程安全生产管理的基本规定，分析建设工程建设、勘察、设计、施工及工程监理等方面的有关法律问题，判断违法行为及应负的法律责任。

5.《危险化学品安全管理条例》。掌握危险化学品安全管理的基本规定，分析危险化学品生产、储存、使用、经营和运输以及登记与事故应急救援等方面的有关法律问题，判断违法行为及应负的法律责任。

6.《烟花爆竹安全管理条例》。掌握烟花爆竹安全管理的基本规定，分析烟花爆竹生产、经营、运输和烟花爆竹燃放等方面的有关法律问题，判断违法行为及应负的法律责任。

7.《民用爆炸物品安全管理条例》。掌握民用爆炸物品安全管理的基本规定，分析民用爆炸物品生产、销售、购买、运输、储存以及爆破作业等方面的有关法律问题，判断违法行为及应负的法律责任。

8.《特种设备安全监察条例》。掌握特种设备安全监察的基本规定，分析特种设备生产、使用、检验检测和安全监督检查等方面的有关法律问题，判断违法行为及应负的法律责任。

9.《使用有毒物品作业场所劳动保护条例》。分析使用有毒物品作业场所职业卫生预防和职业健康监护方面的有关法律问题，判断违法行为及应负的法律责任。

10.《国务院关于特大安全事故行政责任追究的规定》。界定特大安全事故的种类，分析特大安全事故的防范、发生的有关法律问题，判断违法行为及应负的行政责任和刑事责任。

11.《生产安全事故报告和调查处理条例》。分析生产安全事故报告、调查和处理等方面的有关法律问题，判断违法行为及应负的法律责任。

12.《工伤保险条例》。掌握工伤保险的基本规定，分析工伤保险费缴纳、工伤认定、劳动能力鉴定和给予工伤人员工伤保险待遇等方面的有关法律问题，判断违法行为及应负的法律责任。

（六）安全生产部门规章

1.《注册安全工程师执业资格制度暂行规定》。掌握注册安全工程师执业资格考试的规定和注册安全工程师的职责。

2.《注册安全工程师管理规定》。掌握生产经营单位配备注册安全工程师的要求，掌握注册安全工程师注册、执业、权利和义务、继续教育的规定和要求。

3.《生产经营单位安全培训规定》。分析生产经营单位主要负责人、安全生产管理人员、特种作业人员和其他从业人员安全培训等方面的有关法律问题，判断违反规定的行为及应负的法律责任。

4.《特种作业人员安全技术培训考核管理规定》。分析特种作业人员安全技术培训、考核、发证和复审等方面的有关法律问题，判断违反规定的行为及直负的法律责任。

5.《劳动防护用品监督管理规定》。分析劳动防护用品生产、检验、经营、配备与使用和监督管理的有关法律问题，判断违反规定的行为及应负的法律责任。

6.《作业场所职业危害申报管理办法》。分析作业场所职业危害申报方面的有关法律问题，判断违反规定的行为及应负的法律责任。

7.《建设工程消防监督管理规定》。分析建设工程消防设计审核、消防验收以及备案审查方面的有关法律问题，判断违反规定的行为及应负的法律责任。

8.《安全生产事故隐患排查治理暂行规定》。分析安全生产事故隐患排查和治理方面的有关法律问题，判断违反规定的行为及应负的法律责任。

9.《生产安全事故皮急预案管理办去》。分析生产安全事故应急预案编制、评审、发布、备案、培训、演练方面的有关法律问题，判断违反规定的行为及应负的法律责任。

10.《生产安全事故信息报告和处置办法》。分析生产安全事故信息报告、处置方面的有关法律问题，判断违反规定的行为及应负的法律责任。

11.《安全评价机构管理规定》。掌握安全评价机构取得资质应具备的条件和应遵守程序，分析安全评价活动方面的有关法律问题，判断违反规定的行为及应负的法律责任。

12.《建设项目安全设施“三同时”监督管理暂行办法》。分析建设项目安全条件论证、安全预评价、安全设施设计审查、施工和竣工验收等方面的有关法律问题，判断违反规定的行为及应负的法律责任。

安全生产管理知识

一、考试目的

考查专业技术人员运用安全生产管理基础理论和方法，辨识、评价和控制危险有害因素，组织开展隐患排查治理，改善生产作业环境，制定安全制度和规程，规范从业人员作业行为，增强安全管理的系统性和有效性，提高企业生产安全事故预测、预警和应急救援能力，提高生产安全事故调查、统计、分析水平，提高把握生产安全事故的特点和规律的能力，提高安全生产管理水平。

二、考试内容及要求

1．安全生产管理基本理论。掌握事故、事故隐患、危险源的分类，运用因果连锁理论、系统安全理论等事故致因理论和方法，辨识和分析生产经营过程中造成事故的原因、存在的隐患和问题，根据事故预防的基本原则，制定相应的事故预防措施。

2．安全生产监管监察。掌握我国现行安全生产监管监察体制以及监管监察的内容和要求。

3．安全生产标准化。根据《企业安全生产标准化基本规范》和相关行业标准，开展企业安全现状评估，策划安全生产标准化建设和达标方案。

4．安全评价。根据安全生产相关法律法规、《安全评价通则》《安全预评价导则》和《安全验收评价导则》，开展安全评价的前期准备工作，辨识与分析危险、有害因素，提出消除或减弱危险、危害的技术和管理对策措施建议，参与编制安全评价报告。

5．安全文化。根据企业安全文化建设和评价的相关标准，评估企业安全文化现状，协助制定企业安全文化建设规划和计划。

6．重大危险源管理。根据安全生产相关法律法规和《危险化学品重大危险源辨识》标准，开展重大危险源辨识、评价、登记建档和备案，制定重大危险源安全管理制度，通过技术措施和组织措施对重大危险源进行控制和管理，编制重大危险源安全报告和事故应急救援预案。

7．安全生产规章制度。根据安全生产相关法律法规和政策规定，制定和修订企业安全生产责任制等各项安全规章制度。

8．安全生产投入与风险抵押金。根据安全生产相关法律法规和政策规定，分析企业安全生产投入需求，协助编制企业安全生产费用使用和管理计划，协助缴存和使用安全生产风险抵押金。

9．安全技术措施计划。根据生产经营单位安全生产实际，组织编制安全技术措施计划，监督检查计划的完成情况。

10．建设项目安全设施“三同时”。根据安全生产相关法律法规和政策规定，在建设项目设计、施工和竣工验收阶段，开展安全条件论证、安全评价和施工安全监督管理。

11．特种设备安全管理。运用相关标准和技术措施，开展特种设备的使用管理和检验检测，制定特种设备检修过程中的安全措施，分析特种设备常见事故的原因，采取事故预防控制措施，处置特种设备常见事故。

12．安全生产教育培训。根据安全生产相关法律法规和政策规定，分析企业安全生产教育培训需求，制定和实施安全生产教育培训方案，评估教育培训效果。

13．安全生产检查与隐患排查治理。根据安全生产相关法律法规和政策规定，组织编制安全生产检查表，开展安全生产检查，排查事故隐患，建立事故隐患信息档案，提出治理方案，统计分析和上报事故隐患排查治理情况。

14．职业危害预防和管理。运用职业危害因素的辨识标准和评价方法，检测作业场所职业危害因素，设置职业危害警示标识，告知和申报职业危害，建立职业卫生档案，采取职业危害防护控制措施，选用个体防护装备，开展建设项目职业危害评价。

15．劳动防护用品管理。根据安全生产相关法律法规和政策规定，选用和验收劳动防护用品，监督和指导从业人员正确使用。

16．相关方安全管理。根据安全生产相关法律法规和政策规定，识别相关方活动事故风险，制定企业承包和租赁活动中相关方安全管理制度，采取相应管理和控制措施。

17．应急管理。根据安全生产相关法律法规和政策规定，分析生产经营单位应急需求，协助建设应急救援体系，编制和演练应急预案，评估演练效果。

18．生产安全事故调查与分析。根据安全生产相关法律法规和政策规定，运用事故调查技术和方法，开展生产安全事故调查取证、原因分析、性质认定，制定事故防范措施。

19．安全生产统计分析。运用安全生产与职业卫生统计指标以及常用统计分析方法，分析生产安全事故、职业危害的特点与规律，制定防范对策措施。

安全生产技术

一、考试目的

考查专业技术人员运用安全技术和标准，辨识、分析和评价作业场所存在的危险有害因素，采取相应防范技术措施，消除和降低事故风险的能力。

二、考试内容及要求

1．机械安全技术。运用机械安全相关技术和标准，辨识和分析作业场所存在的机械安全隐患，解决转动、传动和加工等机械安全技术问题；运用安全人机工程学理论和知识，解决人机结合的安全技术问题。

2．电气安全技术。运用电气安全相关技术和标准，辨识和分析作业场所存在的电气安全隐患，解决防触电、防静电、防雷击和电气防火防爆等电气安全技术问题。

3．特种设备安全技术。运用特种设备安全相关技术和标准，辨识和分析特种设备存在的安全隐患，解决特种设备安全技术问题。

4．防火防爆安全技术。掌握火灾、爆炸机理，运用防火防爆安全相关技术和标准，辨识和分析火灾、爆炸安全隐患，采取相应预防和控制措施，预防火灾、爆炸事故的发生。

5．职业危害控制技术。运用职业危害控制相关技术和标准，根据作业场所生产性粉尘、毒物和物理因素等对人体健康的影响方式和途径，辨识和分析作业场所存在的职业危害因素，采用工程控制技术措施和个体防护技术措施，消除或减少职业危害。

6．交通运输安全技术。运用交通运输安全相关技术和标准，辨识和分析道路交通、轨道交通、水运、航空等主要事故隐患，采用相应技术措施，预防交通事故的发生。

7．采矿安全技术。运用矿山安全相关技术和标准，辨识和分析矿山开采过程中的危险有害因素，采用相应技术措施，预防事故发生，重点预防瓦斯灾害、地压灾害、水害、火灾、尾矿库溃坝和排土场泥石流等主要事故；运用油气田安全相关技术和标准，辨识和分析油气田勘探、开发和储运过程中的危险有害因素，采用相应技术措施，预防事故发生，重点预防井喷、火灾、爆炸、中毒等主要事故。

8．建筑施工安全技术。运用建筑施工安全相关技术和标准，辨识和分析土方、模板、吊装、拆除、脚手架工程、现场临时用电、高处作业、焊接施工等各类建筑施工作业的危险有害因素，采用相应技术措施，预防事故发生。

9．危险化学品安全技术。运用危险化学品安全相关技术和标准，辨识和分析危险化学品生产、储存、使用、经营和运输过程中存在的危险有害因素，采用相应技术措施，预防事故发生。

安全生产事故案例分析

一、考试目的

考查专业技术人员综合运用安全生产法律法规和标准、安全生产管理理论和方法、主要安全生产技术，分析和解决安全生产实际问题的能力。

二、考试内容及要求

1．危险有害因素辨识、重大危险源辨识、安全生产检查、安全生产事故隐患排查治理、安全评价、职业病危害评价和安全技术措施制定的案例分析。

2．安全生产管理机构设置和人员配备、安全生产规章制度制定和修订、安全教育培训、特种设备安全管理和相关方安全管理的案例分析。

3．安全生产许可、建设项目安全设施“三同时”监督管理、安全生产标准化建设和安全文化建设的案例分析。

4．应急体系建设、应急预案的制定和演练、应急准备与响应、应急处置和事后恢复的案例分析。

5．生产安全事故的报告、调查、处理和安全生产统计分析的案例分析。

附件

考试样题

一、单项选择题（每题 1 分，每题的备选项中只有一个最符合题意）

粉尘检测是以科学的方法对生产环境空气中粉尘的含量及其物理化学性状进行测定、分析和检查的工作。其中，用来测量粉尘分散度的方法是（　　）。

A. 滤膜测尘法　　　　B. 焦磷酸质量法

C. 光散射法　　　　D. 红外分光分析法

（答案：C）

二、多项选择题（每题 2 分，每题的备选项中有两个或两个以上符合题意，错选不得分；漏选，所选的每个选项得 0.5 分）

在无法通过计划来实现本质安全，要使用安全装置来消除危险时，需要考虑的因素包括（　　）。

A. 安全装置的强度

B. 将危险部位消失在视线之外

C. 人的疲劳因素

D. 安全装置对机器的影响

E. 工作平台的位置及高度

（答案：ACDE）

三、案例分析题

某小区建筑施工重大伤亡事故原因调查与损失计算。

1．工程概况

××小区建筑面积为 8000 平方米，工程总造价为 8000 万元。由××房地产开发有限公司开发建设，××建设集团有限公司总承包，室内外装饰、外脚手架及施工升降机拆除等工程施工由××建筑安装工程有限公司分包。该工程于 2000 年 12 月 25 日开工，2001 年 12 月 31 日主体工程完工，2002 年 9 月 2 日装饰工程完工，2002 年 9 月 9 日开始拆除外脚手架及施工升降机（外用电梯）。

2．设备情况

施工升降机是××机械工具有限公司生产的人货两用施工升降机（以下简称升降机），该升降机经技术鉴定后，于 2001 年 7 月取得质量技术监督局颁发的特种设备制造安全认可证，价值 300 万元。根据升降机安装拆除专项施工方案的要求，该升降机的拆卸程序为：

（1）将吊笼提升到高处，停放在顶部向下数第三排的横杆上，并用脚手架钢管固定。

（2）拆除曳引机和对重笼围栏。

（3）拆卸对重箱。

（4）拆卸曳引钢丝绳、吊笼、安全钢丝绳及安全绳坠重。

（5）切断主电源，拆除电控箱的电源线和控制线等。

（6）拆卸中间滑轮、对重滑轮和上下滑轮。

（7）拆卸天梁、顶横梁、横杆、斜杆、吊笼导轨和对重导轨、立角钢、附墙装置、井架门。

（8）拆卸曳引机。

该升降机吊笼防坠装置共有四种，即悬停系统、防坠安全器、应急防坠和防松、断绳保护装置。这四种安全防护装置最终都将通过安全钢丝绳来发挥作用。

3．事故经过

9月9日下午2时30分左右，机修班组负责人王一带领王二、王三、王四进入施工现场，对升降机进行降层拆卸工作（从十七层降至十五层），王一在一楼看护，其余三人到升降机顶进行拆卸工作。首先拆去了用于防止吊笼坠落的安全钢丝绳。3时30分，在执行上述拆卸程序4的时候，曳引机卷筒钢丝绳突然在卷筒处断裂，吊笼坠落至十五层后撞到垫设的两根钢管，垫设在十五层上的两根钢管由于无法承受吊笼的冲击而弯曲，与吊笼一起坠落至楼底，吊笼内三人经医院抢救无效，先后死亡。三人在医院的抢救费5万元，每人抚恤费10万元，公司停工一个月，损失300万元，升降机修复费用100万元。

问题：

1．请确定这次事故的事故类别。

2．请确定这起事故的起因物和致害物。

3．请确定这次事故存在的不安全状态和不安全行为。

4．请计算这次事故造成的损失工作日和直接经济损失。

参考答案：

1．起重伤害。

2．起因物：曳引机卷筒钢丝绳（或起重机械）；致害物：吊笼（或起重机械）。

3．不安全状态：钢丝绳有缺陷（或设备、设施、工具、附件有缺陷）。不安全行为：违规先拆除了安全钢丝绳（或造成安全装置失效）。

4．损失工作日：18000日；直接经济损失：135万元。

新修订和新颁布的安全生产相关法律法规

一、新修订的安全生产相关法律法规

（一）新修订的法律

《中华人民共和国安全生产法》（根据2014年8月31日第十二届全国人民代表大会常务委员会第十次会议《关于修改〈中华人民共和国安全生产法〉的决定》第二次修正，主席令第13号）

《中华人民共和国道路交通安全法》（根据2011年4月22日第十一届全国人民代表大会常务委员会第二十次会议《关于修改〈中华人民共和国道路交通安全法〉的决定》第二次修正，主席令第47号）

《中华人民共和国职业病防治法》（根据2016年7月2日第十二届全国人民代表大会常务委员会第二十一次会议《全国人民代表大会常务委员会关于修改〈中华人民共和国节约能源法〉等六步法律的决定》修改，主席令第48号）

《中华人民共和国矿山安全法》（根据2009年8月27日第十一届全国人民代表大会常务委员会第十次会议《关于修改部分法律的决定》修正，主席令第18号）

《中华人民共和国劳动合同法》（根据2012年12月28日第十一届全国人民代表大会常务委员会第三十次会议《关于修改〈中华人民共和国劳动合同法〉的决定》修改，主席令第73号）

（二）新修订的法规

《煤矿安全监察条例》（根据2013年5月31日国务院第10次常务会议通过的《国务院关于废止和修改部分行政法规的决定》修正，国务院令第638号）

《危险化学品安全管理条例》（根据2013年12月4日国务院第32次常务会议再次修订，国务院令第645号）

《安全生产许可证条例》（根据2014年7月9日国务院第54次常务会议通过的《国务院关于修改部分行政法规的决定》第二次修正，国务院令第653号）

《民用爆炸物品安全管理条例》（根据2014年7月9日国务院第54次常务会议通过的

《国务院关于修改部分行政法规的决定》第二次修正，国务院令第 653 号）

《国务院关于预防煤矿生产安全事故的特别规定》(根据 2013 年 5 月 31 日国务院第 10 次常务会议通过的《国务院关于废止和修改部分行政法规的决定》修正，国务院令第 638 号）

（三）新修订的部门规章

《生产经营单位安全培训规定》（根据 2015 年 5 月 29 日国家安全生产监督管理总局令第 80 号第二次修正）

《注册安全工程师管理规定》（2013 年 8 月 29 日国家安全生产监督管理总局令第 63 号修正）

《生产安全事故罚款处罚规定》（试行）（根据 2015 年 4 月 2 日国家安全生产监督管理总局令第 77 号第二次修正）

《非煤矿矿山企业安全生产许可证实施办法》（根据 2015 年 5 月 26 日国家安全生产监督管理总局令第 78 号修正）

《安全评价机构管理规定》(根据 2015 年 5 月 29 日国家安全生产监督管理总局令第 80 号第二次修正）

《特种作业人员安全技术培训考核管理规定》（根据 2015 年 5 月 29 日国家安全生产监督管理总局令第 80 号第二次修正）

《建设项目安全设施“三同时”监督管理办法》（根据 2015 年 4 月 2 日国家安全生产监督管理总局令第 77 号修正）

《建设工程消防监督管理规定》（根据 2012 年 7 月 17 日公安部令第 119 号修正）

二、新颁布的安全生产相关法律法规

（一）新颁布的法律

《中华人民共和国特种设备安全法》（2013 年 6 月 29 日主席令第 4 号公布，2014 年 1 月 1 日起施行）

《最高人民法院、最高人民检察院关于办理危害生产安全刑事案件适用法律若干问题的解释》（法释[2015]22 号）（2015 年 12 月 9 日最高人民检察院第十二届检察委员会第 44 次会议通过，2015 年 12 月 16 日起施行）

（二）新颁布的部门规章

《尾矿库安全监督管理规定》（2011 年 5 月 4 日国家安全生产监督管理总局令第 38 号公布，根据 2015 年 5 月 26 日国家安全生产监督管理总局令第 78 号修正）

《危险化学品重大危险源监督管理暂行规定》(2011年8月5日国家安全生产监督管理总局令第40号公布，根据2015年5月27日国家安全生产监督管理总局令第79号修正)

《危险化学品生产企业安全生产许可证实施办法》(2011年8月5日国家安全生产监督管理总局令第41号公布，根据2017年3月6日国家安全生产监督管理总局令第89号第二次修正)

《危险化学品输送管道安全管理规定》(2012年1月17日国家安全生产监督管理总局令第43号公布，根据2015年5月27日国家安全生产监督管理总局令第79号修正)

《安全生产培训管理办法》(2012年1月19日国家安全生产监督管理总局令第44号公布，根据2015年5月29日国家安全生产监督管理总局令第80号第二次修正)

《危险化学品建设项目安全监督管理办法》(2012年1月30日国家安全生产监督管理总局令第45号公布，根据2015年5月27日国家安全生产监督管理总局令第79号修正)

《工作场所职业卫生监督管理规定》(2012年4月27日国家安全生产监督管理总局第47号公布，2012年6月1日起施行)

《职业病危害项目申报办法》(2012年4月27日国家安全生产监督管理总局令第48号公布，2012年6月1日起施行)

《用人单位职业健康监护监督管理办法》(2012年4月27日国家安全生产监督管理总局令第49号公布，2012年6月1日起施行)

《煤矿安全培训规定》(2017年12月11日国家安全生产监督管理总局令第92号公布，2018年3月1日起施行)

《烟花爆竹生产企业安全生产许可证实施办法》(2012年7月1日国家安全生产监督管理总局令第54号公布)

《危险化学品安全使用许可证实施办法》(2012年11月16日国家安全生产监督管理总局令第57号公布，2017年3月6日国家安全生产监督管理总局令第89号第二次修正)

《工贸企业有限空间作业安全管理与监督暂行规定》(2013年5月20日国家安全生产监督管理总局令第59号公布，根据2015年5月29日国家安全生产监督管理总局令第80号修正)

《非煤矿山外包工程安全管理暂行办法》(2013年8月23日国家安全生产监督管理总局令第62号公布，根据2015年5月26日国家安全生产监督管理总局令第78号修正)

《食品生产企业安全生产监督管理暂行规定》(2014年1月3日国家安全生产监督管理总局令第66号公布，根据2015年5月29日国家安全生产监督管理总局令第80号修正)

《煤矿企业安全生产许可证实施办法》(2016年2月16日国家安全生产监督管理总局令第86号公布，根据2017年3月6日国家安全生产监督管理总局令第89号修正)

《生产安全事故应急预案管理办法》(2016年6月3日国家安全生产监督管理总局令第88号公布，2016年7月1日起施行)

《建设项目职业病防护设施“三同时”监督管理办法》(2017年3月9日国家安全生产监督管理总局令第90号公布，2017年5月1日起施行)

第一部分

安全生产法及相关法律知识

2018年度全国注册安全工程师执业资格考试模拟试卷（一）

安全生产法及相关法律知识

（考试时间150分钟，满分100分）

一、单项选择题（共70题，每题1分。每题的备选项中，只有1个最符合题意）

1. 下列关于我国安全生产法律体系的基本框架和效力的说法，正确的是（　　）。

A. 安全生产立法可分为上位法和下位法，法律是安全生产法律体系中的上位法

B. 安全生产法规可分为行政法规、部门法规和地方性法规

C. 安全生产行政法规可分为国务院行政法规、部门行政法规和地方行政法规

D. 安全生产行政规章可分为国务院规章、部门规章和政府规章

2. 依据《安全生产法》的规定，下列关于各级人民政府安全生产职责的说法，正确的是（　　）。

A. 县级以上地方各级人民政府履行本行政区域内的安全监管职责，对生产经营单位安全生产状况实施监督检查

B. 县级以上各级人民政府应当根据国民经济和社会发展规划制定安全生产规划，并组织实施

C. 乡、镇人民政府应当支持、督促各有关部门依法履行安全监管职责，建立健全安全生产工作协调机制，及时协调、解决安全生产监督管理中存在的重大问题

D. 街道办事处、开发区管理机构等地方人民政府的派出所机构对本行政区域内的安全生产工作实施综合监督管理，加强对本行政区域内生产经营单位安全生产状况的监督检查

3. 张某为某服装厂安全主管，王某为某食品厂安全主管，李某为某炼钢厂安全主管，赵某为某建筑公司安全主管，依据《安全生产法》的规定，上述人员的任免应当告知安全监管主管部门的是（　　）。

A. 张某　　B. 王某　　C. 李某　　D. 赵某

4. 某危险物品储存单位有从业人员25人，依据《安全生产法》的规定，下列关于该单位设置安全生产管理机构和配备安全生产管理人员的说法，正确的是（　　）。

A. 应当配备专职或者兼职的安全生产管理人员

B. 可以不配备专职的安全生产管理人员，但必须配备兼职的安全生产管理人员

C．可以不设置安全生产管理机构，但必须配备专职安全生产管理人员

D．不需要设置安全生产管理机构和配备专职安全生产管理人员，可以委托有相关安全资质的服务机构提供安全生产管理服务

5．依据《安全生产法》的规定，下列建设项目需要进行安全评价的是（　　）。

A．15000m^2 炼钢厂建设项目

B．20 万辆/a 乘车项目

C．15000m^2 日用品仓储项目

D．220kV 变电项目

6．某地铁运营企业的安全生产管理人员张某在日常安全检查中发现重大事故隐患。依据《安全生产法》的规定，下列关于张某报告隐患的正确做法应该是（　　）。

A．立即报告所在地安全监管部门

B．立即报告所在地市政主管部门

C．立即报告地铁运营企业有关负责人

D．立即报告所在地交通主管部门

7．M 公司在其粮仓扩建项目中，将仓顶防水作业委托给 N 公司，同时委托 L 公司承担仓内电气设备安装作业，委托 W 公司负责施工监理。防水和安装作业同时开展。依据《安全生产法》的规定，下列关于上述作业活动安全管理职责的说法，正确的是（　　）。

A．M 公司应与 W 公司签订安全生产管理协议，约定由 W 公司承担安全生产管理职责

B．M 公司应与 N 公司、L 公司签订安全生产管理协议，约定安全生产管理职责由 N 公司、L 公司承担

C．M 公司应与 N 公司、L 公司签订安全生产管理协议，约定各自安全生产管理职责

D．M 公司应委托安全服务机构对该扩建项目的安全生产工作进行统一协调管理

8．依据《安全生产法》的规定，当企业发生生产安全事故后，企业有关人员的正确做法应该是（　　）。

A．企业事故现场人员立即报告当地安全监管部门

B．企业事故现场人员应立即撤离作业场所，并在 2 小时内报告安全监管部门

C．企业负责人应当迅速组织抢救，减少人员伤亡和财产损失

D．企业负责人因组织抢救破坏现场的，必须报请安全监管部门批准

9．依据《安全生产法》的规定，下列关于从业人员安全生产义务的说法，错误的是（　　）。

A．在作业过程中，严格遵守安全生产规章制度和操作规程，服从管理，正确佩戴和使用劳动防护用品

B．具备与本单位所从事的生产经营活动相应的安全生产知识和能力，并由有关行政主管部门考核合格

C．接受安全生产教育和培训，掌握工作所需的安全生产知识，提高安全生产技能，增强事故预防和应急处理能力

D．发现事故隐患或者其他不安全因素，应当立即向现场安全生产管理人员或本单位负责人报告

10．某农药生产企业存在重大事故隐患，安全监管部门对该企业作出停产停业整顿处罚，但该企业仍然继续生产，安全监管部门决定对该企业采取停止供电措施。依据《安全生产法》的规定，通知对该生产经营单位停止供电措施的时间应当至少提前（　　）。

A．8 小时　　B．12 小时　　C．24 小时　　D．48 小时

11．按照年度安全监督检查计划，某地级市安全监督管理负责危化品监管的执法人员张某，深入该市某化工企业检查其危化品生产和储存情况。依据《安全生产法》的规定，张某在检查过程中的正确做法应该是（　　）。

A．检查前，向企业负责人出示工作证

B．企业未实施风险公告，当即责令其停产整改

C．检查中涉及技术秘密，但仍要求企业提供相关工艺参数

D．检查结束，未要求企业负责人在检查记录上签字

12．2015 年 3 月 31 日，某县安全监管部门王某，对本县的某企业进行了现场检查，并针对检查发现的问题，采取了处理措施，依据《安全生产法》的规定，王某下列履职行为，正确的是（　　）。

A．发现一台进口的设备未进行危险有害因素识别，予以查封

B．发现安全生产教育和培训记录作假，给予 3 万元罚款处罚

C．现场发现 10 多例违章作业行为，责令企业停产停业整顿

D．发现一厂房有倒塌危险，当地人民政府对该企业予以关闭

13．依据《安全生产法》的规定，下列关于安全监管人员履行监管职责的说法，错误的是（　　）。

A．负有安全监管职责的部门在监督检查中，应当相互配合，实行联合检查

B．执行监督检查任务时，对涉及被检查单位的技术秘密和业务秘密予以保密

C．对违法生产、储存、使用、经营危险物品的作业场所予以查封

D．将检查发现的问题及其处理情况以口头形式告知被检查单位的负责人

14．县级以上各级人民政府要依法履行生产安全事故应急救援职责，做好应急救援准备，尽可能减少事故造成的人员伤亡和财产损失，依据《安全生产法》的规定，下列不属于政府应急救援相关职责的是（　　）。

A．地方各级人民政府应加强生产安全事故应急能力建设，在重点领域建设应急救援基地

B．国务院安全监管部门负责建立全国统一的生产安全事故应急救援信息系统

C. 县级以上地方各级人民政府应当组织有关部门制定本行政区域内较大以上事故应急救援预案

D. 地方各级人民政府鼓励生产经营单位建立应急救援队伍，配备相应的应急救援装备和物资

15. 依据《安全生产法》的规定，下列关于生产经营单位应急救援工作的说法，错误的是（　　）。

A. 生产经营单位应当制定本单位生产安全事故应急救援预案，并与所在地县级以上地方人民政府制定的生产安全事故应急救援预案相衔接

B. 生产经营单位应当建立应急救援组织，生产经营规模较小的可以不建立应急救援组织，但应当指定兼职的应急救援人员

C. 危险物品的生产经营单位应当配备必要的应急救援器材、设备和物质，并进行经常性的维护保养，保证正常运转

D. 生产经营单位发生生产安全事故后，应当迅速采取有效措施，组织抢救，防止事故扩大

16. 矿山开采风险高、生产复杂，需要满足相关的安全标准和条件，依据《矿山安全法》的规定，下列关于矿山安全保障的说法，正确的是（　　）。

A. 矿山设计保留的矿柱、岩柱，经风险评估后可进行适度开采

B. 矿山企业必须对井下温度和湿度进行检测

C. 矿山企业使用的特殊安全要求的设备、器材和个人防护用具，必须符合国内外安全标准

D. 矿山企业必须对机电设备及其防护装置、安全检测仪器，定期检查、维修，保证使用安全

17. 依据《消防法》的规定，下列单位中，应当建立单位专职消防队，承担本单位的火灾扑救工作的是（　　）。

A. 某大型购物中心　　B. 某大型民用机场

C. 某大型钢材仓库　　D. 某省级重点文物保护单位

18. 依据《消防法》的规定，下列关于灭火救援的说法，正确的是（　　）。

A. 乡镇人民政府应当组织有关部门针对本行政区内的火灾特点制定应急预案，提供装备等保障

B. 单位、个人为火灾报警提供便利的，应获得适当报酬

C. 任何单位发生火灾，必须立即组织力量扑救，邻近单位应当给予支援

D. 公安机关消防机构统一组织和指挥火灾现场扑救，应当优先保障国家财产安全

19. 依据《道路交通安全法》的规定，拖拉机、轮式专用机械车、铰接式客车、全挂拖斗车不得进入高速公路，其他机动车进入高速公路的设计最高时速不低于（　　）km。

A．60　　B．70　　C．80　　D．90

20．依据《道路交通安全法》的规定，机动车在车道减少的路段、路口，或者在没有交通信号灯、交通标志、交通标线或者交通警察指挥的交叉路口遇到停车排队等候或者缓慢行驶时，正确的做法应该是（　　）。

A．停车避让　　B．抓紧快行

C．鸣笛提醒通行　　D．依次交替通行

21．依据《特种设备安全法》的规定，下列关于特种设备的生产、经营、使用的说法，正确的是（　　）。

A．电梯安装验收合格、交付使用后，使用单位应当对电梯的安全性能负责

B．锅炉改造完成后，施工单位应当及时将改造方案等相关资料归档保存

C．进口大型起重机，应当向进口地的安全监管部门履行提前告知义务

D．压力容器的使用单位应当到特种设备安全监管部门办理使用登记

22．受甲公司委托，乙锅炉压力容器检测检验站委派具有检验资格的张某，到甲公司对一 $200m^3$ 的球型液氧储罐进行检测检验，该球罐是由丙公司制造、丁施工公司安装的。依据《特种设备安全法》的规定，下列关于张某检测和执业的说法，正确的是（　　）。

A．检验发现球罐有重大缺陷，张某应当立即向当地安全监管部门报告

B．张某检验球罐所需的技术资料，应由丙公司和丁公司提供，并对资料的真实性负责

C．甲公司若需要购置新球罐，张某不得向其推荐产品

D．张某经批准可以同时在两个检测、检验机构中执业

23．依据《特种设备安全法》的规定，下列关于特种设备监督管理执法的说法，错误的是（　　）。

A．发现特种设备存在事故隐患时，应当以书面形式发出特种设备安全监察指令，责令有关单位及时采取措施予以改正或者消除事故隐患

B．对有证据表明不符合安全技术规范要求或者存在严重事故隐患的特种设备实施查封、扣押

C．特种设备安全监管部门实施安全检查时，应当至少有三名特种设备安全监察员参加

D．发现特种设备存在事故隐患，紧急情况下立即要求有关单位采取紧急处置措施，随后补发特种设备安全监察指令

24．依据《职业病防治法》的规定，下列关于职业病病人享受国家规定的职业病待遇的说法，正确的是（　　）。

A．职业病病人变动工作岗位的，其依法享受的职业病待遇随工作岗位改变

B．职业病病人变动工作岗位的，其依法享受的职业病待遇不变

C．职业病病人退休后，不再享受职业病待遇

D．职业病病人单位分立为两个单位的，其依法享受的职业病待遇由社会承担

25．某汽车制作厂要进行整体搬迁，依据《职业病防治法》的规定，建设单位向安全监管部门提交职业病危害预评价报告的时间是（　　）。

A．可行性论证阶段

B．初步设计阶段

C．总体设计阶段

D．试运行阶段

26．依据《突发事件应对法》的规定，下列关于突发事件的预防与应急准备的说法，正确的是（　　）。

A．乡镇人民政府应当建立应急救援物资、生活必需品和应急处置装备的储备制度

B．学校应当把应急知识教育纳入教学内容，对学生进行相关知识教育

C．国务院有关部门组织制定国家突发事件专项应急预案，并适时修订

D．新闻媒体应当按照无偿与有偿相结合原则，积极开展突发事件预防与应急知识的宣传

27．依据《突发事件应对法》的规定，国家将自然灾害、事故灾害和公共卫生事件的预警级别，按照突发事件发生的紧急程度、发展势态和可能的危害程度分为一级、二级、三级和四级，标示的颜色分别是（　　）。

A．红色、黄色、蓝色和绿色

B．红色、橙色、黄色和绿色

C．红色、紫色、橙色和黄色

D．红色、橙色、黄色和蓝色

28．依据《突发事件应对法》的规定，社会安全事件发生后，针对事件的性质和特点，依照有关法律、行政法规和国家其他有关规定，采取应急处理措施的部门是（　　）。

A．人民法院　　　　B．公安机关

C．安全监督部门　　　　D．突发事件应急小组

29．某矿井井下工人在工作时发现矿井通风设备出现故障，遂向当班副矿长报吉，副矿长因急于下班回家，未及时安排人员维修，导致瓦斯聚集发生爆炸，造成21人死亡、1人重伤，依据《刑法》的规定，副矿长的行为构成（　　）。

A．重大责任事故罪

B．玩忽职守罪

C．重大劳动安全事故罪

D．危险物品肇事罪

30．某技改煤矿生产矿长助理张某，在明知井下瓦斯传感器位置不当，不能准确检测瓦斯数据，安全生产存在重大隐患的情况下，仍强行组织超过技改矿下井人数限制的大批工人下井作业，最终导致 6 人死亡的严重后果，依据《刑法》的有关规定，对张某应予以判处（　　）。

A．三年以下有期徒刑　　B．三年以上七年以下有期徒刑

C．五年以下有期徒刑　　D．五年以上有期徒刑

31．某企业因存在重大违法行为，被行政机关责令停产停业，依据《行政处罚法》的规定，下列关于行政处罚听证的说法，正确的是（　　）。

A．该企业要求听证的，应当在行政机关告知后七日内提出

B．举行听证的费用应该由行政机关和该企业合理分担

C．行政机关应当在听证的七日前，通知该企业举行听证的时间、地点

D．听证一般不向社会公开，经该企业申请且行政机关同意的可以公开

32．依据《行政处罚法》的规定，下列关于行政处罚执行程序的说法，正确的是（　　）。

A．当事人对行政处罚决定不服申请行政复议或者提起行政诉讼的，行政处罚暂缓执行

B．除法律规定可当场收缴罚款的情形外，作出行政处罚决定的行政机关及其执法人员不得自行收缴罚款

C．当事人拒不履行法定义务的，行政机关只能申请法院强制执行

D．行政机关及其执法人员当场收缴罚款的，必须向当事人出具本部门统一制发的罚款收据

33．某汽车制造公司从技校毕业生中招收了一批新员工，拟安排从事喷漆作业，依据《劳动法》的规定，该公司拟安排从事喷漆作业的新员工应至少年满（　　）周岁。

A．16　　B．18　　C．20　　D．22

34．赵某与某公司签订了劳动合同，该公司为其提供专项培训费用进行专业技术培训，赵某取得电焊工特种作业资格证，该公司由于转产进行裁员，与赵某解除了劳动合同，依据《劳动合同法》的规定，下列关于赵某与该公司权利义务的说法，正确的是（　　）。

A．赵某应向该公司返还为其支付的专业技术培训费

B．该公司在解除与赵某的劳动合同前，应组织对赵某进行离岗前职业健康检查

C．赵某离职后 3 年内不得到与该公司从事同类业务的有竞争关系的其他用人单位就业

D．该公司可以直接单方解除与赵某的劳动合同

35．依据《女职工劳动保护特别规定》，下列选项中属于女职工在孕期禁忌从事的劳动的是（　　）。

A．核事故与放射事故的应急处置

B．噪声作业分级标准中规定的第二级的作业

C．高温作业分级标准中规定的第二级的作业

D．体力劳动强度分级标准中规定的第一级的作业

36．某铁矿石生产企业近日通过试生产，需向本省安全生产许可证颁发机关申请取得非煤矿山安全生产许可证，依据《安全生产许可证条例》的规定，下列说法正确的是（　　）。

A．该企业需配备专职或兼职安全生产管理人员

B．该企业主要负责人和安全生产管理人员须取得安全资格证书

C．该企业须具有职业危害防治措施

D．该企业须为从业人员投保人身意外伤害保险

37．某危化品生产企业的安全生产许可证在有效期内，严格遵守安全生产的法律规定，未发生死亡事故，依据《安全生产许可证条例》规定，下列关于其安全生产许可证有效期满延期的说法，正确的是（　　）。

A．应当在有效期满前提出延期的申请，经同意可免审延续1年

B．应当在有效期满前提出延期的申请，经同意可免审延续2年

C．应当在有效期满前提出延期的申请，经同意可免审延续3年

D．应当在有效期满前提出延期的申请，经同意可免审延续5年

38．依据《煤矿安全监察条例》的规定，下列关于煤矿安全监察执法检查的说法，正确的是（　　）。

A．煤矿安全监察机构发现煤矿未依法建立安全生产责任制，有权责令停业整顿

B．煤矿安全监察机构发现煤矿未设置安全生产管理机构或者配备安全生产管理人员的，应当责令停业整顿

C．煤矿建设工程安全设施设计必须经煤矿安全监察机构审查同意，未经审查同意的，不得施工

D．煤矿安全监察机构审查煤矿建设工程安全设施设计，应当自收到申请审查的设计资料之日起45日内审查完毕

39．某煤矿因存在通风系统不合理，采区工作面数量严重超规定要求的重大安全隐患，被当地煤矿安全监察机构责令停产整顿，依据《国务院关于预防煤矿生产安全事故的特别规定》，下列关于煤矿安全监察内容的说法，正确的是（　　）。

A．煤矿安全监管部门自收到复产申请之日起应在45日内组织验收完毕

B．该煤矿擅自从事生产，当地煤矿安全监察机构应提请有关地方人民政府予以关闭

C．验收合格后，经煤矿安全监察机构主要负责人审核同意，即可恢复生产

D．因存在重大安全隐患该煤矿被关闭，该矿长3年内不得担任任何煤矿的矿长

40．依据《建设工程安全生产管理条例》的规定，下列关于建设工程相关单位安全责任的说法，正确的是（　　）。

A．建设工程的合理工期应由施工单位和监理单位双方协商一致确定

B．建设单位在编制工程概算时，应当确定建设工程的安全作业环境和安全施工措施所需费用

C．工程设计单位应向施工单位提供施工现场内供水、排水、供电、通信等地下管线资料

D．建设单位应当在开工报告批准之日起 30 日内，将安全施工保证措施报送有关主管部门备案

41．依据《建设工程安全生产管理条例》的规定，实行施工总承包的建设工程，支付意外伤害保险费的单位是（　　）。

A．总承包单位　　B．施工单位

C．总承包单位与施工单位　　D．施工单位与监理单位

42．依据《危险化学品安全管理条例》的规定，下列关于安全监管部门执法人员进行危险化学品监督检查的说法，正确的是（　　）。

A．经所在地人民政府批准，查封违法生产、储存、使用、经营危险化学品的场所，扣押违法生产、储存、使用、经营、运输的危险化学品

B．开展现场危险化学品监督检查工作，监督检查人员不得少于 3 人，并应当出示执法证件

C．对不符合法律、行政法规、规章规定或者国家标准、行业标准要求的设施、设备、装置、器材、运输工具，监督检查人员立即扣押或查封

D．监督检查人员发现影响危险化学品安全的违法行为，当场予以纠正或者责令限期改正

43．依据《危险化学品安全管理条例》的规定，下列关于危险化学品生产、储存安全管理的说法，正确的是（　　）。

A．建设单位应当将危险化学品生产建设项目的安全条件论证和安全评价的情况报告，报建设项目所在地县级以上人民政府安全监管部门审查

B．进行可能危及危险化学品管道安全的施工作业，施工单位应当在开工的 15 日前书面通知管道所属单位

C．危险化学品生产企业进行生产前，应当依照《安全生产许可证条例》的规定，取得危险化学品安全生产许可证

D．剧毒化学品以及储存数量构成重大危险源的其他危险化学品，应当在仓库内与其他物品隔开存放，并实行专人保管制度

44．依据《危险化学品安全管理条例》的规定，下列关于危险化学品使用安全管理的说法，正确的是（　　）。

A．使用危险化学品从事生产的化工企业，均需取得危险化学品安全使用许可证

B. 申请危险化学品安全使用许可证的化工企业，应当有安全管理机构和专职安全管理人员

C. 申请危险化学品安全使用许可证的化工企业，应当向所在地县级人民政府安全监管部门提出申请

D. 安全监管部门应当将其颁发危险化学品安全使用许可证的情况，及时向同级工商行政管理机关和公安机关通报

45. 依据《烟花爆竹安全管理条例》的规定，下列关于烟花爆竹生产企业安全管理的说法，正确的是（　　）。

A. 企业应当配备专职或兼职安全生产管理人员

B. 企业办理《烟花爆竹安全生产许可证》，应当经所在地县级安全监管部门审查，所在地设区的市级安全监管部门核发

C. 企业从事搬运工序作业的人员应进行专业培训并经企业考核合格，方可上岗作业

D. 企业生产烟花爆竹所使用的引火线丢失，应当立即向当地安全监管部门和公安部门报告

46. 依据《民用爆炸物品安全管理条例》的规定，下列关于民用爆炸物品的销售和购买的说法，正确的是（　　）。

A. 民用爆炸物品生产企业销售自己生产的民用爆炸物品，应取得民用爆炸物品销售许可证

B. 销售民用爆炸物品的企业应自买卖成交 3 日内，将销售品种、数量和购买单位向省级民用爆炸物品行业主管部门和所在地县级公安机关备案

C. 购买民用爆炸物品的单位应自买卖成交 3 日内，将购买品种、数量向省级民用爆炸物品行业主管部门备案

D. 可以通过银行转账或者现金交易方式购买或销售民用爆炸物品

47. 依据《特种设备安全监察条例》的规定，下列关于特种设备使用的说法，正确的是（　　）。

A. 电梯使用单位对本单位所用电梯进行维护保养

B. 起重机械的作业人员和相关的管理人员必须取得特种作业人员证书

C. 将特种设备登记标志放入特种设备安全技术档案中

D. 对超过检验合格期的特种设备制定安全措施和应急预案后使用

48. 依据《生产安全事故信息报告和处置办法》，下列情形可以认定为较大涉险事故的是（　　）。

A. 造成 1 人被困的

B. 需紧急疏散人员 300 人的

C. 造成 2 人下落不明的

D. 因生产安全事故对环境造成严重污染的

49. 依据《生产安全事故报告和调查处理条例》的规定，下列情形中，应向安全监管部门进行事故补报的是（　　）。

A. 某化工厂发生火灾事故，造成 27 人死亡、10 人重伤，事故发生的第 29 天，2 名重伤人员死亡

B. 某高速公路发生车辆追尾事故，造成 10 人死亡、5 人重伤，10 天后，1 名重伤人员死亡

C. 某汽车生产企业发生机械伤害事故，造成 3 人死亡、2 人重伤，事故发生的第 30 天，其中 1 名重伤人员出院

D. 某建筑工地发生高处坠落事故，造成 5 人死亡、3 人重伤，事故发生的第 8 天，1 名重伤人员死亡

50. 某企业职工王某发生工伤，经治疗伤情相对稳定后留下残疾，影响劳动能力。依据《工伤保险条例》的规定，下列关于王某劳动能力鉴定的说法，正确的是（　　）。

A. 劳动能力鉴定委员会应自收到王某鉴定申请之日起 120 日内作出劳动能力鉴定结论

B. 对王某劳动能力鉴定的专家组，应当从专家库中随机抽取 3～7 名专家组成

C. 王某对鉴定结论不服，可在收到鉴定结论之日起 15 日内向上一级鉴定委员会提出再次鉴定申请

D. 自劳动能力鉴定结论作出之日起半年后，王某认为伤残情况发生变化，可以申请劳动能力复查鉴定

51. 企业职工刘某发生工伤。依据《工伤保险条例》的规定，下列关于刘某工伤保险待遇的说法，正确的是（　　）。

A. 刘某因暂停工作接受工伤医疗，停工留薪期一般不超过 12 个月，特殊情况不得超过 18 个月

B. 刘某评定伤残等级后生活部分不能自理，经劳动能力鉴定委员会确认需要生活护理，护理费标准为统筹地区上年度职工月平均工资的 20%

C. 刘某经鉴定为六级伤残，从工伤保险基金支付一次性伤残补助金，标准为 12 个月的本人工资

D. 刘某不能工作，与该企业保留劳动关系，企业按月发放给刘某的伤残津贴标准为刘某工资的 60%

52. 依据《烟花爆竹生产经营安全规定》（总局 93 号令），以下关于烟花爆竹生产企业和批发企业的相关管理，说法错误的是（　　）。

A. 生产企业和批发企业的生产经营场所和有关设施设备应当设置明显的安全警示标志

B. 生产企业和批发企业均可依法申请设立零售经营场所

C．生产企业和批发企业应当建立值班制度和现场巡查制度

D．生产企业和批发企业在仓库内进行拆箱、包装作业时要保持仓库内通道畅通

53．依据《冶金企业和有色金属企业安全生产规定》（总局令 91 号），关于冶金企业存在金属冶炼工艺的，安全生产机构和安全生产管理人员配备的说法正确的是（　　）。

A．某有色金属企业有从业人员 80 人，配备 3 名兼职安全生产管理人员

B．某冶金企业有从业人员 110 人，配备 3 名专职安全生产管理人员

C．某冶金企业从业人员 500 人，从事金属冶炼工艺的人员 200 人，应当配备 2 名专职安全人员

D．某金属冶炼企业从业人员 98 人，最少设置 3 名专职安全生产管理人员

54．为规范安全生产教育、培训和考核工作，安全生产监管部门发布了一系列有关安全生产教育、培训和考核方面的标准。根据安全生产标准分类原则，上述标准属于（　　）。

A．基础标准　　B．管理标准

C．方法标准　　D．技术标准

55．依据《生产经营单位安全培训规定》，下列关于生产经营单位主要负责人、安全生产管理人员安全培训时间的说法，正确的是（　　）。

A．生产经营单位主要负责人初次安全培训时间不得少于 48 学时

B．生产经营单位安全生产管理人员初次安全培训后，每年再培训时间不得少于 12 学时

C．危险化学品、烟花爆竹等生产经营单位主要负责人安全培训时间不得少于 32 学时

D．煤矿、非煤矿山企业安全生产管理人员每年安全再培训时间不得少于 24 学时

56．依据《特种作业人员安全技术培训考核管理规定》，下列关于特种作业操作证复审的说法，正确的是（　　）。

A．特种作业操作证每两年复审 1 次

B．特种作业人员在特种作业操作证有效期内，连续从事本工种 6 年以上，严格遵守有关安全生产法律法规的，经原发证机关同意，复审时间可以延长至每三年 1 次

C．特种作业操作证申请复审或者延期复审前，特种作业人员应当参加不少于 8 学时必要的安全培训并经考试合格

D．特种作业人员有安全生产违法行为，并给予行政处罚或者有 3 次以上违章行为并经查证确实的，复审或者延期复审不予通过

57．依据《建设工程消防监督管理规定》，下列人员密集场所中，建设单位应当向公安机关消防机构申请消防设计审核，并在建设工程竣工后向出具消防设计审核意见的公安机关消防机构申请消防验收的是（　　）。

A．建筑总面积大于 10000m^2 的客运码头候船厅

B．建筑总面积大于 8000m^2 的商场

C．建筑总面积大于 5000m^2 的大学的教学楼

D．建筑总面积大于 500m^2 的幼儿园的儿童用房

58．依据《安全生产事故隐患排查治理暂行规定》，下列关于生产经营单位对事故隐患排查治理情况进行统计分析，向安全监管监察部门和有关部门报送书面统计分析表的时间要求的说法，正确的是（　　）。

A．生产经营单位应当每周对本单位事故隐患排查治理情况进行统计分析，并于下一周周三前向安全监管监察部门和有关部门报送书面统计分析表

B．生产经营单位应当每周对本单位事故隐患排查治理情况进行统计分析，并于下月10日前向安全监管监察部门和有关部门报送书面统计分析表

C．生产经营单位应当每季度对本单位事故隐患排查治理情况进行统计分析，并于下一季度15日前向安全监管监察部门和有关部门报送书面统计分析表

D．生产经营单位应当每周对本单位事故隐患排查治理情况进行统计分析，并于下一年2月15日前向安全监管监察部门和有关部门报送书面统计分析表

59．依据《安全生产事故隐患排查治理暂行规定》，下列关于生产经营单位安全生产事故隐患治理的说法，正确的是（　　）。

A．对于一般事故隐患，应由生产经营单位有关人员会同安全监管执法人员共同组织整改

B．对于一般事故隐患，应由生产经营单位主要负责人及有关人员立即组织整改

C．对于重大事故隐患，应由生产经营单位分管负责人或者有关人员组织制定并实施事故隐患治理方案

D．对于重大事故隐患，应由生产经营单位主要负责人组织制定并实施事故隐患治理方案

60．M公司是中央管理的大型化工集团，其下属的N公司位于Z省B市W县的经济技术开发区，是一家危险化学 品生产企业。依据《生产安全事故应急预案管理办法》的规定，下列关于M公司、N公司应急预案备案的说法，正确的是（　　）。

A．M公司的专项应急预案应抄送B市安全监管部门

B．M公司的综合应急预案应报Z省安全监管部门

C．N公司的应急预案应抄送B市安全监管部门

D．N公司的专项应急预案应抄送W县安全监管部门

61．依据《建设项目安全设施“三同时”监督管理办法》的规定，储存危险化学品的建设项目有下列情形之一的，责令停止建设，或者停产停业整顿，限期改正；逾期未改正的，处50万元以上100万元以下的罚款。下列不属于上述处罚情形的是（　　）。

A．没有安全设施设计或者安全设施设计未按照规定报经安全监管部门审查同意，擅自开工的

B. 施工单位未按照批准的安全设施设计施工的

C. 安全设施设计未组织审查，并形成书面审查报告的

D. 投入生产或者使用前，安全设施未经验收合格的

62. 依据《安全生产培训管理办法》的规定，下列关于安全培训的说法，正确的是（　　）。

A. 生产经营单位的主要负责人、特种作业人员的安全培训，由所在地安全监管部门负责

B. 对从业人员的安全培训，生产经营单位应当自主进行，不得委托培训

C. 危险物品生产经营单位新招的危险工艺操作岗位人员，除按规定进行安全培训外，还应当在有经验的职工带领下实习满 1 个月后，方可独立上岗作业

D. 职业院校毕业生从事与所学专业相关的专业作业，可以免予参加初次培训，实际操作培训除外

63. 某企业拟建设危险化学品生产厂，在项目可行性论证阶段委托某专业机构进行职业病危害预评价，依据《建设项目职业卫生“三同时”监督管理暂行办法》的规定，下列关于该建设项目职业病危害预评价的说法，正确的是（　　）。

A. 企业委托该职业病危害评价机构组织有关职业卫生专家，对职业病危害预评价报告进行评审

B. 若该项目被评价为职业病危害较重的建设项目，该企业应向安全监管部门提出职业病危害预评价报告备案申请

C. 安全监管部门在收到职业病预评价报告备案或审核申请后，应在 5 个工作日内作出是否受理的决定或出具补正通知书

D. 安全监管部门在收到职业病预评价报告备案或审核申请后，应在 30 个工作日内予以备案或批复

64. 依据《建设项目职业卫生“三同时”监督管理暂行办法》的规定，下列关于职业病危害严重的建设项目的职业病防护设施设计审查的说法，正确的是（　　）。

A. 安全监管部门自收到职业病防护措施设施设计审查申请之日起 10 个工作日内作出是否受理的决定或者出具补正通知书

B. 对已经受理的职业病危害严重的建设项目职业病防护设施设计审查申请，安全监管部门自受理之日起 45 个工作日内予以批复

C. 建设项目职业病防护设施设计经审查同意后，建设项目的生产规模、工艺或者职业病危害因素的种类等发生变更的，建设单位应当根据变更的内容，组织、指导施工方进行施工

D. 建设单位在完成职业病防护设施设计专篇评审后，应当向安全监管部门提出建设项目职业病防护设施设计审查的申请

65. 依据《工贸企业有限空间作业安全管理与监督暂行规定》，下列关于有限空间作业安

全监管的说法，正确的是（　　）。

A．安全监管部门发现有限空间作业存在事故隐患的，应当责令立即停止作业，撤出作业人员

B．安全监管部门对有限空间作业进行监督检查时，应当重点检测有限空间作业各项检测指标是否合格

C．安全监管部门应为执法人员配备必要的劳动防护用品、检测仪器

D．安全监管部门发现重大事故隐患，排除过程中无法保证安全而停止作业的，重大事故隐患排除后，经企业负责人同意，方可恢复作业

66．依据《非煤矿矿山企业安全生产许可证实施办法》的规定，下列关于非煤矿矿山企业取得安全生产许可证应当具备安全生产条件的说法，错误的是（　　）。

A．安全投入符合安全生产要求，专户存储安全生产风险抵押金

B．设置安全生产管理机构，或者配备专职安全生产管理人员

C．所有从业人员需经安全生产监督管理部门考核合格，取得安全资格证书

D．特种作业人员经有关业务主管部门考核合格，取得特种作业操作资格证书

67．依据《尾矿库安全监督管理规定》规定，尾矿库被确定为危库、险库和病库的，生产经营单位应采取相应的措施，下列说法中正确的是（　　）。

A．确定为病库的，应当立即停产，在限定的时间内消除隐患

B．确定为危库的，应当在限定的时间内按照正常库标准进行整治，消除事故隐患

C．确定为险库的，应当在限定的时间内按照正常库标准进行整治，消除事故隐患

D．确定为险库的，应当立即停产，在限定的时间内消除险情，并向相关部门报告

68．依据《烟花爆竹生产企业安全生产许可证实施办法》规定，企业在安全生产许可证有效期内，需要申请变更安全生产许可证的情形是（　　）。

A．变更产品名称　　　　B．变更企业法人

C．变更烟花爆竹销售渠道　　　　D．变更企业名称

69．依据《危险化学品建设项目安全监督管理办法》规定，下列建设项目中，应当由省级安全生产监督管理部门负责安全审查的是（　　）。

A．国务院审批的建设项目

B．生产剧毒化学品的建设项目

C．涉及国家安全生产监督管理总局公布的重点监管危险化学品的建设项目

D．国家安全生产监督管理总局审批的建设项目

70．依据《食品生产企业安全生产监督管理暂行规定》，关于县级以上地方人民政府负责食品生产企业安全生产监管的部门对食品生产企业安全生产的监督检查做法，错误的是（　　）。

A．对违反有关安全生产法律、行政法规、国家标准或者行业标准和本规定的违法行

为，依法实施行政处罚

B．应当将食品生产企业纳入年度执法工作计划，明确检查的重点企业、关键事项、时间和标准，对检查中发现的重大事故隐患实施挂牌督办

C．接到食品生产企业报告的重大事故隐患后，督促食品生产企业按照治理方案排除事故隐患，防止事故发生

D．对食品生产企业进行监督检查时，发现其存在工程建设、消防和特种设备等方面的事故隐患或者违法行为的，应当及时移送上级人民政府有关部门处理

二、多项选择题（共 15 题，每题 2 分，每题的备选项中，有 2 个或 2 个以上符合题意，至少有 1 个错项。错选，本题不得分；少选，所选的每个选项得 0.5 分）

71．张某是某国有企业的主要负责人。依据《安全生产法》的规定，下列关于张某安全生产工作职责的说法，正确的有（　　）。

A．督促、检查本企业的安全生产工作，及时消除生产安全事故隐患

B．组织或者参与本企业的安全生产教育和培训，如实记录安全生产教育和培训情况

C．组织制定并实施本企业的生产安全事故应急救援预案

D．保证本企业安全生产投入的有效实施

E．及时、如实报告本企业的生产安全事故

72．依据《安全生产法》的规定，下列关于四家企业设置安全生产管理机构和配备安全生产管理人员，正确的做法有（　　）。

A．某铁矿未设置安全生产管理机构和配备专职安全生产管理人员，但配备了兼职安全生产管理人员

B．某冶炼厂有从业人员 86 人，未设置安全生产管理机构，但配备了专职的安全生产管理人员

C．某服装厂有员工 97 人，未设置安全生产管理机构和配备专职安全生产管理人员，但配备了 7 名兼职安全生产管理人员

D．某机械加工厂有员工 112 人，未设置安全生产管理机构，但配备了专职、兼职安全生产管理人员

E．某木料公司有员工 52 人，未设置安全生产管理机构或配备专职、兼职安全生产管理人员，但委托具有相关资格的专业人员提供安全生产管理服务

73．公司总经理李某为了确保年度利润指标的完成，减少安全投入，减少安全管理人员，取消月度安全例会和季度安委会会议，暂停年度安全培训和应急救援预案演练等，弱化了安全管理。不到一年时间，公司发生了一起死亡 7 人、重伤 6 人、轻伤 5 人的生产安全事故。经安全监管部门调查，事故与李某的上述一系列做法存在因果关系，是一起责任事故。依据《安全生产法》的规定，下列关于对李某法律责任追究的说法，

正确的有（　　）。

A．撤销李某的总经理职务

B．构成犯罪的，依照刑法的有关规定追究李某的刑事责任

C．处李某上一年年收入 40%的罚款

D．终身禁止李某担任本行业生产经营单位的主要负责人

E．自刑罚执行完毕或者受处分之日起，五年内李某不得担任任何生产经营单位的主要负责人

74．依据《消防法》的规定，下列关于消防安全重点单位的消防安全职责的说法，正确的有（　　）。

A．确定消防安全管理人，组织实施本单位的消防安全管理工作

B．建立消防档案，确定消防安全重点部位

C．设置防火标志，实行严格管理

D．实行每周防火巡查，并建立巡查记录

E．对职工进行岗前消防安全培训，定期组织消防安全培训和消防演练

75．依据《道路交通安全法》的规定，下列有关道路通行条件的说法，正确的有（　　）。

A．交通信号灯中的黄灯表示停止

B．未经许可，任何单位和个人不得占用道路从事非交通活动

C．挖掘道路施工作业完毕，应当迅速清除道路上的障碍物，消除安全隐患后，立即恢复通行

D．学校、幼儿园、医院、养老院门前的道路没有行人过街设施的，应当施划人行横道线，设置提示标识

E．城市主要道路的人行道，应当按照规划设置盲道

76．依据《行政处罚法》的规定，下列情形中，可以从轻处罚的有（　　）。

A．不满 14 周岁的人有违法行为的

B．违法行为在两年后被发现的

C．配合行政机关查处违法行为有立功表现的

D．受他人胁迫有违法行为的

E．违法行为轻微并及时纠正，未造成危害后果的

77．依据《关于预防煤矿生产安全事故的特别规定》，煤矿若存在下列情形，有关执法部门应当提请政府对其予以关闭的有（　　）。

A．2 个月内 2 次或 2 次以上未依法对井下作业人员进行安全生产教育和培训的

B．3 个月内 2 次或 2 次以上发现有重大安全生产隐患仍然进行生产的

C．无证照或者证照不全擅自从事生产的

D．停产整顿后，验收仍不合格的

E. 被责令停产整顿，擅自从事生产的

78. 依据《危险化学品安全管理条例》的规定，下列关于危险化学品运输安全管理的说法，正确的有（　　）。

A. 从事危险化学品道路运输、水路运输的，应当取得危险货物道路运输许可、危险货物水路运输许可，并向工商行政管理部门办理登记手续

B. 危险化学品道路运输企业、水路运输企业应当配备专职或兼职安全管理人员

C. 危险化学品道路运输企业、水路运输企业的驾驶人员、船员、装卸管理人员、押运人员、申报人员、集装箱装箱现场检查员应当经交通运输主管部门考核合格，取得从业资格

D. 运输危险化学品，应当根据危险化学品的危险特性采取相应的安全防护措施，并配备必要的防护用品和应急救援器材

E. 通过道路运输剧毒化学品的，托运人应当向运输始发地或者目的地县级人民政府交通运输主管部门申请剧毒化学品道路运输通行证

79. 某地甲、乙、丙、丁、戊五家企业发生了下列生产安全事故。依据《生产安全事故报告和调查处理条例》的规定，其中属于较大事故的有（　　）。

A. 甲企业发生事故造成 5 人死亡，2003 万元直接经济损失

B. 乙企业发生事故造成 2 人死亡，11 人重伤

C. 丙企业发生事故造成 15 人急性工业中毒

D. 丁企业发生事故造成 5 人重伤，6000 万元直接经济损失

E. 戊企业发生事故造成 55 人重伤

80. 小李下班后顺路去菜市场买菜，买完菜在回家路上被一辆闯红灯的小汽车撞伤住院，之后，小李与工作单位因此事故伤害是否可以认定工伤的问题产生纠纷。依据《工伤保险条例》的规定，下列关于小李工伤认定的说法，正确的有（　　）。

A. 小李在下班途中受到非本人主要责任的交通事故伤害，应当认定为工伤

B. 小李下班后顺路去菜市场买菜，不属于上下班途中受到伤害，不能认定为工伤

C. 若小李认为是工伤，工作单位不认为是工伤，应当由工作单位承担举证责任

D. 工作单位不提出工伤认定申请，小李可在伤害发生之日起 1 年内直接向工作单位所在地的社会保险行政部门提出工伤认定申请

E. 提出工伤认定申请，应当提交工伤认定申请表、小李与工作单位存在劳动关系的证明材料、医疗诊断证明等

81. 依据《注册安全工程师管理规定》，下列单位或机构注册安全工程师配备比例，符合要求的有（　　）。

A. 某煤矿企业，从业人员 1600 人，配备安全管理人员 20 人，其中注册安全工程师 3 人

B．某安全评价机构，从业人员 70 人，配备安全专业服务人员 60 人，其中注册安全工程师 12 人

C．某机械制造企业，从业人员 200 人，配备安全管理人员 3 人，其中注册安全工程师 1 人

D．某建筑施工企业，从业人员 260 人，配备安全管理人员 8 人，其中注册安全工程师 3 人

E．某木材加工企业，从业人员 90 人，与注册安全工程师事务所签订协议，由其选派 1 名注册安全工程师提供安全生产服务

82．某公司从事机械制造需使用起重机械，依据《特种设备安全法》的规定，下列关于起重机械使用的说法，正确的有（　　）。

A．该公司使用的起重机械必须经检验合格

B．起重机械出现故障或者发生异常情况，该公司应当对其进行全面检查，消除事故隐患

C．该公司使用起重机械，应当在投入使用后 60 日内办理使用登记

D．该公司使用起重机械，应当建立岗位责任、隐患治理等安全管理制度，制定操作规程

E．该公司应当按要求在检验合格有效期届满前一个月向特种设备检查检测机构提出定期检验要求

83．依据《安全生产培训管理办法》的规定，下列关于安全培训机构的说法，正确的有（　　）。

A．安全培训机构应当具备从事安全培训工作所需要的条件

B．从事危险物品的生产经营单位的安全生产管理人员培训的安全培训机构，应当将教师、教学和实习实训设施等情况书面报告所在地安全监管部门

C．从事煤矿企业主要负责人培训的安全培训机构，应当将教师、教学和实习实训设施等情况书面报告所在地安全监管部门、煤矿安全培训监管机构

D．从事注册安全工程师培训的安全培训机构，应当将教师、教学和实习实训设施等情况书面报告所在地安全监管部门

E．国家安全监管部门及省级安全监管部门对相应级别的安全培训机构实行统一管理

84．某企业是一家纺织厂，依据《工贸企业有限空间作业安全管理与监督暂行规定》，下列关于该企业在有限空间作业的安全保障的说法，正确的有（　　）。

A．采取可靠的隔离措施，将可能危及作业安全的设备设施、存在有毒有害气体的空间与作业地点隔开

B．未经检测合格，不得进入有限空间作业，检测指标包括氧浓度、易燃易爆物质浓度、有毒有害气体浓度，检测时间不得早于作业开始前 40min

C．应有专人监护，监护人员不得离开作业现场，并与作业人员保持联系

D．发生事故后，应急救援人员实施救援时，应当做好自身防护，佩戴必要的呼吸器具、救援器材

E．有限空间作业发包给多个承包方时，应明确一个主承包方对安全工作进行统一协调管理

85．依据《职业病防治法》的规定，产生职业病危害的用人单位工作场所的职业卫生要求有（　　）。

A．有与职业病危害防护相适应的设施

B．生产布局合理，有害与无害作业分开

C．配备专业职业卫生医师和体检设备

D．设备、工具、用具等设施符合保护劳动者生理、心理健康的要求

E．有配套的更衣间、洗浴间、孕妇休息间等卫生设施

安全生产法及相关法律知识模拟试卷

答案与解析

（满分 100 分）

一、单项选择题

1. 答案：A

解析：从法的不同层级上，可以分为上位法与下位法，上位法是指法律地位、法律效力高于其他相关法的立法，法律是安全生产法律体系中的上位法。安全生产法规分为行政法规和地方性法规，故选项 B 错误；没有国务院行政法规和部门行政法规这种说法，故选项 C 错误；安全生产行政规章分为部门规章和地方政府规章，故选项 D 错误。

2. 答案：B

解析：《安全生产法》第八条规定，国务院和县级以上地方各级人民政府应当根据国民经济和社会发展规划制定安全生产规划，并组织实施。

3. 答案：C

解析：《安全生产法》第二十三条规定，危险物品的生产、储存单位以及矿山、金属冶炼单位的安全生产管理人员的任免，应当告知主管的负有安全生产监督管理职责的部门。

4. 答案：C

解析：《安全生产法》第二十一条规定，矿山、金属冶炼、建筑施工、道路运输单位和危险物品的生产、经营、储存单位，应当设置安全生产管理机构或者配备专职安全生产管理人员。

5. 答案：A

解析：《安全生产法》第二十九条规定，矿山、金属冶炼建设项目和用于生产、储存、装卸危险物品的建设项目，应当按照国家有关规定进行安全评价。

6. 答案：C

解析：《安全生产法》第四十三条规定，生产经营单位的安全生产管理人员应当根据本单位的生产经营特点，对安全生产状况进行经常性检查；对检查中发现的安全问题，应当立即处理；不能处理的，应当及时报告本单位有关负责人，有关负责人应当及时处理。检查及处理情况应当如实记录在案。

7. 答案：C

解析：《安全生产法》第四十五条规定，两个以上生产经营单位在同一作业区域内进行生产经营活动，可能危及对方生产安全的，应当签订安全生产管理协议，明确各自的安全生产管理职责和应当采取的安全措施，并指定专职安全生产管理人员进行安全检查与协调。

8. 答案：C

解析：《安全生产法》第八十条规定，生产经营单位发生生产安全事故后，事故现场有关人员应当立即报告本单位负责人。单位负责人接到事故报告后，应当迅速采取有效措施，组织抢救，防止事故扩大，减少人员伤亡和财产损失，并按照国家有关规定立即如实报告当地负有安全生产监督管理职责的部门，不得隐瞒不报、谎报或者迟报，不得故意破坏事故现场、毁灭有关证据。

9. 答案：B

解析：《安全生产法》第五十四条规定，从业人员在作业过程中，应当严格遵守本单位的安全生产规章制度和操作规程，服从管理，正确佩戴和使用劳动防护用品。第五十五条规定，从业人员应当接受安全生产教育和培训，掌握本职工作所需的安全生产知识，提高安全生产技能，增强事故预防和应急处理能力。第五十六条规定，从业人员发现事故隐患或者其他不安全因素，应当立即向现场安全生产管理人员或者本单位负责人报告；接到报告的人员应当及时予以处理。

10. 答案：C

解析：《安全生产法》第六十七条规定，负有安全生产监督管理职责的部门依照前款规定采取停止供电措施，除有危及生产安全的紧急情形外，应当提前 24 小时通知生产经营单位。

11. 答案：C

解析：《安全生产法》第六十四条规定，安全生产监督检查人员执行监督检查任务时，必须出示有效的监督执法证件；对涉及被检查单位的技术秘密和业务秘密，应当为其保密。故选项 A 错误，选项 C 正确；企业未实施风险公告，依据《安全生产法》第九十六条规定，责令限期改正，可以处以罚款；情节严重的，责令停产整改，故选项 B 错误；第六十五条规定，安全生产监督检查人员应当将检查的时间、地点、内容、发现的问题及其处理情况，作出书面记录，并由检查人员和被检查单位的负责人签字，故选项 D 错误。

12. 答案：B

解析：依据《安全生产法》第九十四条，未如实记录安全生产教育和培训情况的，责令限期改正，可以处五万元以下罚款，故选项 B 正确。第六十二条第二款规定，对检查中发现的安全生产违法行为，当场予以纠正或要求限期改正，故选项 C 错误；对检查中发现的事故隐患，应当责令立即排除；重大事故隐患排除前或者排除过程中无法保证安全的，应当责令从危险区域内撤出作业人员，责令暂时停产停业或者停止使用相关设施、设备；重大事故隐患排除后，经审查同意，方可恢复生产经营和使用。故选项A、D错误。

13. 答案：D

解析：《安全生产法》第六十五条规定，安全生产监督检查人员应当将检查的时间、地点、内容、发现的问题及其处理情况，作出书面记录，并由检查人员和被检查单位的负责人签字；被检查单位的负责人拒绝签字的，检查人员应当将情况记录在案，并向负有安全生产监督管理职责的部门报告。

14. 答案：C

解析：《安全生产法》第七十七条规定，县级以上地方各级人民政府应当组织有关部门制定本行政区域内生产安全事故应急救援预案，建立应急救援体系，故选项C正确。

15. 答案：B

解析：《安全生产法》第七十九条规定，危险物品的生产、经营、储存单位以及矿山、金属冶炼、城市轨道交通运营、建筑施工单位应当建立应急救援组织；不是所有生产经营单位都要建立应急救援组织，故选项B错误。生产经营规模较小的，可以不建立应急救援组织，但应当指定兼职的应急救援人员。

16. 答案：D

解析：《矿山安全法》第十四条规定，矿山设计规定保留的矿柱、岩柱，在规定的期限内，应当予以保护，不得开采或者毁坏，故选项A错误。第十五条规定，矿山使用的有特殊安全要求的设备、器材、防护用品和安全检测仪器，必须符合国家安全标准或者行业安全标准；不符合国家安全标准或者行业安全标准的，不得使用，故选项C错误。第十六条规定，矿山企业必须对机电设备及其防护装置、安全检测仪器，定期检查、维修，保证使用安全，故选项D正确。

17. 答案：B

解析：《消防法》第三十九条规定，下列单位应当建立单位专职消防队，承担本单位的火灾扑救工作：（1）大型核设施单位、大型发电厂、民用机场、主要港口；（2）生产、储存易燃易爆危险品的大型企业；（3）储备可燃的重要物资的大型仓库、基地；（4）第一项、第二项、第三项规定以外的火灾危险性较大、距离公安消防队较远的其他大型企业；（5）距离公安消防队较远、被列为全国重点文物保护单位的古建筑群的管理单位。

18. 答案：C

解析：《消防法》第四十三条规定，县级以上地方人民政府应当组织有关部门针对本行政区域内的火灾特点制定应急预案，建立应急反应和处置机制，为火灾扑救和应急救援工作提供人员、装备等保障。第四十四条规定，任何人发现火灾都应当立即报警。任何单位、个人都应当无偿为报警提供便利，不得阻拦报警。严禁谎报火警。人员密集场所发生火灾，该场所的现场工作人员应当立即组织、引导在场人员疏散。任何单位发生火灾，必须立即组织力量扑救。邻近单位应当给予支援。第四十五条规定，公安机关消防机构统一组织和指挥火灾现场扑救，应当优先保障遇险人员的生命安全。

19. 答案：B

解析：《道路交通安全法》第六十七条规定，行人、非机动车、拖拉机、轮式专用机械车、铰接式客车、全挂拖斗车以及其他设计最高时速低于七十公里的机动车，不得进入高速公路。高速公路限速标志标明的最高时速不得超过一百二十公里。

20. 答案：D

解析：《道路交通安全法》第四十五条规定，机动车遇有前方车辆停车排队等候或者缓慢行驶时，不得借道超车或者占用对面车道，不得穿插等候的车辆。在车道减少的路段、路口，或者在没有交通信号灯、交通标志、交通标线或者交通警察指挥的交叉路口遇到停车排队等候或者缓慢行驶时，机动车应当依次交替通行。

21. 答案：D

解析：《特种设备安全法》第二十二条规定，电梯制造单位对电梯安全性能负责。故选项A错误。第二十二条规定，气瓶充装单位应当向气体使用者提供符合安全技术规范要求的气瓶，对使用者进行气瓶安全使用指导，并按照安全技术规范的要求办理气瓶使用登记，提出气瓶定期检验要求。第二十四条规定，特种设备安装、改造、修理竣工后，安装、改造、修理的施工单位应当在验收后三十日内将相关技术资料和文件移交特种设备使用单位。特种设备使用单位应当将其存入该特种设备的安全技术档案，故选项B错误。第三十一条规定，进口特种设备，应当向进口地负责特种设备安全监督管理的部门履行提前告知义务，故选项C错误。

22. 答案：C

解析：《特种设备安全法》第四十八条规定，特种设备检验检测机构进行特种设备检验检测，发现严重事故隐患或者能耗严重超标的，应当及时告知特种设备使用单位，并立即向特种设备安全监督管理部门报告，故选项A错误。第二十六条规定，特种设备使用单位应当建立特种设备安全技术档案，所以技术资料应当由使用单位提供，故选项B错误。第五十一条规定，特种设备检验、检测机构的检验、检测人员不得同时在两个以上检验、检测机构中执业，故选项D错误。

23. 答案：C

解析：《特种设备安全法》第六十五条规定，负责特种设备安全监督管理的部门实施安全监督检查时，应当有两名以上特种设备安全监察人员参加，故选项C错误。

24. 答案：B

解析：职业病病人依法享受国家规定的职业病待遇。职业病病人变动工作单位，其依法享有的待遇不变。用人单位发生分立、合并、解散、破产等情形的，应当对从事接触职业病危害作业的劳动者进行健康检查，并按照国家有关规定妥善安置职业病病人。

25. 答案：A

解析：《职业病防治法》第十五条规定，新建、扩建建设项目和技术改造、技术引进项目可能产生职业病危害的，建设单位在可行性论证阶段应当向卫生行政部门提交职业病危害预评价报告。

26. 答案：B

解析：《突发事件应对法》第三十条规定，各级各类学校应当把应急知识教育纳入教学内容，对学生进行应急知识教育，培养学生的安全意识和自救与互救能力。教育主管部门应当对学校开展应急知识教育进行指导和监督。

27. 答案：D

解析：《突发事件应对法》第四十二条规定，国家建立健全突发事件预警制度。可以预警的自然灾害、事故灾难和公共卫生事件的预警级别，按照突发事件发生的紧急程度、发展势态和可能造成的危害程度分为一级、二级、三级和四级，分别用红色、橙色、黄色和蓝色标示，一级为最高级别。

28. 答案：B

解析：《突发事件应对法》第五十条规定，社会安全事件发生后，组织处置工作的人民政府应当立即组织有关部门并由公安机关针对事件的性质和特点，依照有关法律、行政法规和国家其他有关规定，采取应急处置措施。

29. 答案：A

解析：《刑法》第一百三十四条规定，“重大责任事故罪、强令违章冒险作业罪”在生产、作业中违反有关安全管理的规定，因而发生重大伤亡事故或者造成其他严重后果的，处三年以下有期徒刑或者拘役；情节特别恶劣的，处三年以上七年以下有期徒刑。

30. 答案：D

解析：《刑法》第一百三十四条规定，强令他人违章冒险作业，因而发生重大伤亡事故或者造成其他严重后果的，处五年以下有期徒刑或者拘役；情节特别恶劣的，处五年以上有期徒刑。

31. 答案：C

解析：《行政处罚法》第四十二条规定，行政机关作出责令停产停业、吊销许可证或者执照、较大数额罚款等行政处罚决定之前，应当告知当事人有要求举行听证的权利；当事人要求听证的，行政机关应当组织听证。当事人不承担行政机关组织听证的费用。听证依照以下程序组织：（1）当事人要求听证的，应当在行政机关告知后三日内提出；（2）行政机关应当在听证的七日前，通知当事人举行听证的时间、地点；（3）除涉及国家秘密、商业秘密或者个人隐私外，听证公开举行。[（4）—（7）略]

32. 答案：B

解析：《行政处罚法》第四十二条规定，当事人对行政处罚决定不服申请行政复议或者提起行政诉讼的，行政处罚不停止执行，法律另有规定的除外，故选项A错误；选项B符合该法第四十六条规定；第五十一条中规定，不履行法定义务的，除申请法院强制执行外，还有其他措施。故选项C错误；第四十九条规定，行政机关及其执法人员当场收缴罚款的，必须向当事人出具省、自治区、直辖市财政部门统一制发的罚款收据，故选项D错误。

33．答案：B

解析：《劳动法》第六十四条规定，不得安排未成年工从事矿山井下、有毒有害、国家规定的第四级体力劳动强度的劳动和其他禁忌从事的劳动。

34．答案：B

解析：《劳动合同法》第二十二条规定，用人单位为劳动者提供专项培训费用，对其进行专业技术培训的，可以与该劳动者订立协议，约定服务期。劳动者违反服务期约定的，应当按照约定向用人单位支付违约金，故选项A错误；选项B符合该法第四十二条的规定。第二十四条规定，在解除或者终止劳动合同后，劳动者到与本单位生产或者经营同类产品、从事同类业务的有竞争关系的其他用人单位，不得超过两年，故选项C错误。依据第四十一条有关规定，该公司不可单方直接解除与赵某的劳动合同，故选项D错误。

35．答案：A

解析：依据《女职工劳动保护特别规定》，女职工在孕期禁忌从事的劳动范围：（1）作业场所空气中铅及其化合物、汞及其化合物、苯、镉、铍、砷、氰化物、氮氧化物、一氧化碳、二硫化碳、氯、己内酰胺、氯丁二烯、氯乙烯、环氧乙烷、苯胺、甲醛等有毒物质浓度超过国家职业卫生标准的作业；（2）从事抗癌药物、己烯雌酚生产，接触麻醉剂气体等的作业；（3）非密封源放射性物质的操作，核事故与放射事故的应急处置；（4）高处作业分级标准中规定的高处作业；（5）冷水作业分级标准中规定的冷水作业；（6）低温作业分级标准中规定的低温作业；（7）高温作业分级标准中规定的第三级、第四级的作业；（8）噪声作业分级标准中规定的第三级、第四级的作业；（9）体力劳动强度分级标准中规定的第三级、第四级体力劳动强度的作业；（10）在密闭空间、高压室作业或者潜水作业，伴有强烈振动的作业，或者需要频繁弯腰、攀高、下蹲的作业。

36．答案：C

解析：《安全生产许可证条例》第六条规定，企业取得安全生产许可证，应当具备下列安全生产条件：（1）建立、健全安全生产责任制，制定完备的安全生产规章制度和操作规程；（2）安全投入符合安全生产要求；（3）设置安全生产管理机构，配备专职安全生产管理人员；（4）主要负责人和安全生产管理人员经考核合格；（5）特种作业人员经有关业务主管部门考核合格，取得特种作业操作资格证书；（6）从业人员经安全生产教育和培训合格；（7）依法参加工伤保险，为从业人员缴纳保险费；（8）厂房、作业场所和安全设施、设备、工艺符合有关安全生产法律、法规、标准和规程的要求；（9）有职业危害防治措施，并为从业人员配备符合国家标准或者行业标准的劳动防护用品；（10）依法进行安全评价；（11）有重大危险源检测、评估、监控措施和应急预案；（12）有生产安全事故应急救援预案、应急救援组织或者应急救援人员，配备必要的应急救援器材、设备；（13）法律、法规规定的其他条件。

37. 答案：C

解析：《安全生产许可证条例》第九条规定，企业在安全生产许可证有效期内，严格遵守有关安全生产的法律法规，未发生死亡事故的，安全生产许可证有效期届满时，经原安全生产许可证颁发管理机关同意，不再审查，安全生产许可证有效期延期3年。

38. 答案：C

解析：《煤矿安全监察条例》第二十一条规定，煤矿安全监察机构审查煤矿建设工程安全设施设计，应当自收到申请审查的设计资料之日起30日内审查完毕，签署同意或者不同意的意见，并书面答复，故选项D错误。选项C符合第二十一条规定。

39. 答案：B

解析：《国务院关于预防煤矿生产安全事故的特别规定》第十一条规定，被责令停产整顿的煤矿整改结束后要求恢复生产的，应当由县级以上地方人民政府负责煤矿安全生产监督管理的部门自收到恢复生产申请之日起60日内组织验收完毕；验收合格的，经组织验收的地方人民政府负责煤矿安全生产监督管理的部门的主要负责人签字，并经有关煤矿安全监察机构审核同意，报请有关地方人民政府主要负责人签字批准，颁发证照的部门发还证照，煤矿方可恢复生产；验收不合格的，由有关地方人民政府予以关闭。

被责令停产整顿的煤矿擅自从事生产的，县级以上地方人民政府负责煤矿安全生产监督管理的部门、煤矿安全监察机构应当提请有关地方人民政府予以关闭，没收违法所得，并处违法所得1倍以上5倍以下的罚款；构成犯罪的，依法追究刑事责任。

40. 答案：B

解析：《建设工程安全生产管理条例》第七条规定，建设单位不得对勘察、设计、施工、工程监理等单位提出不符合建设工程安全生产法律、法规和强制性标准规定的要求，不得压缩合同约定的工期；第六条规定，建设单位应当向施工单位提供施工现场及毗邻区域内供水、排水、供电、供气、供热、通信、广播电视等地下管线资料，气象和水文观测资料，相邻建筑物和构筑物、地下工程的有关资料，并保证资料的真实、准确、完整。第十条规定，建设单位应当自开工报告批准之日起15日内，将保证安全施工的措施报送建设工程所在地的县级以上地方人民政府建设行政主管部门或者其他有关部门备案。

41. 答案：A

解析：《建设工程安全生产管理条例》第三十八条规定，意外伤害保险费由施工单位支付。实行施工总承包的，由总承包单位支付意外伤害保险费。

42. 答案：D

解析：《危险化学品安全管理条例》第七条规定，对不符合法律、行政法规、规章规定或者国家标准、行业标准要求的设施、设备、装置、器材、运输工具，责令立即停止使用；经本部门主要负责人批准，查封违法生产、储存、使用、经营危险化学品的场所，扣押违法生产、储存、使用、经营、运输的危险化学品以及用于违法生产、使用、运输危险化学品的原材料、设备、运输工具；发现影响危险化学品安全的违法行为，当场予以纠正或者责令限期改正。负有危险化学品安全监督管理职责的部门依法进行监督检查，监督检查人员不得少于2人，并应当出示执法证件。

43. 答案：C

解析：《危险化学品安全管理条例》第十二条规定，建设单位应当对建设项目进行安全条件论证，委托具备国家规定的资质条件的机构对建设项目进行安全评价，并将安全条件论证和安全评价的情况报告报建设项目所在地设区的市级以上人民政府安全生产监督管理部门。第十三条规定，进行可能危及危险化学品管道安全的施工作业，施工单位应当在开工的7日前书面通知管道所属单位，并与管道所属单位共同制定应急预案，采取相应的安全防护措施。第二十四条规定，剧毒化学品以及储存数量构成重大危险源的其他危险化学品，应当在专用仓库内单独存放，并实行双人收发、双人保管制度。

44. 答案：B

解析：《危险化学品安全管理条例》第二十九条规定，使用危险化学品从事生产并且使用量达到规定数量的化工企业（属于危险化学品生产企业的除外，下同），应当依照本条例的规定取得危险化学品安全使用许可证。前款规定的危险化学品使用量的数量标准，由国务院安全生产监督管理部门会同国务院公安部门、农业主管部门确定并公布。第三十一条规定，申请危险化学品安全使用许可证的化工企业，应当向所在地设区的市级人民政府安全生产监督管理部门提出申请，并提交其符合本条例第三十条规定条件的证明材料。设区的市级人民政府安全生产监督管理部门应当依法进行审查。安全生产监督管理部门应当将其颁发危险化学品安全使用许可证的情况及时向同级环境保护主管部门和公安机关通报。

45. 答案：D

解析：《烟花爆竹安全管理条例》第八条规定，生产烟花爆竹的企业，应当有安全生产管理机构和专职安全生产管理人员，故选项A错误。第九条规定，生产烟花爆竹的企业，应当在投入生产前向所在地设区的市人民政府安全生产监督管理部门提出安全审查申请，设区的市人民政府安全生产监督管理部门应当自收到材料之日起20日内提出安全审查初步意见，报省、自治区、直辖市人民政府安全生产监督管理部门审查。省、自治区、直辖市人民政府安全生产监督管理部门应当自受理申请之日起45日内进行安全审查，对符合条件的，核发《烟花爆竹安全生产许可证》，故选项B错误。第十二条规定，生产烟花爆竹的企业，应当对生产作业人员进行安全生产知识教育，对从事药物混合、造粒、筛选、装药、筑药、压药、切引、搬运等危险工序的作业人员进行专业技术培训。从事危险工序的作业人员经设区的市人民政府安全生产监督管理部门考核合格，方可上岗作业，故选项C错误。第十五条规定，黑火药、烟火药、引火线丢失的，企业应当立即向当地安全生产监督管理部门和公安部门报告，故选项D正确。

46. 答案：B

解析：依据《民用爆炸物品安全管理条例》第二十条规定，民用爆炸物品生产企业凭《民用爆炸物品生产许可证》，就可以销售本企业生产的民用爆炸物品，不用取得销售许可证，故选项A错误。第二十四条规定，销售民用爆炸物品的企业，应当自民用爆炸物品买卖成交之日起3日内，将销售的品种、数量和购买单位向所在地省、自治区、直辖市人民政府民用爆炸物品行业主管部门和所在地县级人民政府公安机关备案，故选项C错误。第二十三条规定，销售、购买民用爆炸物品，应当通过银行账户进行交易，不得使用现金或者实物进行交易，故选项D错误。

47. 答案：B

解析：《特种设备安全监察条例》第三十一条规定，电梯的日常维护保养必须由依照本条例取得许可的安装、改造、维修单位或者电梯制造单位进行，故选项A错误。第二十五条规定，登记标志应当置于或者附着于该特种设备的显著位置，故选项C错误。第三十条规定，特种设备存在严重事故隐患，无改造、维修价值，或者超过安全技术规范规定使用年限，特种设备使用单位应当及时予以报废，并应当向原登记的特种设备安全监督管理部门办理注销，故选项D错误。

48. 答案：D

解析：《生产安全事故信息报告和处置办法》第二十六条规定，较大涉险事故是指：（1）涉险10人以上的事故。（2）造成3人以上被困或下落不明的事故。（3）紧急疏散人员500人以上的事故。（4）因生产安全事故对环境造成严重污染（人员密集场所、生活水源、农田、河流、水库、湖泊等）的事故。（5）危及重要场所和设施安全（电站、重要水利设施、危化品库、油气站和车站、码头、港口、机场及其他人员密集场所等）的事故。（6）其他较大涉险事故。

49. 答案：D

解析：《生产安全事故报告和调查处理条例》第十三条规定，事故报告后出现新情况的，应当及时补报。自事故发生之日起30日内，事故造成的伤亡人数发生变化的，应当及时补报。道路交通事故、火灾事故自发生之日起7日内，事故造成的伤亡人数发生变化的，应当及时补报。

50. 答案：C

解析：《工伤保险条例》第二十六条规定，申请鉴定的单位或个人对设区的市级劳动能力鉴定委员会作出的鉴定结论不服的，可以在收到该鉴定结论之日起15日内向省、自治区、直辖市劳动能力鉴定委员会提出再次鉴定申请。第二十一条规定，职工发生工伤，经治疗伤情相对稳定后存在残疾、影响劳动能力的，应当进行劳动能力鉴定。第二十五条规定，设区的市级劳动能力鉴定委员会收到劳动能力鉴定申请后，应当从其建立的医疗卫生专家库中随机抽取3名或者5名相关专家组成专家组，由专家组提出鉴定意见。第二十八条规定，自劳动能力鉴定结论作出之日起1年后，工伤职工或者其直系亲属、所在单位或者经办机构认为伤残情况发生变化的，可以申请劳动能力复查鉴定。

51. 答案：D

解析：《工伤保险条例》第三十一条规定，停工留薪期一般不超过12个月。伤情严重或者情况特殊，经设区的市级劳动能力鉴定委员会确认，可以适当延长，但延长不得超过12个月，故选项A错误。第三十二条规定，生活护理费按照生活完全不能自理、生活大部分不能自理或者生活部分不能自理3个不同等级支付，其标准分别为统筹地区上年度职工月平均工资的50%、40%或者30%，故选项B错误。第三十六条规定，职工因工致残被鉴定为六级伤残的，从工伤保险基金按伤残等级支付一次性伤残补助金，六级伤残为16个月的本人工资，故选项C错误。

52. 答案：D

解析：依据《烟花爆竹生产经营安全规定》第二十条，生产企业、批发企业应当按照设计用途、危险等级、核定药量使用药物总库和成品总库，并按规定堆码，分类分级存放，保持仓库内通道畅通，准确记录药物和产品数量。禁止在仓库内进行拆箱、包装作业。禁止将性质不相容的物质混存。禁止将高危险等级物品储存在危险等级低的仓库。禁止在烟花爆竹仓库储存不属于烟花爆竹的其他危险物品。

53. 答案：B

解析：《冶金企业和有色金属企业安全生产规定》第十条规定，企业存在金属冶炼工艺，从业人员在一百人以上的，应当设置安全生产管理机构或者配备不低于从业人员千分之三的专职安全生产管理人员，但最低不少于三人；从业人员在一百人以下的，应当设置安全生产管理机构或者配备专职安全生产管理人员。

54. 答案：B

解析：安全生产标准分为基础标准、管理标准、技术标准、方法标准和产品标准等五类。其中管理标准主要包括安全教育、培训、监督、检查、评价与考核等。

55. 答案：B

解析：《生产经营单位安全培训规定》第九条规定，生产经营单位主要负责人和安全生产管理人员初次安全培训时间不得少于32学时。每年再培训时间不得少于12学时。煤矿、非煤矿山、危险化学品、烟花爆竹等生产经营单位主要负责人和安全生产管理人员安全资格培训时间不得少于48学时；每年再培训时间不得少于16学时。

56. 答案：C

解析：《特种作业人员安全技术培训考核管理规定》第二十一条规定，特种作业操作证每三年复审 1 次。特种作业人员在特种作业操作证有效期内，连续从事本工种 10 年以上，严格遵守有关安全生产法律法规的，经原考核发证机关或者从业所在地考核发证机关同意，特种作业操作证的复审时间可以延长至每六年 1 次。故选项 A、B 错误。第二十五条规定，特种作业人员有违章操作造成严重后果或者有 2 次以上违章行为，并经查证确实的，复审或延期复审不予通过，故选项 D 错误。

57. 答案：C

解析：《建设工程消防监督管理规定》第十三条规定，对具有下列情形之一的人员密集场所，建设单位应当向公安机关消防机构申请消防设计审核，并在建设工程竣工后向出具消防设计审核意见的公安机关消防机构申请消防验收：（1）建筑总面积大于 2 万 m^2 的体育场馆、会堂，公共展览馆、博物馆的展示厅；（2）建筑总面积大于 1.5 万 m^2 的民用机场航站楼、客运车站候车室、客运码头候船厅；（3）建筑总面积大于 1 万 m^2 的宾馆、饭店、商场、市场；（4）建筑总面积大于 2500m^2 的影剧院，公共图书馆的阅览室，营业性室内健身、休闲场馆，医院的门诊楼，大学的教学楼、图书馆、食堂，劳动密集型企业的生产加工车间，寺庙、教堂；（5）建筑总面积大于 1000m^2 的托儿所、幼儿园的儿童用房，儿童游乐厅等室内儿童活动场所，养老院、福利院，医院、疗养院的病房楼，中小学校的教学楼、图书馆、食堂，学校的集体宿舍，劳动密集型企业的员工集体宿舍；（6）建筑总面积大于 500m^2 的歌舞厅、录像厅、放映厅、卡拉 OK 厅、夜总会、游艺厅、桑拿浴室、网吧、酒吧，具有娱乐功能的餐馆、茶馆、咖啡厅。

58. 答案：C

解析：《安全生产事故隐患排查治理暂行规定》第十四条规定，生产经营单位应当每季、每年对本单位事故隐患排查治理情况进行统计分析，并分别于下一季度 15 日前和下一年 1 月 31 日前向安全监管监察部门和有关部门报送书面统计分析表。统计分析表应当由生产经营单位主要负责人签字。

59. 答案：D

解析：《安全生产事故隐患排查治理暂行规定》第十五条规定，对于一般事故隐患，由生产经营单位（车间、分厂、区队等）负责人或者有关人员立即组织整改。对于重大事故隐患，由生产经营单位主要负责人组织制定并实施事故隐患治理方案。

60. 答案：C

解析：《生产安全事故应急预案管理办法》第十九条规定，中央管理的总公司（总厂、集团公司、上市公司）的综合应急预案和专项应急预案，报国务院国有资产监督管理部门、国务院安全生产监督管理部门和国务院有关主管部门备案；其所属单位的应急预案分别抄送所在地的省、自治区、直辖市或者设区的市人民政府安全生产监督管理部门和有关主管部门备案。

61. 答案：C

解析：《建设项目安全设施“三同时”监督管理办法》第二十八条规定，对生产经营单位有下列情形之一的，责令停止建设或者停产停业整顿，限期改正；逾期未改正的，处 50 万元以上 100 万元以下的罚款：(1)未按照本办法规定对建设项目进行安全评价的；(2) 没有安全设施设计或者安全设施设计未按照规定报经安全生产监督管理部门审查同意，擅自开工的；(3) 施工单位未按照批准的安全设施设计施工的；(4) 投入生产或者使用前，安全设施未经验收合格的。

62. 答案：D

解析：国家安全生产监督管理总局组织、指导和监督中央管理的生产经营单位的总公司的主要负责人和安全生产管理人员的安全培训工作。详见《生产经营单位安全培训规定》第十九条。《安全生产培训管理办法》第九条规定，不具备安全培训条件的生产经营单位，应当委托具有安全培训条件的机构对从业人员进行安全培训，故选项 B 错误。第十三条规定，国家鼓励生产经营单位实行师傅带徒弟制度。矿山新招的井下作业人员和危险物品生产经营单位新招的危险工艺操作岗位人员，除按照规定进行安全培训外，还应当在有经验的职工带领下实习满 2 个月后，方可独立上岗作业，故选项 C 错误。第十四条规定，职业院校毕业生从事与所学专业相关的作业，可以免予参加初次培训，实际操作培训除外，故选项 D 正确。

63. 答案：C

解析：《建设项目职业卫生“三同时”监督管理暂行办法》第六条规定，国家根据建设项目可能产生职业病危害的风险程度，按照下列规定对其实行分类监督管理：(1) 职业病危害一般的建设项目，其职业病危害预评价报告应当向安全生产监督管理部门备案，职业病防护设施由建设单位自行组织竣工验收，并将验收情况报安全生产监督管理部门备案；(2) 职业病危害较重的建设项目，其职业病危害预评价报告应当报安全生产监督管理部门审核；职业病防护设施竣工后，由安全生产监督管理部门组织验收。第十三条规定，对已经受理的建设项目职业病危害预评价备案申请，安全生产监督管理部门应当对申请文件、资料进行形式审查。符合要求的，自受理之日起 20 个工作日内予以备案，并向申请人出具备案通知书；不符合要求的，不予备案，书面告知申请人并说明理由。

64. 答案：D

解析：《建设项目职业卫生“三同时”监督管理暂行办法》第十二条规定，安全生产监督管理部门在收到职业病危害预评价报告备案或者审核申请后，应当对申请文件、资料是否齐全进行核对，并自收到申请之日起 5 个工作日内作出是否受理的决定或者出具补正通知书。第十三条规定，对已经受理的建设项目职业病危害预评价报告审核申请，安全生产监督管理部门应当对申请文件、资料的合法性进行审核；审核同意的，自受理之日起 20 个工作日内予以批复；第二十二条规定，建设项目职业病防护设施设计经审查同意后，建设项目的生产规模、工艺或者职业病危害因素的种类等发生重大变更的，建设单位应当根据变更的内容，重新进行职业病防护设施设计，并在变更之日起 30 日内按照本办法规定办理相应的审查手续。

65. 答案：C

解析：《工贸企业有限空间作业安全管理与监督暂行规定》第二十七条规定，安全生产监督管理部门及其行政执法人员发现有限空间作业存在重大事故隐患的，应当责令立即或者限期整改；重大事故隐患排除前或者排除过程中无法保证安全的，应当责令暂时停止作业，撤出作业人员；重大事故隐患排除后，经审查同意，方可恢复作业。第二十五条规定，安全生产监督管理部门对工贸企业有限空间作业实施监督检查时，应当重点抽查有限空间作业安全管理制度、有限空间管理台账、检测记录、劳动防护用品配备、应急救援演练、专项安全培训等情况。

66. 答案：C

解析：依据《非煤矿矿山企业安全生产许可证实施办法》第六条规定，非煤矿矿山企业取得安全生产许可证，应当具备下列安全生产条件：主要负责人和安全生产管理人员经安全生产监督管理部门考核合格，取得安全资格证书。

67. 答案：D

解析：依据《尾矿库安全监督管理规定》第二十条规定，尾矿库经安全现状评价或者专家论证被确定为危库、险库和病库的，生产经营单位应当分别采取下列措施：（1）确定为危库的，应当立即停产，进行抢险，并向尾矿库所在地县级人民政府、安全生产监督管理部门和上级主管单位报告；（2）确定为险库的，应当立即停产，在限定的时间内消除险情，并向尾矿库所在地县级人民政府、安全生产监督管理部门和上级主管单位报告；（3）确定为病库的，应当在限定的时间内按照正常库标准进行整治，消除事故隐患。

68. 答案：D

解析：《烟花爆竹生产企业安全生产许可证实施办法》第二十七条规定，企业在安全生产许可证有效期内有下列情形之一的，应当按照本办法第二十八条的规定申请变更安全生产许可证：（1）改建、扩建烟花爆竹生产（含储存）设施的；（2）变更产品类别、级别范围的；（3）变更企业主要负责人的；（4）变更企业名称的。

69. 答案：B

解析：《危险化学品建设项目安全监督管理办法》第五条规定，建设项目有下列情形之一的，应当由省级安全生产监督管理部门负责安全审查：（1）国务院投资主管部门审批（核准、备案）的；（2）生产剧毒化学品的；（3）省级安全生产监督管理部门确定的本办法第四条第一款规定以外的其他建设项目。

70. 答案：D

解析：《食品生产企业安全生产监督管理暂行规定》第二十三条规定，县级以上地方人民政府负责食品生产企业安全生产监管的部门对食品生产企业进行监督检查时，发现其存在工程建设、消防和特种设备等方面的事故隐患或者违法行为的，应当及时移送本级人民政府有关部门处理。

二、多项选择题

71. 答案：ACDE

解析：《安全生产法》第十八条规定，生产经营单位的主要负责人对本单位安全生产工作负有下列职责：（1）建立、健全本单位安全生产责任制；（2）组织制定本单位安全生产规章制度和操作规程；（3）保证本单位安全生产投入的有效实施；（4）督促、检查本单位的安全生产工作，及时消除生产安全事故隐患；（5）组织制定并实施本单位的生产安全事故应急救援预案；（6）及时、如实报告生产安全事故。

72. 答案：BCD

解析：《安全生产法》第二十一条规定，矿山、金属冶炼、建筑施工、道路运输单位和危险物品的生产、经营、储存单位，应当设置安全生产管理机构或者配备专职安全生产管理人员。前款规定以外的其他生产经营单位，从业人员超过一百人的，应当设置安全生产管理机构或者配备专职安全生产管理人员；从业人员在一百人以下的，应当配备专职或者兼职的安全生产管理人员。

73. 答案：ABCE

解析：《安全生产法》第九十条规定，生产经营单位的决策机构、主要负责人或者个人经营的投资人不依照本法规定保证安全生产所必需的资金投入，导致发生生产安全事故的，对生产经营单位的主要负责人给予撤职处分；构成犯罪的，依照刑法有关规定追究刑事责任。第九十二条规定，生产经营单位的主要负责人未履行本法规定的安全生产管理职责，导致发生较大事故的（本题中死亡 7 人，属于较大事故），处上一年年收入百分之四十的罚款。第九十一条规定，生产经营单位的主要负责人未履行本法规定的安全生产管理职责导致发生事故，受刑事处罚或者撤职处分的，自刑罚执行完毕或者受处分之日起，五年内不得担任任何生产经营单位的主要负责人；对重大、特别重大生产安全事故负有责任的，终身不得担任本行业生产经营单位的主要负责人。

74. 答案：ABCE

解析：《消防法》第十七条规定，县级以上地方人民政府公安机关消防机构应当将发生火灾可能性较大以及发生火灾可能造成重大人身伤亡或者财产损失的单位，确定为本行政区域内的消防安全重点单位，并由公安机关报本级人民政府备案。消防安全重点单位除应当履行本法第十六条规定的职责外，还应当履行下列消防安全职责：（1）确定消防安全管理人，组织实施本单位的消防安全管理工作；（2）建立消防档案，确定消防安全重点部位，设置防火标志，实行严格管理；（3）实行每日防火巡查，并建立巡查记录；（4）对职工进行岗前消防安全培训，定期组织消防安全培训和消防演练。

75. 答案：BDE

解析：《道路交通安全法》第二十六条规定，红灯表示禁止通行，绿灯表示准许通行，黄灯表示警示。第一百零四条规定，未经批准，擅自挖掘道路、占用道路施工或者从事其他影响道路交通安全活动的，由道路主管部门责令停止违法行为，并恢复原状，可以依法给予罚款；致使通行的人员、车辆及其他财产遭受损失的，依法承担赔偿责任。有前款行为，影响道路交通安全活动的，公安机关交通管理部门可以责令停止违法行为，迅速恢复交通。

76. 答案：CD

解析：《行政处罚法》第二十七条规定，当事人有下列情形之一的，应当依法从轻或者减轻行政处罚：（1）主动消除或者减轻违法行为危害后果的；（2）受他人胁迫有违法行为的；（3）配合行政机关查处违法行为有立功表现的；（4）其他依法从轻或者减轻行政处罚的。

77. 答案：BCDE

解析：《关于预防煤矿生产安全事故的特别规定》第十六条规定，煤矿企业应当依照国家有关规定对井下作业人员进行安全生产教育和培训，保证井下作业人员具有必要的安全生产知识，熟悉有关安全生产规章制度和安全操作规程，掌握本岗位的安全操作技能，并建立培训档案。未进行安全生产教育和培训或者经教育和培训不合格的人员不得下井作业。

78. 答案：ACD

解析：《危险化学品安全管理条例》第四十三条规定，从事危险化学品道路运输、水路运输的，应当分别依照有关道路运输、水路运输的法律、行政法规的规定，取得危险货物道路运输许可、危险货物水路运输许可，并向工商行政管理部门办理登记手续。危险化学品道路运输企业、水路运输企业应当配备专职安全管理人员，故选项B错误。第五十条规定，通过道路运输剧毒化学品的，托运人应当向运输始发地或者目的地县级人民政府公安机关申请剧毒化学品道路运输通行证，故选项E错误。

79. 答案：ABC

解析：《生产安全事故报告和调查处理条例》第三条规定，根据生产安全事故（以下简称事故）造成的人员伤亡或者直接经济损失，事故一般分为以下等级：（1）特别重大事故，是指造成30人以上死亡，或者100人以上重伤（包括急性工业中毒，下同），或者1亿元以上直接经济损失的事故；（2）重大事故，是指造成10人以上30人以下死亡，或者50人以上100人以下重伤，或者5000万元以上1亿元以下直接经济损失的事故；（3）较大事故，是指造成3人以上10人以下死亡，或者10人以上50人以下重伤，或者1000万元以上5000万元以下直接经济损失的事故；（4）一般事故，是指造成3人以下死亡，或者 10 人以下重伤，或者 1000 万元以下直接经济损失的事故。

80. 答案：ACDE

解析：《工伤保险条例》第十四条规定，职工有下列情形之一的，应当认定为工伤：（1）在工作时间和工作场所内，因工作原因受到事故伤害的；（2）工作时间前后在工作场所内，从事与工作有关的预备性或者收尾性工作受到事故伤害的；（3）在工作时间和工作场所内，因履行工作职责受到暴力等意外伤害的；（4）患职业病的；（5）因工外出期间，由于工作原因受到伤害或者发生事故下落不明的；（6）在上下班途中，受到机动车事故伤害的；（7）法律、行政法规规定应当认定为工伤的其他情形。

81. 答案：ACDE

解析：《注册安全工程师管理规定》第六条规定，从业人员 300 人以上的煤矿、非煤矿矿山、建筑施工单位和危险物品生产、经营单位，应当按照不少于安全生产管理人员 15% 的比例配备注册安全工程师；安全生产管理人员在 7 人以下的，至少配备 1 名。前款规定以外的其他生产经营单位，应当配备注册安全工程师或者委托安全生产中介机构选派注册安全工程师提供安全生产服务。安全生产中介机构应当按照不少于安全生产专业服务人员 30%的比例配备注册安全工程师。60×30%=18，故选项 B 错误。

82. 答案：ABDE

解析：《特种设备安全法》第二十五条规定，特种设备在投入使用前或者投入使用后 30 日内，特种设备使用单位应当向直辖市或者设区的市的特种设备安全监督管理部门登记。登记标志应当置于或者附着于该特种设备的显著位置。

83. 答案：ABCD

解析：《安全生产培训管理办法》第五条规定，安全培训机构应当具备从事安全培训工作所需要的条件。从事危险物品的生产、经营、储存单位和矿山企业主要负责人、安全生产管理人员、特种作业人员以及注册安全工程师等相关人员培训的安全培训机构，应当将教师、教学和实习实训设施等情况书面报告所在地安全生产监督管理部门、煤矿安全培训监管机构。第四条规定，安全培训工作实行统一规划、归口管理、分级实施、分类指导、教考分离的原则。

84. 答案：ACD

解析：《工贸企业有限空间作业安全管理与监督暂行规定》第十二条规定，有限空间作业应当严格遵守“先通风、再检测、后作业”的原则。检测指标包括氧浓度、易燃易爆物质（可燃性气体、爆炸性粉尘）浓度、有毒有害气体浓度。检测应当符合相关国家标准或者行业标准的规定。未经通风和检测合格，任何人员不得进入有限空间作业。检测的时间不得早于作业开始前 30min。第二十二条规定，工贸企业将有限空间作业发包给其他单位实施的，应当发包给具备国家规定资质或者安全生产条件的承包方，并与承包方签订专门的安全生产管理协议或者在承包合同中明确各自的安全生产职责。工贸企业应当对承包单位的安全生产工作统一协调、管理，定期进行安全检查，发现安全问题的，应当及时督促整改。

85. 答案：ABDE

解析：《职业病防治法》第十三条规定，产生职业病危害的用人单位的设立除应当符合法律、行政法规规定的设立条件外，其工作场所还应当符合下列职业卫生要求：（1）职业病危害因素的强度或者浓度符合国家职业卫生标准；（2）有与职业病危害防护相适应的设施；（3）生产布局合理，符合有害与无害作业分开的原则；（4）有配套的更衣间、洗浴间、孕妇休息间等卫生设施；（5）设备、工具、用具等设施符合保护劳动者生理、心理健康的要求；（6）法律、行政法规和国务院卫生行政部门关于保护劳动者健康的其他要求。

2018 年度全国注册安全工程师执业资格考试模拟试卷（二）

安全生产法及相关法律知识

（考试时间 150 分钟，满分 100 分）

一、单项选择题（共 70 题，每题 1 分。每题的备选项中，只有 1 个最符合题意）

1. 安全生产行政法规一般专指国务院制定的有关安全生产规范性文件，下列关于其法律地位和效力的说法，正确的是（　　）。

   A．低于行政规章、国家强制性标准

   B．高于安全生产法、低于宪法

   C．低于宪法和安全生产法

   D．与国家安全监管总局令效力一致

2.《安全生产法》第二条明确了排除适用的特殊规定，下列关于《安全生产法》适用范围的说法，正确的是（　　）。

   A．有关法律、行政法规对铁路交通安全没有规定的，适用《安全生产法》

   B．有关法律、行政法规对非煤矿山安全没有规定的，不适用《安全生产法》

   C．有关法律、行政法规对消防安全另有规定的，适用《安全生产法》

   D．有关法律、行政法规对危险化学品安全另有规定的，不适用《安全生产法》

3. 某县安全监管部门在调查一起死亡事故时，发现某生产经营单位与从业人员订立的劳动合同中，有减轻该单位对从业人员因生产安全事故伤亡依法应承担责任的条款，依据《安全生产法》的规定，可以对该单位的主要负责人给予罚款，处罚金额符合规定的是（　　）。

   A．5000 元　　B．15000 元　　C．40000 元　　D．120000 元

4. 某食品生产企业有员工 350 人，管理人员 30 人。依据《安全生产法》的规定，下列关于该企业安全生产管理机构设置和人员配备的说法，正确的是（　　）。

   A．应委托某注册安全工程师提供安全生产管理服务

   B．应委托某注册安全工程师事务所提供安全生产管理服务

   C．应配备专职的安全生产管理人员

   D．应配备兼职的安全生产管理人员

5. 某公司是一家易燃化学品生产企业，同时还开设了一家经营自产产品的零售店，该公司的下列做法，符合《安全生产法》规定的是（　　）。

A．该公司计划进行扩建，临时将部分成品存放在员工宿舍中无人居住的房间内

B．为了扩大生产，该公司将员工宿舍一楼改建为产品生产车间

C．由于员工宿舍一楼有闲置房间，因此公司利用该房间零售自产产品

D．公司在生产区和员工宿舍区开设了通勤车，方便员工上下班

6．某企业旧厂房和旧设备拆除中，需要进行吊装作业和定向爆破作业，依据《安全生产法》的规定，下列关于该吊装作业和定向爆破作业安全管理的说法，正确的是（　　）。

A．爆破作业前，应报告安全监管部门并实施现场监控

B．爆破作业时，应安排公安人员进行现场警戒

C．吊装作业时，应将吊装方案报安全监管部门备案

D．吊装作业时，应安排专门人员进行现场安全管理

7．某煤矿生产过程中存在粉尘职业危害，依据《安全生产法》的规定，下列关于防尘口罩佩戴及相关责任的说法，正确的是（　　）。

A．健康是矿工自己的事，是否佩戴口罩是矿工的权利

B．煤矿为每个矿工配备防尘口罩，矿工必须按规定正确佩戴

C．矿工不佩戴口罩导致尘肺病，其责任由矿工自己负责

D．矿工不佩戴口罩导致尘肺病，其责任由煤矿和矿工共同负责

8．某电厂的火电机组脱硫改造项目，由甲公司负责总体设计，乙公司承担其中的土建及设备基础工程，丙公司承担其中的钢结构安装、加固及管道工程，委托丁公司负责施工监理。四家公司同时开展相关工作。依据《安全生产法》的规定，下列关于签订安全生产管理协议的做法，正确的是（　　）。

A．甲公司与乙、丙公司分别签订安全生产管理协议，由乙、丙公司负责该改造项目安全生产工作的统一协调和管理

B．电厂分别与甲、乙、丙、丁公司签订安全生产管理协议，并指定专职安全生产管理人员进行安全检查与协调

C．甲公司与丁公司签订安全生产管理协议，由丁公司负责该改造项目安全生产工作的统一协调和管理

D．乙、丙公司与丁公司签订安全生产管理协议，由丁公司负责承包范围内的安全生产工作的协调和管理

9．某钢铁公司要建一个厂房，选定由甲公司和乙公司承建，并与其签订专门的安全生产管理协议，甲公司没有相关资质，在施工当中发生了人身伤亡事故，依据《安全生产法》的规定，下列关于安全生产管理职责的说法，错误的是（　　）。

A．钢铁公司将建设项目发包给甲公司违反规定

B．钢铁公司已经与甲、乙公司签订安全生产管理协议，因此事故发生后钢铁公司不承担安全生产责任

C. 钢铁公司与乙公司可以在承包合同中约定各自的安全生产管理责任

D. 钢铁公司需要对甲、乙公司的建设工程的安全生产进行统一协调、管理

10. 某企业施工队队长甲某率队开挖沟槽，作业中，现场未采取任何安全支撑措施，工人乙认为风险很大，要求暂停作业，但甲某以不下去干活就扣本月奖金相威胁，坚持要求继续作业，乙拒绝甲某的指挥，依据《安全生产法》的规定，下列关于企业对乙可采取措施的说法，正确的是（　　）。

A. 不得给予乙任何处分　　B. 可以给予乙通报批评、记过等处分

C. 可以解除与乙订立的劳动合同　　D. 可以降低乙的工资和福利待遇

11. 某煤矿企业与矿工签订的用工协议中规定，如果矿工作业时发生事故而丧失部分劳动能力，将得到一次性补偿金20000元，完全丧失劳动能力则一次性补偿50000元，此后企业与矿工不再有任何关系，不再负责其他善后事项。依据《安全生产法》的规定，下列关于该企业用工协议的说法，正确的是（　　）。

A. 该协议无效，应对企业的主要负责人给予10日以下拘留

B. 该协议具有法律效力，若矿工因工受伤，应遵照办理

C. 该协议无效，因工受伤的矿工有权向企业提出赔偿要求

D. 该协议中的赔偿事项成立，数额不足部分由企业补足

12. 甲市安全监管人员在执法检查时，发现某烟花爆竹企业存在重大事故隐患，监管人员责令企业立即停止作业，并要求立即从车间撤出作业人员，排除隐患，依据《安全生产法》的规定，该企业排除重大事故隐患后，有权对其恢复生产经营进行审查同意的单位是（　　）。

A. 企业上级主管部门　　B. 安全监管部门

C. 公安机关　　D. 人民政府

13. 某企业的主要负责人甲某因未履行安全生产管理职责，导致发生生产安全事故，于2008年9月12日受到撤职处分，该企业改制分立新企业拟聘甲某为主要负责人，依据《安全生产法》的规定，甲某可以任职的时间是（　　）。

A. 2009年9月12日后　　B. 2010年9月12日后

C. 2011年9月12日后　　D. 2013年9月12日后

14. 甲公司委托具有安全评价资质的乙机构实施某项目安全评价，甲委托具有资质的丙机构针对该项目进行安全监测检验，甲将丙提交的报告交给乙作为安全评价的依据，因丙出具了虚假监测检验报告，导致发生生产安全事故，给他人造成重大经济损失。依据《安全生产法》的规定，对此次事故损失承担连带赔偿责任的单位是（　　）。

A. 甲和乙　　B. 甲和丙　　C. 乙和丙　　D. 甲、乙和丙

15. 某矿山工会人员发现作业场所存在火灾隐患，可能危及职工生命安全，依据《矿山安全法》的规定，矿山工会有权采取的措施是（　　）。

A．立即决定停工

B．告知职工拒绝作业

C．直接采取排除火灾隐患的处理措施

D．向矿山企业行政方面建议组织职工撤离危险现场

16．根据《消防法》的规定，下列场所不得与易燃易爆危险品储存地点设置在同一建筑物内的是（　　）。

A．供销社　　B．建材超市　　C．员工宿舍　　D．货物仓库

17．某购物中心在营业期间顾客熙熙攘攘、人员密集，突然发生重大火灾。依据《消防法》的规定，该购物中心现场工作人员应采取的正确行为是（　　）。

A．立即组织在场的所有人员参与扑救火灾

B．统一指挥公安消防队扑救火灾

C．立即组织、引导在场人员疏散

D．立即组织员工接通消防水源

18．依据《道路交通安全法》的规定，残疾人机动轮椅车、电动自行车在非机动车道内行驶时，最高时速不得超过（　　）。

A．15km　　B．20km　　C．25km　　D．30km

19．根据《道路交通安全法》的规定，下列关于道路通行条件的说法，正确的是（　　）。

A．工程建设挖掘道路，施工作业完毕无须经过验收即可恢复通行

B．在城市道路施划停车泊位必须报经公安交通管理部门批准

C．无行人过街设施的城市医院门前的道路应施划人行横道线并设置提示标识

D．道路出现坍塌，公安交通管理部门和安全监管部门应当及时修复

20．依据《特种设备安全法》规定，关于特种设备的生产、经营、使用、管理的说法，错误的是（　　）。

A．特种设备进行改造、修理，按照规定需要变更使用登记的，应当办理变更登记，方可继续使用

B．特种设备存在严重事故隐患的，特种设备使用单位应当依法履行报废义务，采取必要措施消除该特种设备的使用功能，并向省级负责特种设备安全监督管理的部门办理使用登记证书注销手续

C．特种设备检验、检测机构的检验、检测人员不得同时在两个以上检验、检测机构中执业；变更执业机构的，应当依法办理变更手续

D．特种设备检验、检测机构及其检验、检测人员不得从事有关特种设备的生产、经营活动，不得推荐或者监制、监销特种设备

21．依据《特种设备安全法》的规定，特种设备在出租期间的使用管理和维护保养义务由特种设备的（　　）单位承担。

A．出租　　B．使用　　C．监管　　D．出售

22．依据《职业病防治法》的规定，新建煤化工项目的企业，应在项目的可行性论证阶段，针对尘毒危害的前期预防，向相关政府行政主管部门提交（　　）。

A．职业病危害评价报告

B．职业病危害预评价报告

C．职业病危害因素评估报告

D．职业病控制论证报告

23．依据《职业病防治法》的规定，产生职业病危害的用人单位的设立，除应当符合法律、行政法规规定的设立条件外，其作业场所布局应遵循的原则是（　　）。

A．生产作业与储存作业分开

B．加工作业与包装作业分开

C．有害作业与无害作业分开

D．吊装作业与维修作业分开

24．依据《突发事件应对法》的规定，事故灾难的预警级别按照发生的紧急程度、发展态势和可能造成的危害程度分为一级、二级、三级、四级，其中四级标示的颜色是（　　）。

A．蓝色　　B．橙色　　C．红色　　D．黄色

25．依据《突发事件应对法》的规定，下列关于突发事件的预防与应急准备的说法，正确的是（　　）。

A．应急预案制定机关应当按照本机关规定的修订程序修订应急预案

B．可能引发社会安全事件的矛盾纠纷均应由县级以上人民政府及其有关部门负责调解处理

C．各单位都应当制定具体应急预案，并及时采取措施消除隐患，防止发生突发事件

D．新闻媒体应当无偿开展突发事件预防与应急、自救与互救知识的公益宣传

26．某公司丢失了一枚放射源，可能会危害公共安全。依据《突发事件应对法》的规定，下列关于该公司报告的做法，正确的是（　　）。

A．及时向当地人民政府报告

B．待确定捡拾者后报告给当地人民政府

C．待确定伤害情况后报告给当地人民政府

D．待确定放射源是否泄漏后报告给当地人民政府

27．依据《刑法》的规定，由于强令他人违章冒险作业而导致重大伤亡事故发生或者造成其他严重后果，情节特别恶劣的，应处以有期徒刑（　　）。

A．10年以上　　B．7年以上　　C．5年以上　　D．3年以上

28．某化工企业因安全生产设施不符合国家规定，发生事故，造成6人死亡的严重后果，依据《刑法》的规定，直接负责的主管人员触犯的刑法罪名是（　　）。

A．重大责任事故罪　　B．重大劳动安全事故罪

C．危险物品肇事罪　　D．消防责任事故罪

29．根据不同的标准，行政处罚有不同的分类，下列行政处罚中属于行为罚的是（　　）。

A．罚款　　B．销毁违禁物品

C．责令停产停业　　D．没收违法所得

30．某煤矿安全监察机构对煤矿企业进行安全监察时，发现安全监控系统不完善，决定对该煤矿企业作出行政处罚，依据《行政处罚法》的规定，下列关于当场作出行政处罚的做法，正确的是（　　）。

A．当场制作对该企业处 1000 元罚款的行政处罚决定书，宣读后，交付在场的企业负责人

B．当场制作对该企业处 1500 元罚款的行政处罚决定书，宣读后，交付在场的企业负责人

C．当场口头作出罚款 1000 元的行政处罚决定，10 日后补办书面决定书并送达给该企业

D．当场口头作出罚款 1000 元的行政处罚决定，10 日后补办书面决定书并以挂号函件方式邮寄给该企业

31．依据《劳动法》的规定，用人单位不得安排女职工在哺乳未满 1 周岁的婴儿期间从事的工作是（　　）。

A．第一级体力劳动强度的劳动　　B．夜班劳动

C．电工　　D．驾驶机动车

32．依据《劳动合同法》的规定，用人单位自用工之日起超过 1 个月不满 1 年未与劳动者订立书面劳动合同的，应当向劳动者每月支付（　　）倍的工资。

A．1　　B．2　　C．3　　D．5

33．依据《女职工劳动保护特别规定》，下列选项中，属于女职工禁忌从事的劳动的是（　　）。

A．矿井下作业

B．危险化学品场所作业

C．体力劳动强度分级标准中规定的第三级体力劳动强度的作业

D．高处作业分级标准中规定的第三级、第四级高处作业

34．甲、乙、丙、丁均是某煤矿企业的员工，依据《劳动合同法》的规定，下列关于劳动合同解除的说法，正确的是（　　）。

A．企业如果强令甲冒险作业并危及其人身安全，甲有权拒绝作业，但不能立即解除劳动合同

B．乙非因工负伤，在规定的医疗期内，企业可以和乙解除劳动合同

C. 丙为疑似职业病病人，目前正在诊断期间，企业此时不能解除劳动合同

D. 丁经过企业培训后仍然不能胜任现在的工作，企业提前 10 日以书面形式通知丁后，可以解除劳动合同

35. 依据《煤矿安全监察条例》的规定，煤矿有关人员拒绝、阻碍煤矿安全监察机构及其安全监察人员现场检查或者提供虚假情况，情节严重的，应采取的措施是（　　）。

A. 吊销煤炭生产许可证　　B. 责令停产整顿

C. 处 5 万元以上 10 万元以下的罚款　　D. 暂扣相关证照

36. 某非煤矿企业拟申请安全生产许可证，企业负责人为此咨询了律师，依据《安全生产许可证条例》的规定，下列关于安全生产许可证申请的说法，正确的是（　　）。

A. 安全生产许可证的有效期是 3 年，并且不需要年检

B. 由矿产资源管理部门负责安全生产许可证的颁发

C. 安全生产许可证颁发机关自收到企业申请资料之日起，应当在 30 日内完成审查发证工作

D. 安全生产许可证可以在企业试生产期间提出申请

37. 依据《国务院关于预防煤矿生产安全事故的特别规定》，对（　　）内两次或者两次以上发现有重大安全生产隐患，仍然进行生产的煤矿，有关部门应当提请有关地方人民政府关闭该煤矿。

A. 6 个月　　B. 5 个月　　C. 4 个月　　D. 3 个月

38. 依据《国务院关于预防煤矿生产安全事故的特别规定》，下列关于煤矿停产整顿的说法，正确的是（　　）。

A. 高瓦斯矿井未建立瓦斯抽放系统和监控系统，仍然进行生产的，由县级以上地方人民政府有关部门责令停产整顿，并处 50 万元以下的罚款

B. 对 1 个月内 2 次以上发现有重大安全生产隐患，仍然进行生产的煤矿，由县级以上地方人民政府有关部门责令立即停产整顿

C. 被责令停产整顿的煤矿擅自从事生产的，由县级以上地方人民政府有关部门予以关闭

D. 对被责令停产整顿的煤矿，在停产整顿期间，由有关地方人民政府采取有效措施进行监督检查

39. 建设单位是建筑工程的投资主体，在建筑活动中居于主导地位。依据《建设工程安全生产管理条例》的规定，下列关于建设单位安全责任的说法，正确的是（　　）。

A. 建设单位可以根据市场需求压缩合同约定的工期

B. 建设单位应当自开工报告批准之日起 10 日内，将保证安全施工的措施报送所在地建设行政主管部门或有关部门备案

C. 建设单位应当在拆除工程施工 10 日前，将有关资料报送所在地建设行政主管部门

或有关部门备案

D．建设单位应当根据工程需要向施工企业提供施工现场相邻建筑物的相关资料

40．依据《建设工程安全生产管理条例》的规定，监理单位对施工组织设计进行强制性标准符合性审查，下列属于审查内容的是（　　）。

A．安全管理方案　　B．安全技术措施

C．安全培训计划　　D．安全投入计划

41．某企业是位于A省B市C区港口内的一家危险化学品仓储经营企业，已经取得了港口经营许可证。依据《危险化学品安全管理条例》的规定，下列关于该企业申请危险化学品经营许可证的说法，正确的是（　　）

A．需要向B市的港口行政管理部门申请危险化学品经营许可证

B．需要向C区的港口行政管理部门申请危险化学品经营许可证

C．需要向A省的安全监管部门申请危险化学品经营许可证

D．不需要申请危险化学品经营许可证

42．根据《危险化学品安全管理条例》的规定，下列关于剧毒化学品运输管理的说法，正确的是（　　）。

A．可以通过内河封闭水域运输剧毒化学品

B．禁止通过内河运输剧毒化学品

C．安全监管部门负责审批剧毒化学品道路运输通行证

D．海事管理机构负责确定剧毒化学品船舶运输的安全运输条件

43．依据《危险化学品安全管理条例》的规定，剧毒化学品、易制爆危险化学品的销售企业、购买单位，应当在销售、购买后（　　）日内，将其销售、购买的剧毒化学品、易制爆危险化学品的品种、数量以及流向信息报所在地县级人民政府公安机关备案。

A．5　　B．7　　C．10　　D．15

44．甲是A市B县的烟花爆竹零售经营者，需要办理《烟花爆竹经营（零售）许可证》。依据《烟花爆竹安全管理条例》的规定，下列关于甲申请经营许可证的说法，正确的是（　　）。

A．应向A市安全监管部门提出申请

B．应向A市公安机关提出申请

C．应向B县安全监管部门提出申请

D．应向B县公安机关提出申请

45．甲公司是一家生产乳化震源药柱的中型企业，公司依照法律法规要求取得了《民用爆炸物品生产许可证》。乙公司是一家商贸公司，依法取得了《民用爆炸物品销售许可证》。依据《民用爆炸物品安全管理条例》的规定，下列关于甲、乙公司生产经营活动的说法，正确的是（　　）。

A. 甲公司必须取得《民用爆炸物品销售许可证》后方可出售本单位生产的乳化震源药柱

B. 乙公司向甲公司购买乳化震源药柱，应当通过银行账户交易，不得使用现金或者实物进行交易

C. 甲公司见到乙公司提供的《民用爆炸物品销售许可证》5日后，方可进行交易

D. 乙公司销售民用爆炸物品后3天内，要将销售的品种、数量和购买单位向所在地设区的市人民政府公安机关备案

46. 依据《民用爆炸物品安全管理条例》的规定，爆破作业人员应当经考核合格，取得《爆破作业人员许可证》后，方可从事爆破作业，对其考核的单位是（　　）。

A. 设区的市人民政府安全监督部门　　B. 设区的市人民政府公安机关

C. 县级人民政府安全监管部门　　D. 县级人民政府公安机关

47. 下列设备中，不属于《特种设备安全监察条例》安全监察对象的是（　　）。

A. 化工厂的压力容器　　B. 商场的电梯

C. 海上平台的起重机　　D. 电厂的锅炉

48. 某化工厂发生一起火灾事故，造成2人死亡、1人重伤、3人轻伤。事故发生1个月后，重伤者因救治无效死亡，依据《生产安全事故报告和调查处理条例》的规定，下列关于事故补报的说法，正确的是（　　）。

A. 该厂应在3日内向安全监管部门补报该事故伤亡情况并说明情况

B. 该厂无须向安全监管部门补报该事故伤亡人数更新情况

C. 安全监管部门应该根据更新的伤亡人数重新界定该事故等级

D. 安全监管部门应向本级人民政府补报该事故伤亡人数更新情况

49. 依据《生产安全事故报告和调查处理条例》的规定，事故发生单位对事故发生负有责任的，应处20万元以上50万元以下罚款的事故等级是（　　）。

A. 一般事故　　B. 较大事故　　C. 重大事故　　D. 特别重大事故

50. 依据《工伤保险条例》的规定，下列关于劳动能力鉴定的说法，正确的是（　　）。

A. 劳动功能障碍分为十个伤残等级，最轻的为一级，最重的为十级

B. 劳动能力鉴定必须由用人单位、工伤职工向县级劳动能力鉴定委员会提出申请

C. 市级劳动能力鉴定委员会作出的鉴定结论是最终结论

D. 自劳动能力鉴定结论作出之日起1年后，工伤职工认为伤残情况发生变化的，可以申请复查鉴定

51. 某金属矿采掘企业自开办以来，一直不缴纳工伤保险费。依据《工伤保险条例》的规定，社会保险行政部门应当责令该企业限期参加工伤保险，补缴应当缴纳的工伤保险费，并自欠缴之日起，按日加收（　　）的滞纳金。

A. 万分之一　　B. 万分之二　　C. 万分之三　　D. 万分之五

52．依据《工伤保险条例》的规定，下列关于工伤保险待遇的说法，正确的是（　　）。

A．职工住院治疗工伤的伙食补助费不在工伤保险基金的支付范围内

B．经工伤职工本人提出，该职工可以与用人单位解除或者终止劳动关系，由工伤保险基金支付一次性工伤医疗补助金，由用人单位支付一次性伤残就业补助金

C．工伤职工拒不接受劳动能力鉴定的，从拒不接受的第 4 个月起停止享受工伤保险待遇

D．职工被借调期间受到工伤事故伤害的，由借调单位承担工伤保险责任，但借调单位与原用人单位可以约定补偿办法

53．注册安全工程师张某已经离开 A 事务所到 B 事务所工作。依据《注册安全工程师管理规定》，张某应当办理变更注册手续，下列关于张某在未完成变更注册前的执业行为的说法，正确的是（　　）。

A．可以 A 事务所名义执业　　B．可以 B 事务所名义执业

C．可以个人名义执业　　D．不能执业

54．依据《注册安全工程师管理规定》，注册安全工程师实行分类注册，类别包括煤矿安全、非煤矿矿山安全、危险化学品安全、（　　）和其他安全类。

A．电气安全　　B．消防安全

C．建筑施工安全　　D．特种设备安全

55．依据《生产经营单位安全培训规定》，煤矿、非煤矿山、危险化学品、烟花爆竹等生产经营单位新上岗的从业人员，岗前培训不得少于（　　）。

A．24 学时　　B．36 学时　　C．48 学时　　D．72 学时

56．依据《生产经营单位安全培训规定》，下列关于生产经营单位主要负责人、安全生产管理人员、特种作业人员以外的其他从业人员安全培训的说法，正确的是（　　）。

A．高危行业生产经营单位新上岗的人员，岗前培训时间不少于 36 学时

B．非高危行业生产经营单位新上岗的人员，岗前培训时间不少于 24 学时

C．安全生产经营单位三级安全培训是指厂（矿）级、车间级、部门级安全培训

D．调整工作岗位或离岗一年重新上岗人员必须进行三级教育培训

57．依据《特种作业人员安全技术培训考核管理规定》，特种作业人员操作证一般每 3 年复审 1 次。下列关于特种作业操作证复审的说法，正确的是（　　）。

A．特种作业操作证需要复审的，应当在期满前 90 日内，按规定申请复审

B．特种作业操作证申请复审前，特种作业人员应参加不少于 8 个学时的安全培训

C．按规定参加安全培训，考试不合格的允许补考一次

D．有安全生产违法行为的，复审一律不允许通过

58．依据《安全生产培训管理办法》，关于生产经营单位从业人员的培训的说法，错误的是（　　）。

A．生产经营单位应当对从业人员进行与其所从事岗位相应的安全教育培训

B．经过培训的从业人员调整工作岗位后，不用再接受专门的安全教育培训

C．经过培训的从业人员采用新技术和新设备时，应当接受专门的安全教育培训

D．生产经营单位使用被派遣劳动者的，应当将其纳入本单位从业人员统一管理

59．依据《建设工程消防监督管理规定》，下列人员密集场所建设工程，应当向公安机关消防机构申请消防设计审核和消防验收的是（　　）。

A．建筑总面积15000m^{2}的博物馆

B．建筑总面积20000m^{2}的客运车站候车室

C．建筑总面积3000m^{2}的饭店

D．建筑总面积900m^{2}的托儿所

60．依据《建设工程消防监督管理规定》，下列消防施工的质量和安全责任，属于施工单位的是（　　）。

A．依法申请建设工程消防验收，依法办理消防设计和竣工验收备案手续并接受抽查

B．依法应当经消防设计审核、消防验收的建设工程，未经审核或者审核不合格的，不得组织施工

C．查验消防产品和具有防火性能要求的建筑构件、建筑材料及装修材料的质量，使用合格产品，保证消防施工质量

D．实行工程监理的建设工程，应当将消防施工质量一并委托监理

61．依据《安全生产事故隐患排查治理暂行规定》，下列关于事故隐患排查治理的说法，正确的是（　　）。

A．生产经营单位应当每季对事故隐患排查治理情况进行统计分析并报政府有关部门备案

B．生产经营单位将生产经营场所发包、出租的，应当与承包、承租单位签订安全管理协议，事故隐患排查治理由承包、承租单位负全责

C．对一般事故隐患由生产经营单位的车间、分厂、区队等负责人或者有关人员立即组织整改

D．局部停产停业治理的重大事故隐患，政府有关部门收到生产经营单位恢复生产的申请报告后，应当在10日内进行现场审查

62．依据《生产安全事故应急预案管理办法》的规定，下列关于应急预案评审的说法，正确的是（　　）。

A．所有生产经营单位应当组织专家对本单位编制的应急预案进行论证，论证应当形成书面纪要并附有专家名单

B．省级安全监管部门编制的应急预案无须组织有关专家进行审定，设区的市、县级安全监管部门编制的，应当组织审定

C．参加生产经营单位应急预案评审的人员应当包括应急预案涉及的政府部门工作人员和有关安全生产及应急管理方面的专家

D．生产经营单位的应急预案经评审或者论证后，由生产经营单位分管安全的领导签署公布

63．依据《生产安全事故应急预案管理办法》的规定，下列关于应急预案编制的说法，正确的是（　　）。

A．生产经营单位应当根据存在的重大危险源，制定综合应急预案

B．生产经营单位应当针对危险性较大的岗位，制定专项应急预案

C．生产经营单位应当针对某一种类风险，制定现场处置方案

D．现场处置方案应当包括危险性分析、可能发生的事故特征、处置程序等

64．某工程公司承担公路的穿山隧道工程，在施工过程中隧道发生垮塌，10 名人员在作业地点被困。依据《生产安全事故信息报告和处置办法》的规定，工程公司负责人接到事故报告后，应当向安全监管部门报告的时限是（　　）。

A．5 小时　　B．3 小时　　C．2 小时　　D．1 小时

65．某氧气厂 35000Nm^3/h 制氧机组建设项目竣工后，根据有关规定，在正式投入生产或者使用前需要进行建设项目试运行。依据《建设项目安全设施“三同时”监督管理暂行办法》的规定，该建设项目试运行时间应当不少于 30 日，最长不得超过（　　）。

A．60 日　　B．90 日　　C．180 日　　D．210 日

66．依据《建设项目安全设施“三同时”监督管理暂行办法》的规定，下列关于省级重点冶金建设项目可行性研究阶段安全生产条件论证和评价的说法，正确的是（　　）。

A．对安全生产条件进行论证，不需要进行安全预评价

B．不需对安全生产条件进行论证，但需要进行安全预评价

C．需要对其安全生产条件进行论证和安全预评价

D．仅需对其安全生产条件进行综合分析，形成书面报告并备案

67．依据《大型群众性活动安全管理条例》规定，关于大型群众性活动安全许可的说法，正确的是（　　）。

A．大型群众性活动的预计参加人数在 1000 人以下的，由活动所在地县级人民政府公安机关实施安全许可

B．大型群众性活动的预计参加人数在 1000 人以上 5000 人以下的，由活动所在地县级人民政府公安机关实施安全许可

C．大型群众性活动预计参加人数在 5000 人以上的，由国务院公安部门实施安全许可

D．跨省、自治区、直辖市举办大型群众性活动的，由活动所在地设区的市级人民政府公安机关或者直辖市人民政府公安机关实施安全许可

68．非煤矿山企业安全生产许可证颁发管理机关应当依照规定颁发安全生产许可证。依据

《非煤矿矿山企业安全生产许可证实施办法》的规定，下列关于非煤矿山企业安全生产许可证说法错误的是（　　）。

A．对中央管理的金属非金属矿山企业总部，向企业总部颁发安全生产许可证

B．对金属非金属矿山企业，向企业及其所属各独立生产系统分别颁发安全生产许可证

C．对地质勘探单位，向该单位颁发安全生产许可证

D．对尾矿库单独颁发安全生产许可证

69．依据《煤矿建设项目安全设施监察规定》，煤矿建设单位组织验收时，应当对有关资料进行审查并组织现场验收。下列验收结果中，属于不合格的是（　　）。

A．安全设施设计未由具备相应资质的设计单位承担

B．煤矿水、火、瓦斯、煤尘、顶板等主要灾害防治措施不符合规定

C．安全设施设计不符合工程建设强制性标准、煤矿安全规程和行业技术规范

D．矿长和特种作业人员不具备相应资格

70．依据《工贸企业有限空间作业安全管理与监督暂行规定》规定，在有限空间作业过程中，下列情况工贸企业可以继续作业的有（　　）。

A．发现通风设备停止运转

B．有限空间内氧含量浓度低于国家标准

C．有限空间作业中断超过30min

D．有毒有害气体浓度低于行业标准

二、多项选择题（共15题，每题2分，每题的备选项中，有2个或2个以上符合题意，至少有1个错项。错选，本题不得分；少选，所选的每个选项得0.5分）

71．下列关于法的分类和效力的说法，正确的有（　　）。

A．按照法律效力范围的不同，可以将法律分为成文法和不成文法

B．按照法律的内容和效力强弱的不同，可以将法律分为特殊法和一般法

C．按照法律规定的内容不同，可以将法律分为实体法和程序法

D．行政规章可以分为部门规章和地方政府规章，效力高于地方性法规

E．宪法在我国具有最高的法律效力，任何法律都不能与其抵触，否则无效

72．甲公司是一家烟花爆竹生产企业，有从业人员288人，乙公司是一家纺织企业，有从业人员450人，丙公司是一家机械厂，有从业人员150人。依据《安全生产法》的规定，下列关于安全生产管理机构设置和安全生产管理人员配备的说法，正确的是（　　）。

A．甲公司可以不设置安全生产管理机构，但应当配备专职或者兼职安全生产管理人员

B．甲公司应当设置安全生产管理机构或者配备专职安全生产管理人员

C．乙公司可以不设置安全生产管理机构，但应当配备专职或者兼职安全生产管理人员

D．乙公司应当设置安全生产管理机构或者配备专职安全生产管理人员

E．丙公司可以不设置安全生产管理机构，但可以委托具有国家规定的相关专业技术资格的工程技术人员提供安全生产管理服务

73．为了预防和减少火灾危害，加强应急救援工作，维护公共安全，依据《消防法》的规定，下列单位中，应当建立专职消防队，承担本单位火灾扑救工作的有（　　）。

A．生产黑火药的大型企业　　B．大型建筑施工企业

C．储存黑火药的大型仓库　　D．大型火力发电厂

E．从事金矿开采的大型企业

74．依据《道路交通安全法》的规定，对道路交通安全违法行为行政处罚的种类有（　　）。

A．责令学习交通法规　　B．警告、罚款

C．暂扣或者吊销机动车驾驶证　　D．拘留

E．劳动教养

75．依据《行政处罚法》的规定，下列关于行政处罚设定的说法，正确的有（　　）。

A．限制人身自由的行政处罚，只能由法律设定

B．行政法规可以设定除限制人身自由、吊销营业执照以外的行政处罚

C．地方性法规可以设定除限制人身自由、吊销营业执照以外的行政处罚

D．地方性法规必须在法律法规和规章规定的给予行政处罚的行为、种类和幅度范围内作出规定

E．尚未制定法律、行政法规的，国务院部、委员会制定的规章对违反行政管理秩序的行为，可以设定警告或者一定数量罚款的行政处罚

76．依据《职业病防治法》的规定，下列关于劳动者劳动过程中职业病的防护与管理的说法，正确的有（　　）。

A．用人单位应当定期对工作场所进行职业病危害因素检测、评价。检测、评价结果存入用人单位职业卫生档案，定期向所在地安全监管部门报告并向劳动者公布

B．对从事接触职业病危害劳动的劳动者，用人单位应当组织上岗前、在岗期间和离岗时的职业健康检查，并将检查结果书面告知劳动者

C．劳动者在已订立劳动合同期间因工作岗位或者工作内容变更，从事与所订立劳动合同中未告知的存在职业病危害的作业时，用人单位应当向劳动者履行如实告知的义务，原劳动合同相关条款可不予变更

D．职业健康检查应当有省级以上人民政府卫生行政部门批准的医疗卫生机构承担。职业健康检查费用由用人单位承担

E．劳动者离开用人单位时，有权索取本人职业健康监护档案复印件，用人单位应当如实、无偿提供，并在所提供的复印件上签章

77. 依据《危险化学品安全管理条例》的规定，申请危险化学品安全使用许可证的化工企业，应当具备的条件有（　　）。

A. 主要负责人经安全监督部门培训考核合格取得安全使用资格证书

B. 有与所使用的危险化学品相适应的专业技术人员

C. 有安全管理机构和专职安全管理人员

D. 有符合国家规定的危险化学品事故应急预案和必要的应急救援器材、设备

E. 依法进行了安全评价

78. 依据《危险化学品安全管理条例》的规定，下列关于危险化学品道路运输安全的说法，正确的有（　　）。

A. 应当采取相应的安全防护措施，并配备必要的防护用品和应急救援器材

B. 应当按照运输车辆的核定载质量装载危险化学品

C. 危险化学品运输企业必须取得危险化学品道路运输通行证

D. 应当配备随车押运人员并取得相应资格

E. 运输车辆应当定期进行安全技术检验

79. 依据《烟花爆竹安全管理条例》的规定，下列禁止燃放烟花爆竹的场所有（　　）。

A. 文物保护单位　　B. 医疗机构　　C. 中小学校

D. 水上公园　　E. 飞机场

80. 适用《特种设备安全监察条例》进行安全监察的特种设备有（　　）。

A. 海上设施和船舶　　B. 核设施　　C. 起重机械

D. 客运索道　　E. 铁路机车

81. 根据《生产安全事故报告和调查处理条例》的规定，下列属于较大事故的有（　　）。

A. 某电信公司施工人员在架设电信光缆过程中，4人触电身亡

B. 某化工厂发生氯气泄漏事故，造成2人死亡，12人在施救过程中急性中毒

C. 某煤矿发生瓦斯爆炸事故，造成1人死亡，27人轻伤，直接经济损失900万元

D. 某旅游公司客车（核载19人、实载17人）在景区坠崖，乘客无一生还

E. 某大型化工企业发生爆炸事故，造成直接经济损失7000万元，无人员伤亡

82. 依据《工伤保险条例》的规定，下列应当认定为工伤的情形有（　　）。

A. 某职工违章操作机床，造成右臂骨折

B. 某职工外出参加会议期间，在宾馆内洗澡时滑倒，造成腿骨骨折

C. 某职工上班途中，受到非本人主要责任的交通事故伤害

D. 某职工在下班后清理机床时，机床意外启动造成职工受伤

E. 某职工在易燃作业场所内吸烟，导致火灾，本人受伤

83. 依据《注册安全工程师管理规定》，下列关于生产经营单位和安全生产中介机构配备注册安全工程师的说法，正确的是（　　）。

A. 某煤矿企业有 500 人，安全生产管理人员 20 人，应配备不少于 3 名注册安全工程师

B. 某建筑企业有 7 名安全管理人员，应至少配备 1 名注册安全工程师

C. 某金矿没有注册安全工程师，可以委托安全生产中介机构选派注册安全工程师提供安全生产服务

D. 某机械制造企业可以委托安全生产中介机构选派注册安全工程师提供安全生产服务

E. 某安全生产中介机构有 20 名安全生产专业服务人员，应当配备不少于 6 名注册安全工程师

84. 依据《特种设备安全监察条例》，下列关于特种设备设计、生产、使用、维修、检验的说法中正确的有（　　）。

A. 压力容器的设计单位应当经国务院特种设备安全监督管理部门许可，方可从事压力容器的设计活动

B. 氧舱和客运索道、大型游乐设施的设计文件，应当经国务院特种设备安全监督管理部门核准的检验检测机构鉴定，方可用于制造

C. 客运索道、大型游乐设施的维修单位，应当有与特种设备维修相适应的专业技术人员和技术工人以及必要的检测手段，并经省、自治区、直辖市特种设备安全监督管理部门许可方可进行相应的维修活动

D. 锅炉、压力容器、压力管道元件、起重机械的安装、改造、重大维修过程，必须经国务院特种设备安全监督管理部门按照安全技术规范的要求进行检验检测方可出厂或交付使用

E. 气瓶充装单位应当经省、自治区、直辖市的特种设备安全监督管理部门许可，方可从事充装活动

85. 依据《尾矿库安全监督管理规定》规定，关于不同等别的尾矿库相关规定，正确的是（　　）。

A. 一等尾矿库建设项目施工单位具有总承包一级或者特级资质

B. 二等尾矿库建设项目勘察、设计、安全评价、监理单位具有甲级资质

C. 三等尾矿库建设项目勘察、设计、安全评价、监理单位具有乙级或者乙级以上资质

D. 四等尾矿库建设项目勘察、设计、安全评价、监理单位具有甲级资质

E. 五等尾矿库建设项目施工单位具有总承包三级或者三级以上资质

安全生产法及相关法律知识模拟试卷

答案与解析

（满分 100 分）

一、单项选择题

1. 答案：C

解析：安全生产行政法规的法律地位和法律效力低于有关安全生产法的法律，高于地方性安全生产法规、地方政府安全生产规章等的下位法。

2. 答案：A

解析：《安全生产法》是安全生产领域的普通法，它所确定的安全生产基本方针原则和基本法律制度普遍适用于生产经营活动的各个领域。但是对于消防安全、道路交通安全、铁路交通安全、水上交通安全、民用航空安全以及核与辐射安全、特种设备安全另有规定的，适用其规定。详见《安全生产法》第二条。

3. 答案：C

解析：《安全生产法》第一百零三条规定，规定生产经营单位与从业人员订立协议，免除或者减轻其对从业人员因生产安全事故伤亡依法应承担的责任的，该协议无效；对生产经营单位的主要负责人、个人经营的投资人处二万元以上十万元以下的罚款。

4. 答案：C

解析：《安全生产法》第二十一条规定，对于除矿山、金属冶炼、建筑施工、道路运输单位和危险品的生产、经营、存储单位以外的其他生产经营单位，其从业人员超过一百人的，应当设置安全生产管理机构或者配备专职安全生产管理人员。

5. 答案：D

解析：《危险化学品安全管理条例》规定，危险化学品应当储存在专用仓库、专用场地或者专用储存室（以下统称专用仓库）内，并由专人负责管理；剧毒化学品以及储存数量构成重大危险源的其他危险化学品，应当在专用仓库内单独存放，并实行双人收发、双人保管制度。

6. 答案：D

解析：《民用爆炸物品管理条例》规定，进行大型爆破作业，或在城镇与其他居民聚集的地方，风景名胜区和重要工程设施附近进行控制爆破作业，施工单位必须事先将爆破作业方案，报县、市以上主管部门批准，并征得所在县、市公安局同意，方准实施爆破作业。吊装作业无需备案。

7. 答案：B

解析：《安全生产法》第五十四条规定，从业人员在作业过程中，应当严格遵守本单位的安全生产规章制度和操作规程，服从管理，正确佩戴和使用劳动防护用品。

8. 答案：B

解析：《安全生产法》第四十五条规定，两个以上生产经营单位在同一作业区域内进行生产经营活动，可能危及对方生产安全的，应当签订安全生产管理协议，明确各自的安全生产管理职责和应当采取的安全措施，并指定专职安全生产管理人员进行安全检查与协调。依据“建设单位的安全责任”可知建设项目相关各方都负有安全生产责任，并且建设单位负有主要责任。

9. 答案：B

解析：《安全生产法》第一百条规定，生产经营单位未与承包单位、承租单位签订专门的安全生产管理协议或者未在承包合同、租赁合同中明确各自的安全生产管理职责，或者未对承包单位、承租单位的安全生产统一协调、管理的，责令限期改正。本题考查的是建设相关各方的安全责任，建设单位作为投资的主体，在建筑活动中居于主导地位，所以应当负有安全责任，只有选项 B 是错误的。

10. 答案：A

解析：《安全生产法》第五十一条规定，从业人员有权对本单位安全生产工作中存在的问题提出批评、检举、控告；有权拒绝违章指挥和强令冒险作业。生产经营单位不得因从业人员对本单位安全生产工作提出批评、检举、控告或者拒绝违章指挥、强令冒险作业而降低其工资、福利等待遇或者解除与其订立的劳动合同。

11. 答案：C

解析：《安全生产法》第四十九条规定，生产经营单位与从业人员订立的劳动合同，应当载明有关保障从业人员劳动安全、防止职业危害的事项，以及依法为从业人员办理工伤保险的事项。生产经营单位不得以任何形式与从业人员订立协议，免除或者减轻其对从业人员因生产安全事故伤亡依法应承担的责任。

12. 答案：B

解析：依据《安全生产事故隐患排查治理暂行规定》，安全监管监察部门收到生产经营单位恢复生产的申请报告后，应当在 10 日内进行现场审查，审查合格的，对事故隐患进行核销，同意恢复生产经营；审查不合格的，依法责令正改或者下达停产整改指令。

13. 答案：D

解析《安全生产法》第九十一条规定，生产经营单位的主要负责人未履行法律规定的安全生产管理职责的，受到刑事处分或者撤职处分的，自刑罚执行完毕或者受处分之日起，

5年内不得担任任何生产经营单位的主要负责人。

14. 答案：B

解析：《安全生产法》第八十九条规定，承担安全评价、认证、检测、检验工作的机构，出具虚假证明的，没收违法所得，给他人造成损害的，与生产经营单位承担连带赔偿责任；构成犯罪的，依照刑法有关规定追究刑事责任。对有前款违法行为的机构，吊销其相应资质。由于甲委托具有资质的丙机构针对该项目进行安全监测检验，并且是丙出具了虚假监测检验报告，所以甲和丙承担连带责任。

15. 答案：D

解析：《矿山安全法》第二十五条规定："发现危及职工生命安全的情况时，工会有权向矿山企业行政方面建议组织职工撤离危险现场，矿山企业行政方面必须及时做出处理决定。"

16. 答案：C

解析：《消防法》第二十二条规定，生产、储存、装卸易燃易爆危险品的工厂、仓库和专用车站、码头的设置，应当符合消防技术标准。易燃易爆气体和液体的充装站、供应站、调压站，应当设置在符合消防安全要求的位置，并符合防火防爆要求。

17. 答案：C

解析：《消防法》第二十二条规定，人员密集场所发生火灾，该场所的现场工作人员应当立即组织、引导在场人员疏散。

18. 答案：A

解析：《道路交通安全法》第五十八条规定，残疾人机动轮椅车、电动自行车在非机动车道内行驶时，最高时速不得超过十五公里。

19. 答案：C

解析：《道路交通安全法》第三十条规定，道路出现坍塌、坑漕、水毁、隆起等损毁或者交通信号灯、交通标志、交通标线等交通设施损毁、灭失的，道路、交通设施的养护部门或者管理部门应当设置警示标志并及时修复。

20. 答案：B

解析：《特种设备安全法》第四十八条规定，特种设备存在严重事故隐患，无改造、修理价值，或者达到安全技术规范规定的其他报废条件的，特种设备使用单位应当依法履行报废义务，采取必要措施消除该特种设备的使用功能，并向原登记的负责特种设备安全监督管理的部门办理使用登记证书注销手续。

21. 答案：A

解析：《特种设备安全法》第二十九条规定，特种设备在出租期间的使用管理和维护保养义务由特种设备出租单位承担，法律另有规定或者当事人另有约定的除外。

22. 答案：B

解析：《职业病防治法》第十五条规定，新建、扩建建设项目和技术改造、技术引进项目可能产生职业病危害的，建设单位在可行性论证阶段应当向卫生行政部门提交职业病危害预评价报告。

23. 答案：C

解析：《职业病防治法》第十三条规定，产生职业病危害的用人单位的设立除应当符合法律、行政法规规定的设立条件外，其工作场所还应当符合职业卫生要求，其中第三条：生产布局合理，符合有害与无害作业分开的原则。

24. 答案：A

解析：《突发事件应对法》第四十二条规定，可以预警的自然灾害、事故灾难和公共卫生事件的预警级别，按照突发事件发生的紧急程度、发展势态和可能造成的危害程度分为一级、二级、三级和四级，分别用红色、橙色、黄色和蓝色标示，一级为最高级别。

25. 答案：D

解析：A 选项中应急预案制定机关应当按照有关法律法规制定；B 选项中并不是只能由县级以上人民政府及其有关部门负责协调处理；C 选项中各单位应当建立健全安全管理制度，定期检查本单位各项安全防范措施的落实情况，消除事故隐患；D 选项中新闻媒体应当无偿开展突发事件预防与应急、自救与互救知识的公益宣传。

26. 答案：A

解析：《突发事件应对法》第七条规定，突发事件发生后，发生地县级人民政府应当立即采取措施控制事态发展，组织开展应急救援处置工作，并立即向上一级人民政府报告，必要时可以越级上报。

27. 答案：C

解析：《刑法》第一百三十四条第二款规定，强令他人违章冒险作业，因而发生重大伤亡事故发生或者造成其他严重后果的，处五年以下有期徒刑或者拘役；情节特别恶劣的，处五年以上有期徒刑。

28. 答案：B

解析：本题考查重大劳动安全事故罪。重大劳动安全事故罪是指安全生产设施或者安全生产条件不符合国家规定从而造成重大伤亡事故或者造成其他严重后果的情形。

29. 答案：C

解析：行政处罚的种类分四种：（1）人身自由罚；（2）行为罚；（3）财产罚；（4）声誉罚。其中“行为罚”又称能力罚、资格罚。即以剥夺或限制人的资格为内容的处罚，如责令停产停业、吊销营业执照等。

30. 答案：A

解析：《行政处罚法》第三十三条规定，违法事实确凿并有法定依据，对公民处 50 元以下、对法人或者其他组织处 1000 元以下罚款或者警告的行政处罚时，可以当场做出行政处罚决定。

31. 答案：B

解析：《劳动法》第六十三条规定，不得安排女职工在哺乳未满一周岁的婴儿期间从事国家规定的第三级体力劳动强度的劳动和哺乳期禁忌从事的其他劳动，不得安排其延长工作时间和夜班劳动。

32. 答案：B

解析：《劳动合同法》第八十二条规定，用人单位自用工之日起超过一个月不满一年未与劳动者订立书面劳动合同的，应当向劳动者每月支付两倍的工资。用人单位违反规定不与劳动者订立无固定期限的劳动合同的，自应当订立无固定期限劳动合同之日起向劳动者每月支付两倍的工资。

33. 答案：A

解析：依据《女职工劳动保护特别规定》，女职工禁忌从事的劳动范围：（1）矿山井下作业；（2）体力劳动强度分级标准中规定的第四级体力劳动强度的作业；（3）每小时负重 6 次以上、每次负重超过 20 公斤的作业，或者间断负重、每次负重超过 25 公斤的作业。选项 D 属于女职工在经期禁忌从事的劳动范围。

34. 答案：C

解析：《劳动合同法》第三十九条、第四十条、第四十一条规定，出现法定情形时，用人单位可以单方解除劳动合同，但为保护一些特定群体劳动者的合法权益，本条又规定在法定情形下，禁止用人单位根据本法第十四条、第四十一条的规定单方解除劳动合同。

35. 答案：B

解析：依据《煤矿安全监察条例》，煤矿有关人员拒绝、阻碍煤矿安全检查机构及其安全监察人员现场检查，或者提供虚假情况，或者隐瞒存在的事故隐患以及其他安全问题的，由煤矿安全监察机构给予警告，可以并处 5 万元以上 10 万元以下的罚款；情节严重的，由煤矿安全监察机构责令停产整顿；对直接负责的主管人员和其他直接责任人员，依法给予撤职直至开除的纪律处分。

36. 答案：A

解析：《安全生产许可证条例》第九条规定，安全生产许可证的有效期为 3 年。安全生产许可证有效期满需要延期的，企业应当于期满前 3 个月向原安全生产许可证颁发管理机关办理延期手续。其中第一款规定，安全生产许可证的有效期内，不设年检。

37. 答案：D

解析：《国务院关于预防煤炭生产安全事故的特别规定》第十条规定，对 3 个月内两次或者两次以上发现有重大安全生产隐患，仍然进行生产的煤矿，县级以上地方人民政府负责煤矿安全生产监督管理的部门、煤矿安全监察机构应当提请有关地方人民政府关闭该煤矿，并由颁发证照的部门立即吊销矿长资格证和矿长安全资格证，该煤矿的法定代表人和矿长5年内不得再担任任何煤矿的法定代表人或者矿长。

38. 答案：D

解析：《国务院关于预防煤炭生产安全事故的特别规定》第十二条规定，对被责令停产整顿的煤矿，在停产整顿期间，由有关地方人民政府采取有效措施进行监督检查。因监督检查不力，煤矿在停产整顿期间继续生产的，对直接责任人，根据情节轻重，给予降级、撤职或者开除的行政处分；对有关负责人，根据情节轻重，给予记大过、降级、撤职或者开除的行政处分；构成犯罪的，依法追究刑事责任。

39. 答案：D

解析：选项A依据《建设工程安全生产管理条例》第七条，建设单位不得压缩合同约定的工期。选项B依据第十条：应当自开工报告批准之日起15日内，将保证安全施工的措施报送有关部门备案。选项C依据第十一条：建设单位应当在拆除工程施工15日前，将资料报送有关部门备案。

40. 答案：B

解析：《建设工程安全生产管理条例》第十四条规定，工程监理单位应当审查施工组织设计中的安全技术措施或者专项施工方案是否符合工程建设强制性标准。

41. 答案：D

解析：《危险化学品安全管理条例》第三十三条规定，依照《中华人民共和国港口法》的规定取得港口经营许可证的港口经营人，在港区内从事危险化学品仓储经营，不需要取得危险化学品经营许可。

42. 答案：D

解析：《危险化学品安全管理条例》第十八条规定，运输危险化学品的船舶及其配载的容器，应当按照国家船舶检验规范进行生产，并经海事管理机构认定的船舶检验机构检验合格，方可投入使用。

43. 答案：A

解析：《危险化学品安全管理条例》第四十一条规定，剧毒化学品、易制爆危险化学品的销售企业、购买单位应当在销售、购买后5日内，将其销售、购买的剧毒化学品、易制爆危险化学品的品种、数量以及流向信息报所在地县级人民政府公安机关备案。

44. 答案：C

解析：《烟花爆竹安全管理条例》规定，申请从事烟花爆竹批发的企业，应当向所在地省、自治区、直辖市人民政府安全生产监督管理部门或者其委托的设区的市人民政府安全生产监督管理部门提出申请，并提供能够证明符合本条例第十七条规定条件的有效材料。

45. 答案：B

解析：《民用爆炸物品销售许可证》规定，销售、购买民用爆炸物品，应当通过银行账户进行交易，不得使用现金或者实物进行交易。销售民用爆炸物品的企业，应当将购买单位的许可证、银行账户转账凭证、经办人的身份证明复印件保存 2 年备查。

46. 答案：B

解析：爆破作业人员应当经设区市的市级人民政府公安机关考核合格，取得《爆破作业人员许可证》后，方可从事爆破作业。

47. 答案：C

解析：《特种设备安全监察条例》第三条第二款规定："军事装备、核设施、航空航天器、铁路机车、海上设施和船舶以及矿山井下使用的特种设备、民用机场专用设备的安全监察不适用本条例。"

48. 答案：B

解析：自事故发生起 30 日内，事故造成的伤亡人数发生变化时，事故单位和安全生产监督管理部门和负有安全生产监督管理的有关部门应及时补报。此题已超出时限，所以无需补报。

49. 答案：B

解析：《生产安全事故报告和调查处理条例》第三十七条规定，事故发生单位对事故发生负有责任的，依照下列规定处以罚款：发生一般事故的，处 10 万元以上 20 万元以下的罚款；发生较大事故的，处 20 万元以上 50 万元以下的罚款；发生重大事故的，处 50 万元以上 200 万元以下的罚款；发生特别重大事故的，处 200 万元以上 500 万元以下的罚款。

50. 答案：D

解析：《工伤保险条例》规定，自劳动能力鉴定结论作出之日起 1 年后，工伤职工或者其近亲属、所在单位或者经办机构认为伤残情况发生变化的，可以申请复查鉴定。

51. 答案：D

解析：《工伤保险条例》规定，用人单位依照本条例规定应当参加工伤保险而未参加的，由社会保险行政部门责令限期参加，补缴应当缴纳的工伤保险费，并自欠缴之日起，按日加收万分之五的滞纳金；逾期仍不缴纳的，处欠缴数额 1 倍以上 3 倍以下的罚款。

52. 答案：B

解析：职工住院治疗工伤的伙食补助费，以及经医疗机构出具证明，报经办机构同意，工伤职工到统筹地区以外就医所需的交通、食宿费用从工伤保险基金支付，所以 A 选项错误；B 选项正确；拒不接受劳动能力鉴定的工伤职工，停止享受工伤保险，所以 C 选项错误。职工被借调期间受到工伤事故伤害的，由原用人单位承担工伤保险责任，但原用人单位与借调单位可以约定补偿办法，所以选项 D 错误。

53. 答案：D

解析：《注册安全工程师管理规定》 第十四条规定，注册安全工程师在办理变更注册手续期间不得执业。

54. 答案：C

解析：注册安全工程师实行分类注册，注册类别包括：（1）煤矿安全；（2）非煤矿矿山安全；（3）建筑施工安全；（4）危险物品安全；（5）其他安全。

55. 答案：D

解析：《生产经营单位安全培训规定》第十五条规定，生产经营单位新上岗的从业人员，岗前培训时间不得少于 24 学时。煤矿、非煤矿山、危险化学品、烟花爆竹等生产经营单位新上岗的从业人员安全培训时间不得少于 72 学时，每年接受再培训的时间不得少于 20 学时。

56. 答案：B

解析：《生产经营单位安全培训规定》第十五条规定，生产经营单位新上岗的从业人员，岗前培训时间不得少于 24 学时。煤矿、非煤矿山、危险化学品、烟花爆竹等生产经营单位新上岗的从业人员安全培训时间不得少于 72 学时，每年接受再培训的时间不得少于 20 学时。

57. 答案：B

解析：依据《特种作业人员安全技术培训考核管理规定》，选项 A，特种作业操作证需要复审的，应当在期满前 60 日内，按规定申请复审；选项 B 参见第二十三条规定；选项 C，考试不及格的，允许补考一次，经补考仍不合格的，重新参加安全技术培训。选项 D，《规定》第二十五条，第三项规定：特种作业人员有安全生产违法行为，并给予行政处罚的，复审不允通过。

58. 答案：B

解析：依据《安全生产培训管理办法》相关规定，生产经营单位应当建立安全培训管理制度，保障从业人员安全培训所需经费，对从业人员进行与其所从事岗位相应的安全教育培训；从业人员调整工作岗位或者采用新工艺、新技术、新设备、新材料的，应当对其进行专门的安全教育和培训。生产经营单位使用被派遣劳动者的，应当将被派遣劳动者纳入本单位从业人员统一管理，对被派遣劳动者进行岗位安全操作规程和安全操作技能的教育和培训。

59. 答案：B

解析：依据《建设工程消防监督管理规定》，A 选项，应为建筑面积大于 2 万 m^2 的体育会馆、会堂、公共展览馆和博物馆展示厅；C 选项应为建筑总面积大于 1 万 m^2 的饭店，宾馆、商场和市场；D 选项应为建筑总面积大于 1000m^2 的托儿所、儿童活动场所等。

60. 答案：C

解析：依据《建设工程消防监督管理规定》，选项 A、B 属于建设单位的责任，选项 D 属于监理单位的责任。

61. 答案：B

解析：A 选项：生产经营单位应当每季、每年对本单位事故隐患排查治理情况进行统计分析，向安全监管监察部门和有关部门报送书面统计分析表。B 选项正确。C 选项：对于一般事故隐患，由生产经营单位（车间、分厂、区队等）负责人或者有关人员立即组织整改。D 选项：安全监管监察部门收到生产经营单位恢复生产的申请报告后，应当在 10 日内进行现场审查。

62. 答案：C

解析：A 选项：矿山、建筑施工单位和易燃易爆物品、危险化学品、放射性物品等危险物品的生产、经营、储存、使用单位和中型规模以上的其他生产经营单位，应当组织专家对本单位编制的应急预案进行评审。评审应当形成书面纪要并附有专家名单。B 选项地方各级安全生产监督管理部门应当组织有关专家对本部门编制的应急预案进行审定；D 选项：生产经营单位的应急预案经评审或者论证后，由生产经营单位主要负责人签署公布。

63. 答案：D

解析：A 选项：生产经营单位应当根据存在的重大危险源和可能发生的事故类型，制定相应的专项应急预案；B 选项：对于危险性较大的重点岗位，生产经营单位应当制定重点工作岗位的现场处置方案；C 选项：对于某一种类的风险，生产经营单位应当制定专项应急预案。D 选项正确。

64. 答案：D

解析：《生产安全事故信息报告和处置办法》第六条规定，生产经营单位发生生产安全事故或者较大涉险事故，其单位负责人接到事故信息报告后应当于 1 小时内报告事故发生地县级安全生产监督管理部门、煤矿安全监察分局。第二十六条规定，本办法所称的较大涉险事故是指：（1）涉险 10 人以上的事故；（2）造成 3 人以上被困或者下落不明的事故；（3）紧急疏散人员 500 人以上的事故……

65. 答案：C

解析：《建设项目安全设施“三同时”监督管理暂行办法》从三个方面对高危建设项目和国家、省级重点建设项目试运行作出规定：其中第二条“试运行时间应当不少于 30 日，最长不得超过 180 日，国家有关部门有规定或者特殊要求的行业除外。”

66. 答案：C

解析：依据《建设项目安全设施“三同时”监督管理暂行办法》，生产经营单位在对建设项目进行安全条件论证时，应当编制安全条件论证报告和安全预评价。

67. 答案：B

解析：《大型群众性活动安全管理条例》第十二条规定，大型群众性活动的预计参加人数在 1000 人以上 5000 人以下的，由活动所在地县级人民政府公安机关实施安全许可；预计参加人数在 5000 人以上的，由活动所在地设区的市级人民政府公安机关或者直辖市人民政府公安机关实施安全许可；跨省、自治区、直辖市举办大型群众性活动的，由国务院公安部门实施安全许可。

68. 答案：C

解析：《非煤矿矿山企业安全生产许可证实施办法》第十八条规定，安全生产许可证颁发管理机关应当依照下列规定颁发非煤矿矿山企业安全生产许可证：对地质勘探单位，向最下级具有企事业法人资格的单位颁发安全生产许可证。对采掘施工企业，向企业颁发安全生产许可证。

69. 答案：D

解析：《煤矿建设项目安全设施监察规定》第三十条规定，煤矿建设单位或者其上一级具有法人资格的公司（单位）组织验收时，应当对有关资料进行审查并组织现场验收。有下列情形之一的，为验收不合格：（1）安全设施和安全条件不符合设计要求，或未通过工程质量认证的；（2）安全设施和安全条件不能满足正常生产和使用的；（3）未按规定建立安全生产管理机构和配备安全生产管理人员的；（4）矿长和特种作业人员不具备相应资格的；（5）不符合国家煤矿安全监察局规定的其他条件的。

70. 答案：D

解析：《工贸企业有限空间作业安全管理与监督暂行规定》第十五条规定，发现通风设备停止运转、有限空间内氧含量浓度低于或者有毒有害气体浓度高于国家标准或者行业标准规定的限值时，工贸企业必须立即停止有限空间作业，清点作业人员，撤离作业现场。

二、多项选择题

71. 答案：CE

解析：选项 A：成文法和不成文法是按照法的创立和表现形式所做的分类。选项 B：特殊法和一般法是按照法律效力范围所作的分类。选项 C：实体法和程序法是按照法的内容不同所做的分类。选项 D：行政规章分为部门规章和地方政府规章。选项 E：宪法又称根本法或母法，是具有最高地位和效力的法律文件。

72. 答案：BDE

解析：《消防法》第二十一条规定，矿山、金属冶炼、建筑施工、道路运输单位和危险物品的生产、经营、储存单位，应当设置安全生产管理机构或者配备专职安全生产管理人员。A 选项错误。

73. 答案：ACD

解析：《消防法》第三十九条明确规定了需要设立专职消防队的单位及其职责：（1）大型核设施单位、大型发电厂、民用机场、主要港口；（2）生产、储存易燃易爆危险品的大型企业；（3）储存可燃的重要物资的大型仓库、基地；（4）前三项规定以外的火灾危险性较大、距离公安消防队较远的其他大型企业；（5）距离公安消防队较远或被列为全国重点文物保护单位的古建筑群的管理单位。

74. 答案：BCD

解析：《道路交通安全法》第八十八条规定："对道路交通安全违法行为的处罚种类包括：警告、罚款、暂扣或者吊销机动车驾驶证、拘留"。

75. 答案：ACE

解析：依据《行政处罚法》规定行政法规不能设定限制人身自由的行政处罚，地方性法规不能设定限制人身自由、吊销企业营业执照的行政处罚，行政规章不能设定授权以外的行政处罚。

76. 答案：ABDE

解析：《职业病防治法》第三十条规定，劳动者在已订立劳动合同期间，因工作岗位或者工作内容变更，从事与所订立劳动合同中未告知的存在职业病危害的作业时，用人单位应当依照上述规定，向劳动者履行如实告知的义务，并协商变更原劳动合同相关条款。

77. 答案：BCDE

解析：《危险化学品安全管理条例》第三十条规定，申请危险化学品安全使用许可证的化工企业，除应当符合本条例第二十八条的规定外，还应当具备下列条件：（1）有与所使用的危险化学品相适应的专业技术人员；（2）有安全管理机构和专职安全管理人员；（3）有符合国家规定的危险化学品事故应急预案和必要的应急救援器材、设备；（4）依法进行了安全评价。

78. 答案：ABDE

解析：《危险化学品安全管理条例》第四十三条规定，从事危险化学品道路运输、水路运输的，应当分别依照有关道路运输、水路运输的法律、行政法规的规定，取得危险货物道路运输许可、危险货物水路运输许可，并向工商行政管理部门办理登记手续。

79. 答案：ABCE

解析：《烟花爆竹安全管理条例》第三十条规定，禁止在下列地点燃放烟花爆竹：（1）文物保护单位；（2）车站、码头、飞机场等交通枢纽以及铁路线路安全保护区内；（3）易燃易爆物品生产、储存单位；（4）输变电设施安全保护区内；（5）医疗机构、幼儿园、中小学校、敬老院；（6）山林、草原等重点防火区；（7）县级以上地方人民政府规定的禁止燃放烟花爆竹的其他地点。

80. 答案：CD

解析：《特种设备安全监察条例》第三条第二款规定："军事装备、核设施、航空航天器、铁路机车、海上设施和船舶以及矿山井下使用的特种设备、民用机场专用设备的安全监察不适用本条例。"

81．答案：AB

解析：较大事故是指一次造成 3 人以上 10 人以下死亡，或者 10 人以上 50 人以下重伤，或者 1000 万元以上 5000 万元以下直接经济损失。C 属于一般事故，D 属于重大事故，E 属于重大事故。

82．答案：ABCD

解析：《工伤保险条例》第十四条规定，职工有下列情形之一的，应当认定为工伤：（1）在工作时间和工作场所内，因工作原因受到事故伤害的。（2）工作时间前后在工作场所内，从事与工作有关的预备性或者收尾性工作受到事故伤害的。（3）在工作时间和工作场所内，因履行工作职责受到暴力等意外伤害的。（4）患职业病的。（5）因工外出期间，由于工作原因受到伤害或者发生事故下落不明的。（6）在上下班途中，受到非本人主要责任的交通事故或者城市轨道交通、客运轮渡、火车事故伤害的。（7）法律、行政法规规定应当认定为工伤的其他形式。

83．答案：ABDE

解析：《注册安全工程师管理规定》对生产经营单位和安全生产中介机构配备注册安全工程师作出了明确的规定：（1）高危生产经营单位注册安全工程师的配备。从业人员 300 人以上的煤矿、非煤矿山、建筑矿山单位和危险物品生产经营单位，应当按照不少于安全生产管理人员 15%的比例配备注册安全工程师；安全生产管理人员在 7 人以下的，至少配备 1 名。（2）其他生产经营单位注册安全工程师的配备。（3）安全生产中介机构注册安全工程师的配备，不少于专业服务人员 30%的比例配备。

84．答案：ABCE

解析：《特种设备安全监察条例》第二十一条规定，锅炉、压力容器、压力管道元件、起重机械、大型游乐设施的制造过程和锅炉、压力容器、电梯、起重机械、客运索道、大型游乐设施的安装、改造、重大维修过程，必须经国务院特种设备安全监督管理部门核准的检验检测机构按照安全技术规范的要求进行监督检验；未经监督检验合格的不得出厂或者交付使用。所以选项 D 错误。

85．答案：ABE

解析：《尾矿库安全监督管理规定》第十条规定，尾矿库的勘察、设计、安全评价、施工、监理等单位除符合前款规定外，还应当按照尾矿库的等别符合下列规定：（1）一等、二等、三等尾矿库建设项目，其勘察、设计、安全评价、监理单位具有甲级资质，施工单位具有总承包一级或者特级资质；（2）四等、五等尾矿库建设项目，其勘察、设计、安全评价、监理单位具有乙级或者乙级以上资质，施工单位具有总承包三级或者三级以上资质，或者专业承包一级、二级资质。

2018 年度全国注册安全工程师执业资格考试模拟试卷（三）

安全生产法及相关法律知识

（考试时间 150 分钟，满分 100 分）

一、单项选择题（共 70 题，每题 1 分。每题的备选项中，只有 1 个最符合题意）

1. 某省人大常委会公布实施了《某省安全生产条例》，随后省政府公布实施了《某省生产经营单位安全生产主体责任规定》。下列关于两者法律地位和效力的说法，正确的是（　　）。

   A.《某省安全生产条例》属于行政法规

   B.《某省生产经营单位安全生产主体责任规定》属于地方性法规

   C.《某省安全生产条例》和《某省生产经营单位安全生产主体责任规定》具有同等法律效力

   D.《某省生产经营单位安全生产主体责任规定》可以对《某省安全生产条例》没有规定的内容作出规定

2. 某贸易公司、煤业公司、当地投资公司分别按 4∶3∶3 的比例共同出资成立一家化工公司。该化工公司的董事长由常住海外的贸易公司张某担任；总经理由贸易公司王某担任，全面负责生产经营活动；副总经理由煤业公司孙某担任，负责日常生产管理；安全总监由投资公司赵某担任，负责安全管理。依据《安全生产法》的规定，负责组织制定并实施该化工公司安全生产应急预案的是（　　）。

   A. 张某　　B. 王某　　C. 孙某　　D. 赵某

3. 某企业有基层员工 146 人，管理人员 10 人，主要经营环氧乙烷，并提供运输服务。依据《安全生产法》的规定，下列关于该企业安全生产管理机构设置和人员配备的说法，正确的是（　　）。

   A. 应委托某注册安全工程师事务所提供安全生产管理服务

   B. 应委托某注册安全工程师提供安全生产管理服务

   C. 应配备专职的安全生产管理人员

   D. 应配备兼职的安全生产管理人员

4. 依据《安全生产法》的规定，企业与职工订立合同，免除或者减轻其对职工因生产安全事故伤亡依法应承担的责任的，该合同无效。对该违法行为应当实施的处罚是（　　）。

A．责令停产整顿　　B．提请所在地人民政府关闭企业

C．对企业主要负责人给予治安处罚　　D．对企业主要负责人给予罚款

5．烟花爆竹生产企业危险工序的作业人员应当接受专业技术培训，并经设区的市人民政府安全监管部门考核合格，方可上岗作业。依据《烟花爆竹安全管理条例》的规定，下列各组烟花爆竹生产工序中，各工序都属于危险工序的是（　　）。

A．卷筒、切筒、装药、造粒　　B．搬运、造粒、切引、装药

C．造粒、切引、包装、检验　　D．切引、包装、检验、运输

6．甲公司将其施工项目发包给乙公司，乙公司将其中部分业务分包给丙公司，丙公司又转包给挂靠在丁公司的蔡某。依据《安全生产法》的规定，负责统一协调、管理各方的安全生产工作的责任主体是（　　）。

A．蔡某　　B．丙公司

C．乙公司　　D．甲公司

7．某厂焊工张某因生产安全事故受到伤害，依据《安全生产法》的规定，下列关于张某获取赔偿的说法中，正确的是（　　）。

A．只能依法获得工伤社会保险赔偿

B．只能依照有关民事法律提出赔偿要求

C．工伤社会保险赔偿不足的，应当向民政部门提出赔偿要求

D．除依法享有工伤保险赔偿外，可以依照有关民事法律提出赔偿要求

8．某生产经营单位一职工周日加班时发现危化品仓库存在事故隐患，可能引发重大事故。依据《安全生产法》的规定，下列关于该职工隐患报告的说法，正确的是（　　）。

A．应次日向负责人报告　　B．应立即向负责人报告

C．应立即向媒体报告　　D．不应报告

9．依据《安全生产法》的规定，安全生产监管部门有权依法对生产经营单位执行安全生产法律、法规和国家标准或者行业标准的情况进行监督检查，并行使现场检查权、当场处置权、紧急处置权和（　　）。

A．查封扣押权　　B．强制执行权

C．行政拘留权　　D．行政处分权

10．某省建设行政管理部门在对一个大型施工工地进行安全检查时发现，有两个施工单位在一个作业区域进行可能危及对方安全生产的施工作业，这两个施工单位未签订安全生产管理协议，而且未指定专职安全生产管理人员进行安全检查与协调。该省建设行政管理部门当即下达限期整改通知书，但这两个施工单位逾期仍未改正。依据《安全生产法》的规定，该省建设行政管理部门应当（　　）。

A．对两个施工单位处以罚款　　B．责令两个施工单位停产整顿

C．吊销两个单位的安全生产许可证　　D．吊销两个单位的施工许可证

11. 某安全检测中介机构在对某钢铁厂新安装的设备进行检测验收时，未按规定进行检验，便出具了检测验收报告，致使设备投入使用后不久因其存在的重大隐患引发事故，造成多人死亡。依据《安全生产法》的规定，安全监管部门对该安全检测中介机构除处以罚款、对相关责任者追究行政责任外，还应给予的行政处罚是（　　）。

A. 吊销营业执照　　B. 责令停业整顿

C. 撤销检测机构资格　　D. 撤销检测机构负责人资格

12. 依据《消防法》的规定，商场营业期间发生严重火灾时，下列灭火救援的做法，错误的是（　　）。

A. 商场组织火灾现场扑救时，优先抢救贵重物品

B. 商场员工立即组织、引导在场人员疏散撤离

C. 消防队接到报警后立即赶赴现场，救助遇险人员，实施扑救

D. 医疗单位及时赶赴现场，实施伤员救治

13. 甲企业与乙企业相邻，甲企业发生火灾后乙企业立即给予支援，最终在公安消防队的带领下成功扑灭大火。依据《消防法》的规定，乙企业损耗的灭火剂、器材及装备等应由（　　）给予补偿。

A. 甲企业　　B. 保险公司

C. 当地人民政府　　D. 公安消防队

14. 依据《道路交通安全法》的规定，下列关于车辆通行的说法，正确的是（　　）。

A. 机动车通过没有交通信号灯的交叉路口时，应当减速慢行，并让行人先行

B. 机动车载运爆炸物品应当按最短路线、指定的时间和速度行驶

C. 电动自行车在非机动车道内行驶时，最高时速不得超过 30km

D. 铰接式客车驶入高速公路，最高时速不得超过 120km

15. 依据《道路交通安全法》，电动自行车在非机动车道内行驶时，其最高时速不得超过（　　）km。

A. 10　　B. 15　　C. 20　　D. 25

16. 依据《特种设备安全法》规定，特种设备使用单位应当按照安全技术规范的要求，在检验合格有效期届满前（　　）向特种设备检验机构提出定期检验要求。

A. 15 日　　B. 1 个月　　C. 3 个月　　D. 6 个月

17. 依据《特种设备安全法》规定，关于特种设备生产、制造的说法，正确的是（　　）。

A. 电梯制造委托安装单位对电梯安全性能负责

B. 不得生产不符合安全性能要求，与安全技术规范的要求不一致的特种设备

C. 特种设备出厂时，在特种设备显著位置设置产品铭牌、安全警示标志及其说明

D. 特种设备安装的施工单位，应当在施工前将拟进行的特种设备安装情况书面告知国务院负责特种设备安全监督管理的部门

18．依据《职业病防治法》的规定，下列关于劳动过程中的防护与管理的说法，正确的是（　　）。

A．用人单位应当每隔两年对工作场所进行职业病危害因素检则、评价检测、评价结果存入用人单位职业卫生档案

B．对可能发生急性职业损伤的有毒有害工作场所，用人单位应当设置报警装置，配置现场急救用品、冲洗设备等

C．职业病危害因素检测、评价由依法设立的县级以上安全监管部门认可的职业卫生技术服务机构进行

D．发现工作场所职业病危害因素不符合国家职业卫生标准和卫生要求时，用人单位应当立即停止存在职业病危害因素的作业

19. 依据《突发事件应对法》的规定，下列关于突发事件预警级别的说法，正确的是（　　）。

A．分为一、二和三级，分别用红、橙和黄色标示，一级为最高级别

B．分为一、二和三级，分别用黄、橙和红色标示，三级为最高级别

C．分为一、二、三和四级，分别用红、橙、黄和蓝色标示，一级为最高级别

D．分为一、二、三和四级，分别用蓝、黄、橙和红色标示，四级为最高级别

20. 依据《突发事件应对法》的规定，下列有关应急监测与预警的说法中，正确的是（　　）。

A．乡级人民政府应当在村民委员会建立专职信息报告员制度

B．县级人民政府应当通过多种途径收集突发事件信息

C．对即将发生的社会安全事件，市级人民政府不得越级上报

D．预警级别的划分标准由省级人民政府负责制定

21．陈某承包经营的电镀厂，未按照国家标准为电镀设备安装漏电保护装置，导致两名工人作业时触电死亡。依据《刑法》的规定，陈某的行为构成（　　）。

A．失职渎职罪　　　　B．重大劳动安全事故罪

C．强令违章冒险作业罪　　　　D．玩忽职守罪

22．某煤矿发生透水事故，当场死亡 5 人，主管安全生产的副总经理李某未向有关部门报告，贻误了事故抢险救援的时机，又导致 3 人死亡。依据《刑法》及相关规定，对李某的刑事处罚，下列说法正确的是（　　）。

A．应处三年以下有期徒刑　　　　B．应处七年以上有期徒刑

C．应处三年以上七年以下有期徒刑　　　　D．应处以拘役

23．依据《行政处罚法》的规定，下列关于行政处罚设定的说法，正确的是（　　）。

A．行政法规可以设定除限制人身自由、吊销企业营业执照以外的行政处罚

B．地方性法规可以设定除限制人身自由、没收违法所得以外的行政处罚

C．国务院部、委发布的规章可以设定一定数量罚款或责令停产停业的行政处罚

D．国务院批准的较大的市发布的规章可以设定警告或一定数量罚款的行政处罚

24. 依据《行政处罚法》的规定，当事人逾期不履行行政处罚决定的，下列执行措施中，处罚机关可以采取的是（　　）。

A. 到期不缴罚款的，每日按罚款额百分之三加处罚款

B. 将查封的财物作价充抵罚款

C. 自行将扣押的财物拍卖抵缴罚款

D. 自行或者申请人民法院强制执行

25. 依据《劳动法》的规定，下列企业对女职工的工作安排，符合女职工特殊保护规定的是（　　）。

A. 某矿山企业临时安排女职工到井下工作一天

B. 某翻译公司安排已怀孕3个月的女职工本周每天加班一小时

C. 某医院安排女护士（孩子5个月大）值夜班

D. 某食品公司安排女职工在例假期间从事冷库搬运作业

26. 依据《劳动合同法》的规定，劳动者与用人单位签订劳动合同后，如果劳动者不能从事或者胜任工作，致使劳动合同无法履行的，用人单位额外支付劳动者最低（　　）个月工资后，可以解除劳动合同。

A. 5　　　　B. 3

C. 2　　　　D. 1

27. 依据《劳动合同法》的规定，对于从事接触职业病危害作业的劳动者，下列情形中，用人单位不得解除或终止劳动合同的是（　　）。

A. 上岗前未进行职业健康检查　　　　B. 在岗期间未进行职业健康检查

C. 离岗前未进行职业健康检查　　　　D. 未进行身体健康综合评估检查

28. 某危险化学品生产经营企业于2010年6月10日向省安全监管部门申请办理安全生产许可证，省安全监管部门于2010年7月15日向该企业颁发了安全生产许可证。依据《安全生产许可证条例》的规定，该企业申请办理安全生产许可证延期手续合适的日期是（　　）。

A. 2013年3月10日　　　　B. 2015年3月10日

C. 2013年4月15日　　　　D. 2015年4月15日

29. 依据《国务院关于预防煤矿生产安全事故的特别规定》，被责令停产整顿的煤矿应当制定整改方案，落实整改措施和安全技术规定；整改结束后要求恢复生产的，应向县级以上地方人民政府负责煤矿安全监管部门提出申请，受理申请的部门应当自收到恢复生产申请之日起（　　）日内组织验收完毕。

A. 15　　　　B. 30

C. 60　　　　D. 90

30. 依据《国务院关于预防煤矿生产安全事故的特别规定》，被责令停产整顿的煤矿经整

改合格后，最终经（　　）签字批准可恢复生产。

A．煤矿企业主要负责人

B．地方政府主要负责人

C．地方负责煤矿安全监管部门主要负责人

D．地方煤矿安全监察机构主要负责人

31．依据《建设工程安全生产管理条例》的规定，施工组织设计中的安全技术或者专项施工方案应当符合工程建设强制性标准，负责符合性审查的单位是（　　）。

A．建设单位

B．设计单位

C．监理单位

D．施工单位

32．依据《建设工程安全生产管理条例》的规定，建设工程施工前应进行交底，施工单位的相关人员应对有关安全施工的技术要求向施工作业班组、作业人员做出详细说明，并双方签字确认。进行交底的人员是（　　）。

A．项目负责人

B．负责各项作业的班组长

C．专职安全生产管理人员

D．负责项目管理的技术人员

33．依据《危险化学品安全管理条例》的规定，剧毒化学品经营企业销售剧毒化学品时应当登记，销售记录至少应当保存（　　）年。

A．1

B．2

C．3

D．5

34．依据《危险化学品安全管理条例》的规定，企业通过道路运输剧毒化学品，应该申请剧毒化学品道路运输通行证。受理通行证申请的部门是（　　）。

A．运输始发地的县级安全监管部门

B．运输始发地的县级公安部门

C．运输目的地的设区的市级安全监管部门

D．运输目的地的设区的市级公安部门

35．依据《危险化学品安全管理条例》的规定，下列关于危险化学品安全使用许可的说法，正确的是（　　）。

A．危险化学品生产企业使用危险化学品不需要取得安全使用许可证

B．化工企业危险化学品使用量达到规定的数量均需取得安全使用许可证

C．危险化学品安全使用许可证应当向所在地省级安全监管部门申请办理

D．安全监管部门自收到申请之日起 60 日内作出是否批准安全使用许可的决定

36．依据《烟花爆竹安全管理条例》的规定，从事道路运输烟花爆竹的托运人将烟花爆竹运达目的地后，收货人应于（　　）日内将《烟花爆竹道路运输许可证》交回发证机关核销。

A．2

B．3

C. 5　　D. 10

37. 某爆破公司购买一批雷管。依据《民用爆炸物品安全管理条例》的规定，该公司应自购买雷管之日起（　　）日内，将所购买雷管的品种、数量向所在地县级人民政府公安机关备案。

A. 3　　B. 5

C. 7　　D. 10

38. 依据《民用爆炸物品安全管理条例》的规定，爆破作业人员应当经考核取得爆破作业人员许可证，负责考核的部门是（　　）。

A. 县级安全监管部门　　B. 设区的市级国防科技工业主管部门

C. 设区的市级公安部门　　D. 设区的市级安全监管部门

39. 依据《民用爆炸物品安全管理条例》的规定，销售民用爆炸物品的企业，应将购买单位的许可证、银行账户转账凭证、经办人身份证明复印件保存备查，保存期是（　　）。

A. 3个月　　B. 6个月

C. 1年　　D. 2年

40. 依据《特种设备安全监察条例》，电梯使用单位未按规定对电梯进行定期检验和维护的，特种设备安全监管部门可对使用单位进行处罚，处罚的种类不包括（　　）。

A. 责令限期改正　　B. 责令停止使用

C. 责令停产停业整顿　　D. 处2万元上5万元下罚款

41. 依据《煤矿安全监察条例》，煤矿有关人员拒绝、阻碍煤矿安全监察机构及其煤矿安全监察人员现场检查，或提供虚假情况，或隐瞒存在的事故隐患以及其他安全问题的，煤矿安全监察机构可对其进行处罚，处罚的种类不包括（　　）。

A. 给予警告　　B. 处10万元以上50万元以下罚款

C. 责令停产整顿　　D. 对直接负责的主管人员给予撤职处分

42. 2012年7月4日18时20分，某省煤业集团一新井发生一起死亡4人的生产安全事故。由于通信故障，15min后矿长崔某接到井下带班人员的报告。依据《生产安全事故报告和调查处理条例》的规定，崔某应于（　　）前向地方政府及有关部门报告。

A. 19时20分　　B. 19时35分

C. 20时20分　　D. 20时35分

43. 一辆油罐车在A省境内的高速公路上与一辆大客车追尾，引发油罐车爆燃，造成20人死亡。该油罐车中所载溶剂油是自B省发往C省某企业的货物。依据《生产安全事故报告和调查处理条例》的规定，负责该起事故调查的主体是（　　）。

A. A省人民政府　　B. B省人民政府

C. C省人民政府　　D. 国务院安全监管部门

44. 某企业新员工李某在作业过程中因工负伤，经鉴定为六级劳动功能障碍。李某尚在试用期内，企业未为其缴纳工伤保险。依据《工伤保险条例》的规定，下列关于李某工伤保险待遇的说法中，正确的是（ ）。

A．该企业应从工伤保险基金中一次性支付李某伤残补助金

B．该企业可单方解除与李某的劳动关系，但应按月发给李某伤残津贴

C．李某主动提出与企业解除劳动关系，该企业不得同意解除

D．李某主动提出与企业解除劳动关系，企业应按标准支付伤残就业补助金和工伤医疗补助金

45．在甲县某个体采石场工作的小郝作业时突然摔伤，经医院诊断为旧伤复发所致，小郝自行支付了住院医药费。后小郝与采石场就工伤认定产生纠纷，小郝提出劳动能力鉴定申请。依据《工伤保险条例》的规定，下列有关小郝劳动能力鉴定的说法，正确的是（ ）。

A．小郝应向甲县劳动能力鉴定委员会提出劳动能力鉴定申请

B．甲县所在市的劳动能力鉴定委员会作出的劳动能力鉴定结论为最终结论

C．小郝的父亲不能代小郝提出劳动能力鉴定申请

D．如小郝不服有关部门的鉴定结论，可以再次申请鉴定

46．依据《工伤保险条例》的规定，职工因工致残影响生活自理能力的，应当进行生活自理障碍等级鉴定。生活自理障碍分为（ ）个等级。

A．十　　B．八

C．五　　D．三

47．依据《注册安全工程师管理规定》，注册安全工程师在每个注册期内参加继续教育的时间累计不少于（ ）学时。

A．72　　B．48

C．36　　D．24

48．依据《注册安全工程师管理规定》，下列关于注册安全工程师注册期限的说法，正确的是（ ）。

A．注册有效期为3年，自申请注册之日起计算

B．注册有效期满需要延续注册的，申请人应当在有效期满30日前提出申请

C．注册审批机关逾期未作出准予延续注册决定的，视为不准延续

D．如需办理变更注册，有效期自变更之日起重新计算

49．依据《生产经营单位安全培训规定》，生产经营单位安全管理人员初次安全培训时间不少于（ ）学时。

A．32　　B．40　　C．48　　D．56

50．依据《生产经营单位安全培训规定》，主要负责人需要接受专门的安全培训，经安全监管部门考核合格，取得安全资格证书方可任职的生产经营单位是（ ）。

A．煤矿、非煤矿山及危险化学品企业

B．烟花爆竹、建筑施工及重型机械企业

C．大型游乐场所、大型商场及大型娱乐场所

D．建材、纺织及冶金企业

51．余某于 2009 年 4 月在甲市经安全技术培训并考核合格，取得特种作业操作证。次年 9 月，余某来到乙市打工，工作期间余某有违章作业，但未受到行政处罚。依据《特种作业人员安全技术培训考核管理规定》，下列关于余某的特种作业操作证复审的说法，正确的是（　　）。

A．余某应在 2012 年 9 月前提出复审申请

B．余某可以向乙市考核发证机关提出复审申请

C．考核发证机关应当在收到余某复审申请之日起 30 个工作日内完成复审

D．考核发证机关对余某的复审不予通过

52．甲公司为某建设工程的施工单位。依据《建设工程消防监督管理规定》，下列关于甲公司在该建设工程中消防施工质量和安全责任的说法，正确的是（　　）。

A．申请建设工程消防设计审核

B．参加建设单位组织的建设工程竣工验收，对建设工程消防施工质量签字确认

C．保证在建工程竣工验收前消防通道、消防水源、消防设施和器材等完好有效

D．组织建设工程消防验收

53．依据《建设工程消防监督管理规定》，下列人员密集场所建设工程中，应当向公安机关消防机构申请消防设计审核和消防验收的是（　　）。

A．建筑总面积 10000m^2 的体育场馆、会堂、公共展览馆

B．建筑总面积 8000m^2 的宾馆、饭店、商场、市场

C．建筑总面积 1000m^2 的托儿所、幼儿园的儿童用房

D．建筑总面积 300m^2 的歌舞厅、录像厅、放映厅

54．某县安全监管部门在执法检查中发现某非煤矿山企业存在重大事故隐患，遂依法责令该企业局部停产治理。该企业对隐患治理后，向县安全监管部门提出恢复生产的书面申请。依据《安全生产事故隐患排查治理暂行规定》，县安全监管部门在收到申请报告后，应（　　）。

A．在 7 日内进行现场审查，经审查认定为仍不合格，提请县人民政府关闭该企业

B．在 10 日内进行现场审查，经审查认定为仍不合格，对该企业下达停产整改指令

C．在 15 日内进行现场审查，经审查判定合格后，对该企业的事故隐患进行核销，同意其恢复生产经营

D．在 30 日内进行现场审查，经审查判定合格后，对该企业的事故隐患不需进行核销，立即同意该企业恢复生产经营

55. 某炼钢厂针对企业一危险较大的岗位制定了现场处置方案。依据《生产安全事故应急预案管理办法》的规定，对该处置方案，该厂应至少每（　　）个月组织一次演练。

A. 12　　B. 6

C. 3　　D. 1

56. 依据《生产安全事故应急预案管理办法》的规定，生产经营单位应结合本单位的危险源危险性分析情况和可能发生的事故的特点，制定相应的应急预案。下列关于应急预案编制的说法，正确的是（　　）。

A. 对于危险性较大的重点岗位，应当制定专项应急预案

B. 对于危险性较大的某一类风险，应当制定现场处置方案

C. 编制的应急预案应当与所涉及的其他单位的应急预案相互衔接

D. 应急预案编制完成后不需要组织专家评审

57. 依据《生产安全事故信息报告和处置办法》的规定，下列事故中，属于较大涉险事故的是（　　）。

A. 造成 1 人被困的事故　　B. 造成 3 人下落不明的事故

C. 造成 7 人涉险的事故　　D. 导致 198 人紧急疏散的事故

58. 某单位新建一条大型化工产品生产线，该项目被列为省级重点建设项目。依据《建设项目安全设施“三同时”监督管理暂行办法》的规定，下列关于该建设项目安全生产“三同时”工作的说法中，正确的是（　　）。

A. 应实施项目安全生产条件和设施综合分析，形成书面报告并报相关部门备案

B. 应组织本单位专业人员编制项目的安全条件论证报告并报相关部门备案

C. 应编制项目安全条件论证报告并委托有资质的中介机构编制安全预评价报告

D. 应组织本单位专业人员编制项目的安全预评价报告，无需备案

59. 某农机综合市场扩建项目是县重点建设项目。依据《建设项目安全设施“三同时”监督管理暂行办法》的规定，下列关于该项目在可行性研究阶段安全生产工作要求的说法，正确的是（　　）。

A. 应对其安全生产条件进行综合分析，形成书面报告并报有关部门备案

B. 必须对安全生产条件进行论证，并报有关部门审查

C. 应对该项目进行安全现状评价，并报有关部门审查

D. 必须分别对安全生产条件进行论证和安全预评价，并报有关部门备案

60. 依据《建设项目安全设施“三同时”监督管理暂行办法》的规定，下列关于建设项目安全设施施工管理等的说法，正确的是（　　）。

A. 高危建设项目中的安全设施应当由具有甲级建筑施工资质的单位承建

B. 监理单位发现施工现场存在事故隐患应当要求施工单位整改

C. 对危险性较大的分部分项工程，设计单位应当编制专项施工方案

D．监理单位对建设项目中的安全设施施工进行监理，并对工程质量和安全负责

61．依据《安全生产许可证条例》的规定，下列企业中，只能由国务院有关部门颁发安全生产许可证的是（　　）。

A．煤矿企业　　B．危险化学品生产企业

C．民用爆破器材生产企业　　D．建筑施工企业

62．甲公司采取施工总承包方式将一建设工程发包给乙公司，乙公司又将该工程中的液氨罐区安装工程分包给丙公司，将供水工程分包给丁公司。依据《建设工程安全生产管理条例》的规定，对该建设工程施工现场安全生产负总责的单位是（　　）。

A．甲公司　　B．乙公司

C．丙公司　　D．丁公司

63．依据《危险化学品安全管理条例》的规定，下列化学品中，禁止向个人销售的是（　　）。

A．易自燃化学品　　B．强腐蚀性化学品

C．属于剧毒化学品的农药　　D．易制爆化学品

64．某大型食品生产企业，从业人员1000余人，为加强食品生产企业的安全生产工作，防止和减少生产安全事故，依据《食品生产企业安全生产监督管理暂行规定》，下列选项中，做法正确的是（　　）。

A．设置安全生产管理机构

B．配备3名以上专职安全生产管理人员

C．鼓励配备注册安全工程师从事安全生产管理工作

D．委托安全生产中介机构提供安全生产服务

65．依据《煤矿安全培训规定》规定，关于煤矿企业从业人员的安全培训时间，下列符合规定的是（　　）。

A．主要负责人、安全生产管理人员安全资格初次培训时间不得少于64学时。

B．煤矿矿长资格和主要负责人安全资格合并培训的，初次培训时间不得少于48学时

C．从事采煤、掘进、机电、运输、通风、地测等工作的班组长初次安全培训时间不得少于72学时

D．新招入矿的从业人员初次安全培训时间不得少于64学时

66．依据《烟花爆竹生产企业安全生产许可证实施办法》规定，关于企业安全生产许可证监督管理的说法，正确的是（　　）。

A．企业多位股东各自独立进行烟花爆竹生产活动的，依法吊销其安全生产许可证

B．企业出租、转让安全生产许可证的，依法暂扣其安全生产许可证

C．发生重大生产安全责任事故的，依法暂扣其安全生产许可证

D．改建烟花爆竹生产设施未办理安全生产许可证变更手续的，依法吊销其安全生产许可证

67. 依据《工贸企业有限空间作业安全管理与监督暂行规定》规定，以下关于有限空间作业说法正确的是（　　）。

A. 有限空间作业未经通风和检测合格，任何人员不得进入。检测的时间不得早于作业开始前 15min

B. 在有限空间作业过程中，工贸企业应当采取通风措施或采用纯氧通风换气

C. 有限空间作业中断超过 30min，作业人员再次进入前，应当重新通风、检测合格后方可进入

D. 未按照本规定对有限空间作业进行辨识、提出防范措施、建立有限空间管理台账的工贸企业由县级以上安全生产监督管理部门责令限期改正，可以处 1 万元以下的罚款

68. 依据《煤矿安全培训规定》(总局令第 92 号)，关于煤矿特种作业操作证的管理，以下错误的是（ ）。

A. 特种作业操作证有效期为 6 年

B. 特种作业操作证在全国范围内有效

C. 特种作业操作证有效期届满需要延期换证的，应当在有效期届满 60 日前参加不少于 24 学时的专门培训

D. 离开特种作业岗位 6 个月以上、但特种作业操作证仍在有效期内的特种作业人员，不需要重新参加考试

69. 依据《危险化学品生产企业安全生产许可证实施办法》规定，下列关于实施机关应当注销其安全生产许可证的情形是（　　）。

A. 超越职权颁发安全生产许可证的

B. 安全生产许可证有效期届满未被批准延续的

C. 违反本办法规定的程序颁发安全生产许可证的

D. 以欺骗、贿赂等不正当手段取得安全生产许可证的

70. 依据《建设项目职业卫生“三同时”监督管理暂行办法》规定，关于建设项目职业病防护设施监管的说法，正确的是（　　）。

A. 职业病危害一般的建设项目，职业病防护设施竣工后，由安全生产监督管理部门组织验收

B. 职业病危害较重的建设项目，职业病防护设施设计应当报安全生产监督管理部门审查

C. 职业病危害严重的建设项目，职业病防护设施竣工后，由安全生产监督管理部门组织验收

D. 建设项目职业病危害分类管理目录由省级安全生产监督管理部门制定并公布

二、多项选择题（共 15 题，每题 2 分。每题的备选项中，有 2 个或 2 个以上符合题意，至少有 1 个错项。错选，本题不得分；少选，所选的每个选项得 0.5 分）

71．下列关于安全生产法律效力的说法中，正确的有（　　）。

A．《安全生产法》在安全生产领域具有普遍适用的法律效力

B．《消防法》的法律效力高于《消防监督检查规定》（公安部令第 107 号）

C．国家安全监管总局制定的规范性文件的效力高于地方政府的规章

D．同一层次的安全生产立法对同一问题规定不一致时，特殊法优于普通法

E．地方政府规章的效力高于行政法规

72．某安全评价机构对一项目进行安全评价，出具虚假评价报告，尚不够承担刑事责任。依据《安全生产法》的规定，对该安全评价机构及其相关人员可以实施的处罚有（　　）。

A．对该机构处 5000 元以上 2 万元以下罚款

B．对其直接负责的主管人员处 5000 元以上 5 万元以下罚款

C．撤销该机构安全评价资质

D．没收违法所得

E．对直接责任人员实施行政拘留

73．依据《消防法》的规定，下列单位中，应当建立专职消防队的有（　　）。

A．大型核设施单位

B．大型体育场所

C．主要港口

D．储备可燃的重要物资的大型仓库

E．生产、储存易燃易爆危险品的大型企业

74．依据《道路交通安全法》的规定，伪造、变造或者使用伪造、变造的驾驶证的，由公安机关交通管理部门予以（　　）的处罚。

A．收缴驾驶证

B．扣留机动车

C．处 15 日以下拘留

D．没收机动车

E．并处 2000 元以上 5000 元以下罚款

75．根据《最高人民法院、最高人民检察院关于办理危害矿山生产安全刑事案件具体应用法律若干问题的解释》，下列矿山生产安全事故中，应当认定为《刑法》第一百三十四条、第一百三十五条规定的“重大伤亡事故或者其他严重后果”的有（　　）。

A．造成 2 人死亡的事故

B．造成 8 人重伤的事故

C．造成 50 万元直接经济损失的事故

D．造成 15 人重伤的事故

E．造成 120 万元直接经济损失的事故

76．依据《行政处罚法》的规定，下列关于行政处罚适用的说法，正确的是（　　）。

A．15 周岁的张某有违法行为，不予行政处罚，责令监护人严加管教

B．16 周岁的王某有违法行为，应当在法定行政处罚幅度的最低限以下给予处罚

C．间歇性精神病人李某在不能控制自己行为时的违法行为，不予行政处罚

D．赵某实施违法行为后主动消除了危害后果，应当依法从轻或者减轻行政处罚

E．钱某的违法行为构成犯罪，人民法院对其判处罚金，行政罚款应当折抵罚金

77．依据《危险化学品安全管理条例》的规定，下列单位中，应当设置治安保卫机构，配备专职治安保卫人员的是（　　）。

A．危险化学品生产单位　　B．危险化学品储存单位

C．剧毒化学品生产单位　　D．易制爆化学品生产单位

E．易制爆化学品储存单位

78．依据《危险化学品安全管理条例》的规定，危险化学品的生产、经营企业销售剧毒化学品、易制爆危险化学品，应当如实记录购买单位的名称、地址、经办人姓名、身份证号码以及所购买剧毒化学品、易制爆化学品的（　　）等相关信息。

A．品种　　B．数量

C．颜色　　D．形态

E．用途

79．依据《烟花爆竹安全管理条例》的规定，下列关于烟花爆竹燃放活动安全管理的说法中，正确的有（　　）。

A．禁止未成年人燃放烟花爆竹

B．主办大型焰火燃放活动应当向当地公安部门申请批准

C．主办大型焰火燃放活动应当向当地安全监管部门申请批准

D．在中小学校燃放烟花爆竹必须获得教育行政部门的批准

E．大型焰火燃放活动应当按照经许可的燃放作业方案作业

80．依据《特种设备安全监察条例》的规定，下列设备中，由特种设备安全监督管理部门监察的有（　　）。

A．军事设备　　B．铁路机车

C．矿山井下使用的特种设备　　D．电梯

E．客运索道

81．依据《生产安全事故报告和调查处理条例》的规定，下列事故中，属于重大事故的有（　　）。

A．某建筑施工企业发生的导致 31 人死亡的事故

B．某危险化学品企业发生爆炸导致 60 人重伤的事故

C．某煤矿企业瓦斯爆炸造成 15 人死亡的事故

D．某烟花爆竹企业发生的造成直接经济损失 200 万元的事故

E．某企业尾矿库溃坝造成直接经济损失 6000 万元的事故

82．某日 9 时，某建筑工地发生事故，现场安全员立即将事故情况向施工企业负责人报告，

企业负责人立即组织人员前往现场营救。事故造成 7 人当场死亡，3 人受伤送医院治疗。次日 7 时施工企业负责人向当地县安全监管局报告事故情况。三天后 1 人因救治无效死亡。依据《生产安全事故报告和调查处理条例》的规定，下列关于该起事故报告的说法中，正确的有（　　）。

A．现场安全员只向企业负责人报告，未及时向当地安全监管局报告，属违法行为

B．企业负责人在事故发生后 22 小时向当地安全监管局报告事故情况，属于迟报

C．企业负责人还应该向建设主管部门报告

D．因死亡人数增加 1 人，企业应当及时向当地县安全监管局和建设主管部门补报

E．当地县安全监管局应当向上一级安全生产监管部门报告

83．依据《工伤保险条例》的规定，下列情形中，应当被认定为工伤的有（　　）。

A．员工在工作时间和工作场所内，因工作原因受到事故伤害

B．员工在上班途中，受到因他人负主要责任的交通事故伤害

C．员工在工作时间和工作岗位，突发心脏病死亡

D．员工因公外出期间，由于工作原因受到伤害

E．员工在工作时间和工作场所内，因饮酒导致操作不当而受伤

84．依据《注册安全工程师管理规定》，下列生产经营单位和安全生产中介机构配备注册安全工程师的情形，符合规定的有（　　）。

A．职工总数达 1000 人的某煤矿，有安全生产管理人员 20 人，其中注册安全工程师 2 人

B．职工总数达 2000 人的某金矿，有安全生产管理人员 20 人，其中注册安全工程师 3 人

C．某安全评价机构，有评价人员 30 人，其中注册安全工程师 8 人

D．某安全评价机构，有评价人员 20 人，其中注册安全工程师 6 人

E．职工总数 100 人的某鞋厂，配备 1 名注册安全工程师

85．依据《冶金企业和有色金属企业安全生产规定》，关于冶金企业安全生产保障的说法，以下正确的是（　　）。

A．从业人员有 150 人的金属冶炼企业，应当设置安全生产管理机构

B．从业人员有 350 人的金属冶炼企业，应当至少配备 1 名专职安全生产管理人员

C．从业人员有 80 人的金属冶炼企业，应当设置安全生产管理机构

D．存在金属冶炼工艺企业的主要负责人自任职之日起 6 个月内，必须接受相关部门对其进行考核

E．存在金属冶炼工艺企业的主要负责人自任职之日起 3 个月内，必须接受相关部门对其进行考核

安全生产法及相关法律知识模拟试卷

答案与解析

（满分 100 分）

一、单项选择题

1. 答案：D

解析：《某省安全生产条例》属于地方性法规。《某省生产经营单位安全生产主体责任规定》属于地方政府安全生产规章。地方性安全生产法规的法律地位和法律效力高于地方政府安全生产规章。地方性安全生产法规没有规定的，可以适用地方政府安全生产规章（上位法没有规定的，可以适用下位法）。

2. 答案：B

解析：法律所称的生产经营单位主要负责人应当是直接领导、指挥生产经营单位日常生产经营活动、能够承担生产经营单位安全生产工作主要领导责任的决策人。

3. 答案：B

解析：《安全生产法》第十九条规定，矿山、建筑施工单位和危险物品的生产、经营、储存单位，应当设置安全生产管理机构或者配备专职安全生产管理人员。

前款规定以外的其他生产经营单位，从业人员超过三百人的，应当设置安全生产管理机构或者配备专职安全生产管理人员；从业人员在三百人以下的，应当配备专职或者兼职的安全生产管理人员，或者委托具有国家规定的相关专业技术资格的工程技术人员提供安全生产管理服务。

4. 答案：D

解析：法律对生产经营单位与从业人员订立协议，免除或减轻其对从业人员因生产安全事故伤亡依法应承担的责任的，规定该协议无效，并对生产经营单位主要负责人、个人经营的投资人处以二万元以上十万元以下的罚款。

5. 答案：B

解析：依据《烟花爆竹安全管理条例》，生产烟花爆竹的企业，应当对生产作业人员进行安全生产知识教育，对从事药物混合、造粒、筛选、装药、筑药、压药、切引、搬运等危险工序的作业人员进行专业技术培训。从事危险工序的作业人员经设区的市人民政府安全生产监督管理部门考核合格，方可上岗作业。

6. 答案：D

解析：《安全生产法》规定，生产经营项目、场所有多个承包单位、承租单位的，生产经营单位应当与承包单位、承租单位签订专门的安全生产管理协议，或在承包合同、租赁合同中约定各自的安全生产管理职责；生产经营单位对承包单位、承租单位的安全生产工作统一协调、管理。

7. 答案：D

解析：《安全生产法》第四十八条规定，因生产安全事故受到损害的从业人员，除依法享有工伤社会保险外，依照有关民事法律尚有获得赔偿的权利的，有权向本单位提出赔偿要求。

8. 答案：B

解析：《安全生产法》第五十一条规定，从业人员发现事故隐患或其他不安全因素，应当立即向现场安全生产管理人员或本单位负责人报告；接到报告的人员应当及时予以处理。要求从业人员必须具有高度的责任心，防微杜渐，防患于未然，及时发现事故隐患和不安全因素，预防事故发生。

9. 答案：A

解析：负有安全生产监督管理职责的部门依法监督检查时行使的职权有四项：现场检查权、当场处理权、紧急处置权、查封扣押权。

10. 答案：B

解析：《安全生产法》第八十七条规定，两个以上生产经营单位在同一作业区域内进行可能危及对方安全生产的生产经营活动，未签订安全生产管理协议或者未指定专职安全生产管理人员进行安全检查与协调的，责令限期改正；逾期未改正的，责令停产停业。

11. 答案：C

解析：《安全生产法》第七十九条规定，承担安全评价、认证、检测、检验工作的机构，出具虚假证明，构成犯罪的，依照刑法有关规定追究刑事责任；尚不够刑事处罚的，没收违法所得，违法所得在五千元以上的，并处违法所得二倍以上五倍以下的罚款，没有违法所得或者违法所得不足五千元的，单处或者并处五千元以上二万元以下的罚款，对其直接负责的主管人员和其他直接责任人员处五千元以上五万元以下的罚款；给他人造成损害的，与生产经营单位承担连带赔偿责任。对有前款违法行为的机构，撤销其相应资格。

12. 答案：A

解析：《消防法》第四十四条规定，人员密集场所发生火灾，该场所的现场工作人员应当立即组织、引导在场人员疏散。任何单位发生火灾，必须立即组织力量扑救。邻近单位应当给予支援。消防队接到火警，必须立即赶赴火灾现场，救助遇险人员，排除险情，扑灭火灾。第四十五条强调了火灾现场扑救的组织指挥，规定公安机关消防机构统一组织和指挥火灾现场扑救，应当优先保障遇险人员的生命安全。

13. 答案：C

解析：《消防法》第四十九条规定，公安消防队、专职消防队扑救火灾、应急救援，不得收取任何费用。单位专职消防队、志愿消防队参加扑救外单位火灾所损耗的燃料、灭火剂和器材、装备等，由火灾发生地的人民政府给予补偿。

14. 答案：A

解析：依据《道路交通安全法》，机动车通过没有交通信号灯、交通标志、交通标线或交通警察指挥的交叉路口时，应当减速慢行，并让行人和优先通行的车辆先行；机动车载运爆炸物品、易燃易爆化学物品以及剧毒、放射性等危险物品，应当经公安机关批准后，按指定的时间、路线、速度行驶，悬挂警示标志并采取必要的安全措施。 残疾人机动轮椅车、电动自行车在非机动车道内行驶时，最高时速不得超过 15km。铰接式客车是不得进入高速公路的。

15. 答案：B

解析：非机动车通行规定：残疾人机动车、电动自行车在非机动车道内行驶时，最高时速不得超过 15km。

16. 答案：B

解析：《特种设备安全法》第四十条规定，特种设备使用单位应当按照安全技术规范的要求，在检验合格有效期届满前一个月向特种设备检验机构提出定期检验要求。

17. 答案：C

解析：《特种设备安全法》第二十一条规定，特种设备出厂时，应当随附安全技术规范要求的设计文件、产品质量合格证明、安装及使用维护保养说明、监督检验证明等相关技术资料和文件，并在特种设备显著位置设置产品铭牌、安全警示标志及其说明。

18. 答案：B

解析：《职业病防治法》第二十七条规定，用人单位应当按照国务院安全生产监督管理部门的规定，定期对工作场所进行职业病危害因素检测、评价。检测、评价结果存入用人单位职业卫生档案。第十九条规定，职业病危害预评价、职业病危害控制效果评价由依法设立的取得国务院安全生产监督管理部门或者设区的市级以上地方人民政府安全生产监督管理部门按照职责分工给予资质认可的职业卫生技术服务机构进行，故选项 C 错误；第二十七条规定，发现工作场所职业病危害因素不符合国家职业卫生标准和卫生要求时，用人单位应当立即采取相应治理措施，故选项 D 错误。

19. 答案：C

解析：国家将自然灾害、事故灾难和公共卫生事件预警分为一级、二级、三级和四级，分别用红色、橙色、黄色和蓝色标示，一级为最高级别。不同的突发事件特点不同，预警级别标准也有区别，具有较强的专业性。预警级别的划分标准由国务院或者国务院确定的部门制定。

20. 答案：B

解析：《突发事件应对法》第三十八条规定，县级以上人民政府及其有关部门、专业机构应当通过多种途径收集突发事件信息；县级人民政府应当在居民委员会、村民委员会和有关单位建立专职或者兼职信息报告员制度。第四十六条规定，对即将发生或者已经发生的社会安全事件，县级以上地方各级人民政府及其有关主管部门应当按照规定向上一级人民政府及其有关主管部门报告，必要时可以越级上报。第四十二条规定，预警级别的划分标准由国务院或者国务院确定的部门制定。

21. 答案：B

解析：《刑法》第一百三十五条规定，安全生产设施或安全生产条件不符合国家规定，因而发生重大伤亡事故或造成其他严重后果的，对直接负责的主管人员和其他直接责任人员，处三年以下有期徒刑或拘役；情节特别恶劣的，处三年以上七年以下有期徒刑。

22. 答案：C

解析：《刑法》第一百三十九条规定，在安全事故发生后，负有报告职责的人员不报或谎报事故情况，贻误事故抢救，情节严重的，处三年以下有期徒刑或拘役；情节特别严重的，处三年以上七年以下有期徒刑。

23. 答案：D

解析：《行政处罚法》规定，行政法规可以设定除限制人身自由以外的行政处罚；地方性法规可以设定除限制人身自由、吊销企业营业执照以外的行政处罚；第十二条规定，国务院部、委员会制定的规章可以在法律、行政法规规定的给予行政处罚的行为、种类和幅度的范围内作出具体规定。尚未制定法律、行政法规的，前款规定的国务院部、委员会制定的规章对违反行政管理秩序的行为，可以设定警告或者一定数量罚款的行政处罚。罚款的限额由国务院规定；第十三条规定，经国务院批准的较大的市人民政府制定的规章可以在法律、法规规定的给予行政处罚的行为、种类和幅度的范围内作出具体规定。尚未制定法律、法规的，前款规定的人民政府制定的规章对违反行政管理秩序的行为，可以设定警告或者一定数量罚款的行政处罚。

24. 答案：A

解析：《行政处罚法》第四十四条规定，行政处罚依法作出后，当事人应当在行政处罚决定的期限内，予以履行。当事人对行政处罚决定不服申请行政复议或提起行政诉讼的，行政处罚不停止执行，法律另有规定的除外。如果当事人没有正当理由逾期不履行，则导致强制执行。实行强制执行有三种措施：（1）到期不缴纳罚款的，每日按罚款数额的 3% 加处罚款；（2）查封、扣押的财务拍卖或将冻结的存款划拨抵缴罚款；（3）申请人民法院强制执行。

25. 答案：B

解析：一是禁止用人单位安排女工从事矿山井下、国家规定的第四级体力劳动强度的劳动和其他禁忌从事的劳动。二是禁止用人单位安排女职工在经期从事高处、低温、冷水作业和国家规定的第三级体力劳动强度的劳动。三是禁止用人单位安排女职工在怀孕期间从事国家规定的第三级体力劳动强度的劳动和孕期禁忌从事的活动。对怀孕7个月以上的职工，不得安排其延长工作时间和夜班劳动。四是禁止用人单位安排女职工在哺乳未满1周岁婴儿期间从事国家规定的第三级体力劳动强度的劳动和哺乳期禁忌从事的其他劳动，不得延长其工作时间和夜班劳动。

26. 答案：D

解析：《劳动合同法》规定，劳动者不能从事或胜任工作的，致使劳动合同无法履行的，用人单位提前三十日以书面形式通知劳动者本人或额外支付劳动者一个月工资后，可以解除劳动合同。

27. 答案：C

解析：《劳动合同法》第四十二条规定劳动者有下列情形之一的，用人单位不得依照本法第四十条、第四十一条的规定解除劳动合同：（1）从事接触职业病危害作业的劳动者未进行离岗前职业健康检查，或者疑似职业病病人在诊断或者医学观察期间的；（2）在本单位患职业病或者因工负伤并被确认丧失或者部分丧失劳动能力的；（3）患病或者非因工负伤，在规定的医疗期内的；（4）女职工在孕期、产期、哺乳期的；（5）在本单位连续工作满十五年，且距法定退休年龄不足五年的。

28. 答案：C

解析：《安全生产许可证条例》第九条第一款规定，安全生产许可证的有效期为3年。安全生产许可证有效期满需要延期的，企业应当于期满前3个月内向原安全生产许可证颁发管理机关办理延期手续。企业办理安全生产许可证延期手续所需提供的文件、资料或有关情况，由国务院安全生产监督管理部门、建设行政主管部门、国防科技工业主管部门和国家煤矿安全监察机构规定。

29. 答案：C

解析：《国务院关于预防煤矿生产安全事故的特别规定》第十一条规定，被责令停产整顿的煤矿应当制定整改方案，落实整改措施和安全技术规定；整改结束后要求恢复生产的，应当由县级以上人民政府负责煤矿安全监督管理的部门自收到恢复生产申请之日起60日内组织验收完毕。

30. 答案：B

解析：《国务院关于预防煤矿生产安全事故的特别规定》第十一条规定了3种处理措施，其中之一是验收合格的，经组织验收的地方人民政府负责煤矿安全监督管理的部门的主要负责人签字，并经有关煤矿安全监察机构主要负责人审核同意，报请有关地方人民政府主要负责人签字批准，煤矿方可恢复生产。

31. 答案：C

解析：工程监理单位应当审查施工组织设计中的安全技术措施或专项施工方案是否符合工程建设强制性标准。

32. 答案：D

解析：建设工程施工前，施工单位负责项目管理的技术人员应当对有关安全施工的技术要求向施工作业班组、作业人员作出详细说明，并由双方签字确认。

33. 答案：A

解析：销售记录以及经办人的身份证明复印件、相关许可证件复印件或证明文件的保存期限不得少于1年。

34. 答案：B

解析：《危险化学品安全管理条例》规定，通过道路运输剧毒化学品的，托运人应当向运输始发地或目的地人民政府公安机关申请剧毒化学品道路运输通行证。

35. 答案：A

解析：《危险化学品安全管理条例》第二十九条规定，使用危险化学品从事生产并且使用量达到规定数量的化工企业（属于危险化学品生产企业的除外），应当依照本条例的规定取得危险化学品安全使用许可证。使用危险化学品的单位，申请危险化学品安全使用许可证的化工企业，应当向所在地设区的市级人民政府安全生产监督管理部门提出申请，并提交其符合申办规定条件的证明材料。设区的市级人民政府安全生产监督管理部门应当依法进行审查，自收到证明材料之日起45日内作出批准或不予批准的决定。

36. 答案：B

解析：《烟花爆竹安全管理条例》规定，托运人将烟花爆竹运达目的地后，收货人应当在3日内将《烟花爆竹道路运输许可证》交回发证机关核销。

37. 答案：A

解析：购买民用爆炸物品的单位，应当自民用爆炸物品买卖成交之日起3日内，将购买的品种、数量向所在地县级人民政府公安机关备案。

38. 答案：C

解析：《民用爆炸物品安全管理条例》规定，爆破作业单位应当对本单位爆破作业人员、安全管理人员、仓库管理人员进行专业技术培训。爆破作业人员应当经设区的市级人民政府公安机关考核合格，取得《爆破作业人员许可证》后，方可从事爆破作业。

39. 答案：D

解析：《民用爆炸物品安全管理条例》规定，销售、购买民用爆炸物品的，应当通过银行账户进行交易，不得使用现金或实物进行交易。销售民用爆炸物品的企业，应当将购买单位的许可证、银行账户转账凭证、经办人的身份证明复印件保存2年备查。

40. 答案：D

解析：依据《特种设备安全监察条例》，电梯使用单位未按规定对电梯进行定期检验和维护的，由特种设备安全监管部门责令限期改正；逾期未改正的，处 2000 元以上 2 万元以下罚款；情节严重的，责令停止使用或停产停业整顿。

41. 答案：B

解析：《煤矿安全监察条例》第四十五条规定，煤矿有关人员拒绝、阻碍煤矿安全监察机构及其煤矿安全监察人员现场检查，或提供虚假情况，或隐瞒存在的事故隐患以及其他安全问题的，由煤矿安全监察机构给予警告，可以并处 5 万元以上 10 万元以下的罚款；情节严重的，由煤矿安全监察机构责令停产整顿；对直接负责的主管人员和其他直接责任人员，依法给予撤职直至开除的纪律处分。

42. 答案：B

解析：《生产安全事故报告和调查处理条例》第九条规定，事故发生后，事故现场有关人员应当立即向本单位负责人报告；单位负责人接到报告后，应当于 1 小时内向事故发生地县级以上人民政府安全生产监督管理部门和负有安全生产监督管理职责的有关部门报告。

43. 答案：A

解析：《生产安全事故报告和调查处理条例》对有关人民政府可以授权或者委托有关部门组织调查，做出了下列规定：（1）特别重大事故由国务院授权的部门组织事故调查组进行调查。（2）重大事故由事故发生地省级人民政府授权或委托有关部门组织事故调查组进行调查。（3）较大事故由事故发生地设区的市级人民政府授权或委托有关部门组织事故调查组进行调查。（4）一般事故由事故发生地县级人民政府授权或委托有关部门组织事故调查组进行调查。

44. 答案：D

解析：依据《工伤保险条例》，六级伤残的待遇为：（1）从工伤保险基金按伤残等级支付一次性伤残补助金，六级伤残为 16 个月的本人工资。（2）保留与用人单位的劳动关系，由用人单位安排适当工作。难以安排工作的，由用人单位按月发给伤残津贴，六级伤残为本人工资的 60%，并由用人单位按照规定为其缴纳应缴纳的各项社会保险费。伤残津贴实际金额低于当地最低工资标准的，由用人单位补足差额。经工伤职工本人提出，该职工可以与用人单位解除或终止劳动关系，由工伤保险基金支付一次性工伤医疗补助金，由用人单位支付一次性伤残就业补助金。

45. 答案：D

解析：《工伤保险条例》规定，设区的市级劳动能力鉴定委员会应当自收到劳动能力鉴定申请之日起 60 日内作出劳动能力鉴定结论，必要时，作出劳动能力鉴定结论的期限可以延长 30 日。劳动能力鉴定结论应当及时送达申请鉴定的单位和个人。申请鉴定的单位或个人对设区的市级劳动能力鉴定委员会作出的鉴定结论不服的，可以在收到该鉴定结论之日起 15 日内向省、自治区、直辖市劳动能力鉴定委员会提出再次鉴定申请。

46. 答案：D

解析：依据《工伤保险条例》，职工发生工伤，经治疗伤情相对稳定后存在残疾、影响劳动能力的，应当进行劳动能力鉴定。劳动能力鉴定是指劳动功能障碍程度和生活自理障碍程度的等级鉴定。劳动功能障碍分为十个伤残等级，生活自理障碍分为三个等级：生活完全不能自理、生活大部分不能自理、生活部分不能自理。

47. 答案：B

解析：《注册安全工程师管理规定》规定，继续教育按照注册类别分类进行。注册安全工程师在每个注册周期内应当参加继续教育，时间累计不得少于 48 学时。注册安全工程师在 3 年内，必须参加累计不少于 48 学时的继续教育。

48. 答案：B

解析：依据《注册安全工程师管理规定》，初始注册的有效期为 3 年，自准予注册之日起计算。注册有效期满需要延续注册的，申请人应当在有效期满前提出申请。注册审批机关应当在有效期满前作出是否准予延续注册的决定；逾期未决定的，视为准予延续。在注册有效期内，注册安全工程师变更执业单位，应当按照本规定第十条规定的程序提出申请，办理变更注册手续。变更注册后仍延续原注册有效期。

49. 答案：A

解析：安全培训时间分两类，一类是初次安全培训时间，另一类是每年再培训时间。《生产经营单位安全培训规定》第九条规定，生产经营单位主要负责人和安全生产管理人员初次安全培训时间不得少于 32 学时。

50. 答案：A

解析：《生产经营单位安全培训规定》第六条规定，生产经营单位主要负责人和安全生产管理人员应当接受安全培训，具备与所从事的生产经营活动相适应的安全生产知识和管理能力。煤矿、非煤矿山、危险化学品、烟花爆竹等生产经营单位主要负责人和安全生产管理人员，必须接受专门的安全培训，经安全生产监督监察部门对其安全生产知识和管理能力考核合格，取得安全资质证书后，方可任职。

51. 答案：B

解析：依据《特种作业人员安全技术培训考核管理规定》，特种作业操作证复审遵循下列程序：（1）特种作业操作证需要复审的，应当在期满前 60 日内，由申请人或申请人的用人单位向原考核发证机关或从业所在地考核发证机关提出申请，并提交设区或县级以上医疗机构出具的健康证明、从事特种作业的情况、安全培训考试合格记录。特种作业操作证有效期届满需要延期换证的，应当按照上述规定申请延期复审。（2）申请复审的，考核发证机关应当在收到申请之日起 20 个工作日内完成复审工作。复审合格的，由考核发证机关签章、登记，予以确认；不合格的，说明理由。申请延期复审的，经复审合格后，由考核发证机关重新颁发特种作业操作证。

52. 答案：C

解析：依据《建设工程消防监督管理规定》，施工单位应当承担下列消防施工的质量和安全责任：（1）按照国家工程建设消防技术标准和经消防设计审核合格或备案的消防设计文件组织施工，不得擅自改变消防设计进行施工，降低消防施工质量。（2）查验消防产品和有防火性能要求的建筑构件、建筑材料及室内装修装饰材料的质量，使用合格产品，保证消防施工质量。（3）建立施工现场消防安全责任制度，确定消防安全负责人。加强对施工人员的消防教育培训，落实动火、用电、易燃可燃材料等消防管理制度和操作规程。保证在建工程竣工验收前消防通道、消防水源、消防设施和器材、消防安全标志等完好有效。

53. 答案：C

解析：依据《建设工程消防监督管理规定》，对具有下列情形之一的人员密集场所，建设单位应当向公安机关消防机构申请消防设计审核，并在建设工程竣工后向出具消防设计审核意见的公安机关消防机构申请消防验收：（1）建筑面积大于 2 万 m^2 的体育场馆、会堂，公共展览馆、博物馆的展示厅。（2）建筑面积大于 1.5 万 m^2 的民用机场航站楼、客运车站候车室、客运码头侯船庭。（3）建筑面积大于 1 万 m^2 的宾馆、饭店、商场、市场。（4）建筑总面积大于 2500m^2 的影剧院，公共图书馆的阅览室，营业性室内健身、休闲场馆，医院的门诊楼，大学的教学楼、图书馆、食堂，劳动密集型企业的生产加工车间，寺庙、教堂。（5）建筑总面积大于 1000m^2 的托儿所、幼儿园的儿童用房，儿童游乐厅等室内儿童活动场所，养老院、福利院，医院、疗养院的病房楼，中小学校的教学楼、图书馆、食堂，学校的集体宿舍，劳动密集型企业的员工集体宿舍。（6）建筑总面积大于 500m^2 的歌舞厅、录像厅、放映厅、卡拉 OK 厅、夜总会、游艺厅、桑拿浴室、网吧、酒吧，具有娱乐功能的餐馆、茶馆、咖啡厅。

54. 答案：B

解析：依据《安全生产事故隐患排查治理暂行规定》，应当进行下列监督检查：（1）地方人民政府或安全监管监察部门及有关部门挂牌督办并责令全部或局部停产停业治理的重大事故隐患，经治理后符合安全生产条件的，生产经营单位应当向安全监管监察部门和有关部门提出恢复生产的书面申请。申请报告应当包括治理方案的内容、项目和安全评价机构出具的评价报告等。（2）安全监管监察部门收到生产经营单位恢复生产的申请报告后，应当在 10 日内进行现场审查。审查合格的，对事故隐患进行核销，同意恢复生产经营；审查不合格的，依法责令改正或下达停产整改指令。对整改无望或生产经营单位拒不执行整改指令的，依法实施行政处罚；不具备安全生产条件的，依法提请县级以上人民政府按照国务院规定的权限予以关闭。

55. 答案：B

解析：《生产安全事故应急预案管理办法》第二十六条规定：“生产经营单位应当制定

本单位的应急预案演练计划，根据本单位的事故预防重点，每年至少组织一次综合应急演练或专项应急演练，每半年至少组织一次现场处置方案演练。”

56. 答案：C

解析：依据《生产安全事故应急预案管理办法》，生产经营单位编制的综合应急预案、专项应急预案和现场处置方案之间应当相互衔接，并与所涉及的其他单位的应急预案相互衔接。此外，应急预案应当包括应急组织机构和人员的联系方式、应急物资储备清单等附件信息。附件信息应当经常更新，确保信息准确有效。

57. 答案：B

解析：《生产安全事故信息报告和处置办法》第二十六条规定，较大涉险事故是指：(1) 涉险 10 人以上的事故。(2) 造成 3 人以上被困或下落不明的事故。(3) 紧急疏散人员 500 人以上的事故。(4) 因生产安全事故对环境造成严重污染（人员密集场所、生活水源、农田、河流、水库、湖泊等）的事故。(5) 危及重要场所和设施安全（电站、重要水利设施、危化品库、油气站和车站、码头、港口、机场及其他人员密集场所等）的事故。(6) 其他较大涉险事故。

58. 答案：C

解析：依据《建设项目安全设施“三同时”监督管理办法》，建设项目安全预评价遵循下列规定：(1) 生产经营单位应当委托具有相应资质的安全评价机构，对其建设项目进行安全预评价，并编制安全预评价报告。(2) 建设项目安全预评价报告应当符合国家标准或行业标准的规定。

59. 答案：B

解析：《建设项目安全设施“三同时”监督管理办法》第七条规定，下列建设项目在进行可行性研究时，生产经营单位应当分别对其安全生产条件进行论证和安全预评价：(1) 非煤矿矿山建设项目；(2) 生产、储存危险化学品（包括使用长输管道输送危险化学品，下同）的建设项目；(3) 生产、储存烟花爆竹的建设项目；(4) 化工、冶金、有色、建材、机械、轻工、纺织、烟草、商贸、军工、公路、水运、轨道交通、电力等行业的国家和省级重点建设项目；(5) 法律、行政法规和国务院规定的其他建设项目。

60. 答案：B

解析：《建设项目安全设施“三同时”监督管理办法》从三个方面对建设项目安全设施的监理作出规定：(1) 工程监理单位应当审查施工组织设计中的安全技术措施或专项施工方案是否符合工程建设强制性标准。(2) 工程监理单位在实施监理过程中，发现存在事故隐患的，应当要求施工单位整改；情况严重的，应当要求施工单位暂时停止施工，并及时报告生产经营单位。施工单位拒不整改或不停止施工的，工程监理单位应当及时向有关主管部门报告。(3) 工程监理单位、监理人员应当按照法律、法规和工程建设强制性标准实施监理，并对安全设施工程的工程质量承担监理责任。

61. 答案：C

解析：《安全生产许可证条例》第五条规定，国务院国防科技工业主管部门负责民用爆破器材生产企业安全生产许可证的颁发和管理。

62. 答案：B

解析：《建设工程安全生产管理条例》规定，施工总承包是指发包单位将建设工程的施工任务，包括土建施工和有关设施、设备安全调试的施工任务，全部发包给一家具备相应施工总承包资质条件的承包单位，由该施工总承包单位对全过程向建设单位负责，直到工程竣工，向建设单位交付符合设计要求和合同约定的建设工程的承包方式。实施施工总承包的，施工现场由总承包单位全面统一负责，包括工程质量、建设工期、造价控制、施工组织等，由此，施工现场的安全生产也应当由施工总承包单位负责。

63. 答案：D

解析：《危险化学品安全管理条例》规定，禁止向个人销售剧毒化学品（属于剧毒化学品的农药除外）和易制爆危险化学品。

64. 答案：D

解析：《食品生产企业安全生产监督管理暂行规定》第六条规定，从业人员超过 100 人的食品生产企业，应当设置安全生产管理机构或者配备 3 名以上专职安全生产管理人员，鼓励配备注册安全工程师从事安全生产管理工作。前款规定以外的其他食品生产企业，应当配备专职或者兼职安全生产管理人员，或者委托安全生产中介机构提供安全生产服务。

65. 答案：C

解析：《煤矿安全培训规定》第十六条规定，从事采煤、掘进、机电、运输、通风、地测等工作的班组长，以及新招入矿的其他从业人员初次安全培训时间不得少于 72 学时，每年接受再培训的时间不得少于 20 学时。

66. 答案：C

解析：《烟花爆竹生产企业安全生产许可证实施办法》第四十四条规定，企业有下列行为之一的，依法暂扣其安全生产许可证：（1）多股东各自独立进行烟花爆竹生产活动的；（2）从事礼花弹生产的企业将礼花弹销售给未经公安机关批准的燃放活动的；（3）改建、扩建烟花爆竹生产（含储存）设施未办理安全生产许可证变更手续的；（4）发生较大以上生产安全责任事故的；（5）不再具备本办法规定的安全生产条件的。第四十五条规定，企业有下列行为之一的，依法吊销其安全生产许可证：（1）出租、转让安全生产许可证的；（2）被暂扣安全生产许可证，经停产整顿后仍不具备本办法规定的安全生产条件的。

67. 答案：C

解析：有限空间作业中断超过 30min，作业人员再次进入前，应当重新通风、检测合格后方可进入。

68. 答案：D

解析：《煤矿安全培训规定》第二十八条规定，特种作业操作证有效期六年，全国范围内有效。第二十九条规定，特种作业操作证有效期届满需要延期换证的，持证人应当在有效期届满六十日前参加不少于二十四学时的专门培训，持培训合格证明由本人或其所在企业向当地考核发证部门或者原考核发证部门提出考试申请。第三十条规定，离开特种作业岗位六个月以上、但特种作业操作证仍在有效期内的特种作业人员，需要重新从事原特种作业的，应当重新进行实际操作能力考试，经考试合格后方可上岗作业。

69. 答案：B

解析：《危险化学品生产企业安全生产许可证实施办法》第四十条规定，企业取得安全生产许可证后有下列情形之一的，实施机关应当注销其安全生产许可证：（1）安全生产许可证有效期届满未被批准延续的；（2）终止危险化学品生产活动的；（3）安全生产许可证被依法撤销的；（4）安全生产许可证被依法吊销的。

70. 答案：C

解析：《建设项目职业卫生“三同时”监督管理暂行办法》第六条规定，国家根据建设项目可能产生职业病危害的风险程度，按照下列规定对其实行分类监督管理：（1）职业病危害一般的建设项目，其职业病危害预评价报告应当向安全生产监督管理部门备案，职业病防护设施由建设单位自行组织竣工验收，并将验收情况报安全生产监督管理部门备案；（2）职业病危害较重的建设项目，其职业病危害预评价报告应当报安全生产监督管理部门审核；职业病防护设施竣工后，由安全生产监督管理部门组织验收；（3）职业病危害严重的建设项目，其职业病危害预评价报告应当报安全生产监督管理部门审核，职业病防护设施设计应当报安全生产监督管理部门审查，职业病防护设施竣工后，由安全生产监督管理部门组织验收。

建设项目职业病危害分类管理目录由国家安全生产监督管理总局制定并公布。省级安全生产监督管理部门可以根据本地区实际情况，对建设项目职业病危害分类管理目录作出补充规定。

二、多项选择题

71. 答案：ABD

解析：教材中表述“部门规章的效力高于地方政府规章”与《立法法》第 82 条“二者地位效力相等”的法条矛盾，不可选择 C。

72. 答案：ABCD

解析：《安全生产法》第七十九条规定，承担安全评价、认证、检测、检验工作的机构，出具虚假证明，构成犯罪的，依照刑法有关规定追究刑事责任；尚不够刑事处罚的，没收违法所得，违法所得在五千元以上的，并处违法所得二倍以上五倍以下的罚款，没有违法所得或者违法所得不足五千元的，单处或者并处五千元以上二万元以下的罚款，对其直接负责的主管人员和其他直接责任人员处五千元以上五万元以下的罚款；给他人造成损害的，与生产经营单位承担连带赔偿责任。对有前款违法行为的机构，撤销其相应资格。

73. 答案：ACDE

解析：《消防法》第三十九条明确规定了需要设立专职消防队的单位及其职责，下列单位应当建立单位专职消防队，承担本单位的火灾扑救工作：（1）大型核设施单位、大型发电厂、民用机场、主要港口。（2）生产、储存易燃易爆危险品的大型企业。（3）储备可燃的重要物资的大型仓库、基地。（4）前三项规定以外的火灾危险性较大、距离公安消防队较远的其他大型企业。（5）距离公安消防队较远、被列为全国重点文物保护单位的古建筑群的管理单位。

74. 答案：ABCE

解析：没收是刑罚的一种，剥夺犯罪嫌疑人个人财产，无偿地收归公有。《道路交通安全法》第九十六条第一款规定：伪造、变造或者使用伪造、变造的机动车登记证书、号牌、行驶证、驾驶证的，由公安机关交通管理部门予以收缴，扣留该机动车，处 15 日以下拘留，并处 2000 元以上 5000 元以下罚款；构成犯罪的，依法追究刑事责任。

75. 答案：ABE

解析：《若干问题的解释》第四条第一款规定，发生矿山生产安全事故，具有下列情形之一的，应当认定为《刑法》第一百三十四条、第一百三十五条规定的“重大伤亡事故或其他严重后果”：（1）造成死亡一人以上，或重伤三人以上的。（2）造成直接经济损失一百万元以上的。（3）造成其他严重后果的情形。《若干问题的解释》第四条第二款规定，具有下列情形之一的，应当认定为《刑法》第一百三十四条、第一百三十五条规定的“情节特别恶劣”：（1）造成死亡三人以上，或者重伤十人以上的；（2）造成直接经济损失三百万元以上的。

76. 答案：CDE

解析：法律规定不满 14 周岁的人有违法行为的，不予行政处罚，责令监护人加以管教；已满 14 周岁不满 18 周岁的人有违法行为的，从轻或者减轻行政处罚。精神病人在不能辨认或者不能控制自己行为时有违法行为，不予行政处罚，但应责令其监护人严加看管和治疗。间歇性精神病人在精神正常时有违法行为的，应当给予行政处罚。《行政处罚法》规定，从轻或者减轻处罚适用以下情况：（1）已满 14 周岁不满 18 周岁的人有违法行为的。（2）主动消除或者减轻违法行为危害后果的。（3）受他人胁迫有违法行为的。（4）配合行政机关查处违法行为有立功表现的。（5）其他依法从轻或者减轻行政处罚的。根据罚刑可相抵原则，《行政处罚法》第二十八条规定：“违法行为构成犯罪，人民法院判处拘役或者有期徒刑时，行政机关已经给予当事人行政拘留的，应当依法折抵刑期。违法行为构成犯罪，人民法院判处罚金，行政机关已经给予当事人罚款的，应当折抵相应罚金。”

77. 答案：CDE

解析：《危险化学品安全管理条例》规定，生产、储存剧毒化学品或国务院公安部门规定的可用于制造爆炸物品的危险化学品的单位，应当如实记录其生产、储存的剧毒化学品、易制爆危险化学品的数量、流向，并采取必要的安全防范措施，防止剧毒化学品、易制爆危险化学品丢失或被盗；发现剧毒化学品、易制爆危险化学品丢失或被盗的，应当立即向当地公安机关报告。生产、储存剧毒化学品、易制爆危险化学品的单位，应当设置治安保卫机构，配备专职治安保卫人员。

78. 答案：ABE

解析：《危险化学品安全管理条例》规定，危险化学品生产企业、经营企业销售剧毒化学品、易制爆危险化学品，应当查验本条例第三十八条第一款、第二款规定的相关许可证件或证明文件，不得向不具有相关许可证件或证明文件的单位销售剧毒化学品、易制爆危险化学品。对持剧毒化学品购买许可证购买剧毒化学品的，应当按照许可证载明的品种、数量销售。

79. 答案：BE

解析：《烟花爆竹安全管理条例》规定，燃放烟花爆竹应当遵守有关法律、法规和规章的规定。未成年人的监护人应当对未成年人进行安全燃放烟花爆竹的教育。申请举办焰火晚会以及其他大型焰火燃放活动，主办单位应当按照分级管理的规定，向公安部门提出申请，并提交有关材料：举办焰火晚会以及其他大型焰火燃放活动的时间、地点、环境、活动性质、规模；燃放烟花爆竹的种类、规格、数量；燃放作业方案；燃放作业单位、作业人员符合行业标准规定条件的证明等。焰火晚会以及其他大型焰火燃放活动燃放作业单位和作业人员，应当按照焰火燃放安全规程和经许可的燃放作业方案进行燃放作业。公安部门应当加强对危险等级较高的焰火晚会以及其他大型焰火燃放活动的监督检查。

80. 答案：DE

解析：对于锅炉、压力容器（含气瓶）、压力管道、电梯、起重机械、客运索道、大型游乐设施和场（厂）内专用机动车辆等 8 种特种设备，《特种设备安全监察条例》第四条规定，国务院特种设备安全监督管理部门负责全国特种设备的安全监察工作，县以上地方负责特种设备安全监督管理的部门对本行政区域内特种设备实施安全监察。

81. 答案：BCE

解析：《生产安全事故报告和调查处理条例》将一般的生产安全事故分为下列四级：(1)特别重大事故，指一次造成 30 人以上死亡，或 100 人以上重伤（包括急性工业中毒，下同），或 1 亿元以上直接经济损失的事故。(2）重大事故，指一次造成 10 人以上 30 人以下死亡，或 50 人以上 100 人以下重伤，或 5000 万以上 1 亿元以下直接经济损失的事故。(3）较大事故，指一次造成 3 人以上 10 人以下死亡，或 10 人以上 50 人以下重伤，或 1000 万以上 5000 万元以下直接经济损失的事故。(4）一般事故，指一次造成 3 人以下死亡，或 10 人以下重伤，或 1000 万元以下直接经济损失的事故。以上规定中的“以上”含本数，“以下”不含本数。

82. 答案：BCDE

解析：《生产安全事故报告和调查处理条例》第九条规定，事故发生后，事故现场有关人员应当立即向本单位负责人报告；单位负责人接到报告后，应当于 1 小时内向事故发生地县级以上人民政府安全生产监督管理部门和负有安全生产监督管理职责的有关部门报告。对于政府部门报告的程序：（1）特别重大事故、重大事故逐级上报至国务院安全生产监督管理部门和负有安全生产监督管理的有关部门。（2）较大事故逐级上报至省、自治区、直辖市人民政府安全生产监督管理部门和负有安全生产监督管理的有关部门。（3）一般事故逐级上报至设区的市级安全生产监督管理部门和负有安全生产监督管理的有关部门。安全生产监督管理部门和负有安全生产监督管理职责的有关部门依照前款规定上报事故情况，应当同时报告本级人民政府。国务院安全生产监督管理部门和负有安全生产监督管理职责的有关部门以及省级人民政府接到发生特别重大事故、重大事故报告后，应当立即报告国务院。对于事故续报、补报：事故报告后出现新情况，事故发生单位和安全生产监督管理部门和负有安全生产监督管理的有关部门应当及时续报。自事故发生之日起 30 日内，事故造成的伤亡人数发生变化的，事故发生单位和安全生产监督管理部门和负有安全生产监督管理的有关部门应当及时补报。

83. 答案：ABD

解析：《工伤保险条例》第十四条规定，职工有下列情形之一的，应当认定为工伤：（1）在工作时间和工作场所内，因工作原因受到事故伤害的。（2）工作时间前后在工作场所内，从事与工作有关的预备性或收尾性工作受到事故伤害的。（3）在工作时间和工作场所内，因履行工作职责受到暴力等意外伤害的。（4）患职业病的。（5）因工外出期间，由于工作原因受到伤害或发生事故下落不明的。（6）在上下班途中，受到非本人主要责任的交通事故或城市轨道交通、客运轮渡、火车事故伤害的。（7）法律、行政法规规定应当认定为工伤的其他情形。第十五条规定，职工有下列情形之一的，视同工伤：（1）在工作时间和工作岗位，突发疾病死亡或在 48 小时之内经抢救无效死亡的。（2）在抢险救灾等维护国家利益和公共利益活动中受到伤害的。（3）职工原在军队服役，因战、因工负伤致残，已取得革命伤残军人证，到用人单位后旧伤复发的。工伤与视同工伤不是同一个概念。

84. 答案：BDE

解析：依据《注册安全工程师管理规定》，（1）高危生产经营单位注册安全工程师的配备。从业人员 300 人以上的煤矿、非煤矿山、建筑施工单位和危险物品生产经营单位，应当按照不少于安全生产管理人员 15%的比例配备注册安全工程师；安全生产管理人员在 7 人以下的，至少配备 1 名。（2）其他生产经营单位注册安全工程师的配备。除高危生产经营单位以外的其他生产经营单位，应当配备注册安全工程师或委托安全生产中介机构选派注册安全工程师提供安全生产服务。（3）安全生产中介机构注册安全工程师的配备。安全生产中介机构应当按照不少于安全生产专业服务人员 30%的比例配备注册安全工程师。

85. 答案：ACD

解析：依据《冶金企业和有色金属企业安全生产规定》，企业存在金属冶炼工艺，从业人员在一百人以上的，应当设置安全生产管理机构或者配备不低于从业人员千分之三的专职安全生产管理人员，但最低不少于三人；从业人员在一百人以下的，应当设置安全生产管理机构或者配备专职安全生产管理人员。存在金属冶炼工艺的企业的主要负责人、安全生产管理人员自任职之日起六个月内，必须接受负有冶金有色安全生产监管职责的部门对其进行安全生产知识和管理能力考核，并考核合格。

第二部分

安全生产管理知识

2018年度全国注册安全工程师执业资格考试模拟试卷（一）

安全生产管理知识

（考试时间150分钟，满分100分）

一、单项选择题（共70题，每题1分。每题的备选项中，只有1个最符合题意）

1．某化工企业在设备改造过程中，发生有毒气体泄漏爆炸事故，造成3人死亡，53人急性工业中毒，直接经济损失680万元，依据《生产安全事故报告和调查处理条例》（国务院令第493号），该事故的等级是（　　）。

A．一般事故　　B．较大事故

C．重大事故　　D．特别重大事故

2．经统计，某机械厂十年中发生了1649起可记录意外事件。根据海因里希法则，该厂发生的1649 起可记录意外事件中轻伤人数可能是（　　）。

A．50人　　B．130人

C．145 人　　D．170人

3．某热力公司锅炉值班人员甲例行巡查时闻到疑似绝缘电缆烧焦味道，随后发现锅炉蒸汽吹灰控制室内有浓烟。甲随即向值班室报告，值班班长立即拉闸，避免了一起严重火灾事故的发生。事后调查发现，造成该起事故的直接原因有：端子排环线接触不良，岗位专职人员巡检不到位；因未到大修期，控制室内控制盘一直没有经过检修处理。该公司的下列做法中，属于防止此类电气火灾事故的本质安全措施是（　　）。

A．控制室增设空调设备

B．将端子排转接的环线取消，改为直接接线

C．重新封堵控制盘柜内电缆

D．尽快恢复密封风机供电，防止蒸汽吹灰器枪头被烤坏

4．某矿山企业在安全检查人员中开展“安全原理讨论活动”，参加活动的人员给出了以下关于安全管理原则的观点，其中正确的是（　　）。

A．“强制原则”是指违反了纪律就应该得到相应的惩罚

B．“封闭原则”是指管理手段相互联系并相互制约的回路

C．“偶然损失原则”是指事故的发生只是偶然的，可以避免

D．“反馈原则”是指员工对领导的反作用

5. 某煤业公司把勾人员甲在矿车与勾头未连接时推矿车，由于斜巷防跑车装置失灵造成“跑车”，将在巷道边操作的员工乙撞击碾压致死。为防止此类事故的再次发生，煤业公司采取了以下做法，其中符合通过有效技术手段防止事故的措施是（　　）。

A. 对把勾人员进行罚款

B. 解决防跑车装置失灵

C. 教育全公司人员引以为戒

D. 加大安全监管人员监管力度

6. 某工厂在提高职工安全管理素质的培训过程中，提出“我厂危险源比较多，不可能根除一切危险源和危险，所以宁可减少总的危险性，而不是只彻底消除几种选定的危险”的观点，该观点符合事故致因理论的（　　）。

A. 海因里希因果连锁理论

B. 能量意外释放理论

C. 系统安全理论

D. 事故频发倾向理论

7. 某公司组织对供水系统进行安全检查，检查人员甲固执己见未听劝阻，在未佩戴防护用品条件下进入阀门井，下井后即晕倒在该井中，最终造成窒息死亡。事故调查发现，该公司未制定有限空间作业制度，阀门井在进行检查前已被污水污染，含有有毒气体。下列有关该事故的说法中，符合轨迹交叉理论观点的是（　　）。

A. 违反安全规定和阀门井存在有毒气体共同作用导致事故发生

B. 阀门井受污染产生有毒气体是导致事故发生的主要原因

C. 甲性格偏执、不遵守规定是导致事故发生的根本原因

D. 该公司的有限空间作业制度缺失是导致事故发生的直接原因

8. 某禽业公司厂房电气线路短路，引燃周围可燃物，燃烧产生的高温导致液氨储存设备和液氨管道发生物理爆炸，造成121人死亡，76人受伤。事故调查表明，导致该起事故的原因有：电气线路短路、工人安全意识差、随意堆放可燃物、车间作业环境不良，该公司采取了以下的安全技术措施，其中符合能量意外释放理论观点的措施是（　　）。

A. 健全安全生产规章制度，保持作业环境良好

B. 改善车间作业环境，疏通安全出口

C. 定期检查电气线路，增强员工的安全意识

D. 增强短路保护装置，提高液氨系统的可靠性

9. 某中央企业按照《企业安全生产责任体系五落实五到位规定》（安监总办〔2015〕27号）要求，进一步健全“五落实，五到位”安全生产责任体系，强化安全生产主体责任落实，采取的以下做法中，符合“五落实”要求的是（　　）。

A. 董事长、总经理对本企业安全生产工作负全部领导责任

B．董事长或总经理担任本企业安全生产委员会主任

C．定期向董事会和国家安全监管部门报告安全生产情况

D．定期向业务考核部门和所在省安全监督部门报告安全生产情况

10．为加强煤矿监察工作，某煤矿所在地的煤监局、煤炭管理局对该煤矿进行全面的安全监督和管理，上述监督工作的形式体现了我国安全生产监督管理制度中的（　　）。

A．综合监管与行业监管相结合

B．企业管理与政府监管相结合

C．国家监督与行业监督相结合

D．政府监察与社会监管相结合

11．某企业根据《危险化学品安全管理条例》的规定，到所在地安全生产监督管理部门办理《安全生产许可证》。安全生产监督管理部门在审核中，发现该企业上报的材料中缺少事故应急救援预案。安全生产监督管理部门采取的以下措施中，正确的是（　　）。

A．出具不予受理的书面凭证，并告知申请人

B．受理，在 5 个工作日内书面告知申请人

C．不予受理，暂扣所报文件

D．不予受理，要求企业负责人到安全生产监督管理部门说明

12．根据全国安全生产工作总的思路，近年来国务院安委会办公室连续开展了全国“安全生产月”活动，每年都会确定相应的活动主题。2018 年“安全生产月”的主题是（　　）。

A．强化安全发展观念，提升全民安全素质

B．生命至上，安全发展

C．坚持依法治理，强化红线意识

D．全面落实企业安全生产主体责任

13．依据《企业安全生产标准化基本规范》（GB/T 33000—2016），企业安全生产标准化建设工作采用“策划、实施、检查、改进”动态循环的模式。对于安全生产标准化整体工作而言，下列要素中，属于检查阶段工作的是（　　）。

A．隐患排查　　B．预测预警

C．绩效评定　　D．持续改进

14．某公司为了加强生产现场安全管理和生产过程的控制，开展了安全生产标准化建设。依据《企业安全生产标准化基本规范》（GB/T 33000—2016）。该公司下列作业活动中，需要作业许可的是（　　）。

A．装卸作业　　B．高处作业

C．运输作业　　D．冲压作业

15．某公司在清理某化工厂污水管道时，清理人员需要照明灯具依据《化学品生产单位特殊作业安全规范》（GB 90871—2014），下列关于照明灯具电压选择的说法中，正确的

是（　　）。

A．受限空间内作业，照明电压应小于或等于 36V

B．潮湿空间内作业，照明电压应小于或等于 18V

C．狭小空间内作业，照明电压应小于或等于 12V

D．受限空间内作业，照明电压应小于或等于 24V

16．某工业园区自 2008 年 7 月 8 日开始规划建设，于 2010 年 5 月 6 日建设完成。2014 年 1 月工业园区管委会委托一家安全评价机构对工业园区进行了一次安全评价工作。下列关于这次安全评价内容的说法中，正确的有（　　）。

A．辨识工业园区规划设计中存在的危险有害因素

B．针对工业园区安全投入与产出的情况进行评价

C．针对工业园区的事故风险、安全管理等情况进行评价

D．给出工业园区建成后能否安全运行的明确结论

17．甲企业委托乙安全评价机构对该企业进行安全现状评价，乙安全评价机构完成评价报告后，提交报告评审的内容摘要有：①对甲企业是否严格按照设计的要求进行施工建设进行了验证；②对于可能造成重大后果的事故隐患，采用合理的安全评价方法，建立数学模型进行事故后果模拟预测；③对发现的事故隐患，进行整改优先度排序；④根据可行性研究报告分析可能存在的危险有害因素。上述评审内容摘要中，属于此次安全评价主要内容的是（　　）。

A．①②　　　　B．②③　　　　C．③④　　　　D．①④

18．某企业在组织安全检查时，发现有关设备设施和作业场所存在以下危险有害因素：①桥式起重设备的吊钩存在裂缝；②液氨储罐区地面开裂；③电动机联轴器处防护罩缺失；④压力管理操作阀门处通道狭窄；⑤粉碎车间粉尘超标。依据《生产过程危险和有害因素分类与代码》（GB/T 13861—2009），上述危险有害因素中属于物理性危险有害因素的是（　　）。

A．②④　　　　B．③⑤　　　　C．①③　　　　D．①⑤

19．甲建筑施工企业承建乙公司办公楼项目，按照相关要求编制了安全技术措施计划。经讨论后，由安全、技术、计划部门进行联合会商后，负责审批的人员是（　　）。

A．乙公司安全总监　　　　B．乙公司技术总监

C．甲企业安全总监　　　　D．甲企业总工程师

20．某纺织厂为进行技术革新，从国外引进纺织机 5 台，并配套相应的生产设备若干，该厂再次投产前需要进行安全评价，评价机构可采用的评价方法有：①概率风险评价法；②作业条件危险性评价法；③伤害（或破坏）范围评价法；④专家现场询问观察法；⑤危险指数评价法；⑥预先危险性分析法。为评估该纺织厂棉粉尘火灾爆炸风险，可以使用的定量评价方法是（　　）。

A. ②④⑤　　B. ①②⑥　　C. ①③⑤　　D. ③④⑥

21. 在企业安全文化建设过程中，职工应充分理解和接受企业的安全理念。并结合岗位任务践行职工安全承诺。下列内容中，属于企业职工安全承诺的是（　　）。

A. 清晰界定职工岗位安全责任

B. 坚持与相关方进行沟通和合作

C. 对任何安全异常和事件保持警觉并主动报告

D. 评估自我安全绩效，推动安全承诺的实施

22. 为创建良好的企业安全文化，应对企业文化进行评价，剖析企业安全文化及管理中存在的问题，制定长远的企业发展战略目标。安全文化评价指标的基础特征内容包括（　　）等。

A. 企业文化特征、企业技术特征、安全承诺

B. 企业文化特征、企业形象特征、文化环境

C. 企业形象特征、企业员工特征、安全管理

D. 企业员工特征、企业技术特征、安全环境

23. 某物流公司有四座冷库和配套液氨制冷机房。液氨总储量 22t，四座冷库分布在城市的两个不相邻的行政区域。其中，一号冷库和二号冷库在同一厂区内，共用 1 个液氨制冷机房，液氨储量 11t（液氨的临界重为 10t）；三号冷库、四号冷库为两个独立冷库，两库之间相隔一条公路，距离 550m，储存液氨量分别为 6t 和 5t。依据《危险化学品重大危险源辨识》（GB 18218—2009），该物流公司存在的重大危险源的个数是（　　）个。

A. 1　　B. 2　　C. 3　　D. 4

24. 某危险化学品企业新建一座储存量为 8t 的液氨储罐，在该储罐周围还有一座储存量为 20t 的苯储罐和一座储存量为 15t 的甲烷储罐（液氨、苯和甲烷的临界量分别为 10t、50t 和 50t）。液氨储罐与苯储罐间的边缘距离为 480m，两罐与甲烷储罐之间的边缘距离分别为 580m 和 600m。依据《危险化学品重大危险源辨识》（GB 18218—2009），该危险化学品企业存在的重大危险源的个数是（　　）个。

A. 1　　B. 2　　C. 3　　D. 4

25. 《安全生产法》对企业安全生产管理机构设置和安全生产管理人员配备做出了规定。下列企业的做法中，不符合规定的是（　　）。

A. 某石材加工企业有 160 名员工，配备 1 名专职安全管理人员

B. 某肉禽加工企业有 98 名员工，配备 2 名兼职安全管理人员

C. 某商场有 115 名员工，配备 1 名专职安全管理人员

D. 某运输企业有 67 名员工，配备 2 名兼职安全管理人员

26. 甲香港投资公司、乙科研单位、丙营销公司共同出资成立了丁新材料公司。丁公司董

事长由常驻香港的甲公司赵某担任，总经理由乙科研单位钱某担任，全面负责生产经营活动；财务总监由丙营销公司孙某担任，负责公司财务工作；总经理助理兼安全总监由乙科研单位李某担任，负责丁公司安全管理工作。依据《安全生产法》，负责保证丁公司安全生产投入的责任主体是（　　）。

A．赵某和钱某　　B．丁公司董事会

C．孙某和李某　　D．丁公司安委会

27．某企业使用氯气作为循环冷却水的杀菌剂。为防止氯气泄漏事故，该企业改进了生产工艺， 采用对人无害的物质作为杀菌剂。该企业采用的预防事故发生的安全技术措施属于（　　）。

A．消除危险源　　B．限制能量或危险物质

C．隔离　　D．故障—安全设计

28．某机械加工厂有机加工车间、涂装车间和锅炉房、配电房等辅助设施。为防止事故发生，该厂采取了以下措施：在机加工车间机床旋转部位加装防护罩；给涂装车间的职工配备过滤式防护面罩；在锅炉上安装防爆膜；在配电箱内安装漏电保护器。下列关于该厂采取的安全技术措施的说法中，正确的是（　　）。

A．在机加工车间机床旋转部位加装防护罩，属于隔离的安全技术措施

B．给涂装车间的职工配备过滤式防护面罩，属于消除的安全技术措施

C．在锅炉上安装防爆膜，属于故障—安全设计的安全技术措施

D．在配电箱内安装漏电保护器，属于减少故障和失误的安全技术措施

29．为预防蒸汽加热装置过热造成超压爆炸，在设备本体上装设了易熔塞。采取这种安全技术措施的做法属于（　　）。

A．故障—安全设计　　B．隔离

C．设置薄弱环节　　D．限制能量

30．某化工企业为改变生产条件，防止事故和职业病的发生，计划投入资金进行安全技术改造。为保障投入资金的有效使用，企业安全管理人员在编制安全技术措施计划时，应遵循的优先原则是（　　）。

A．考虑安全技术可行性与经济承受能力

B．考虑安全技术可行性与企业安全理念

C．充分利用现有的安全设备和设施

D．使用新材料、新工艺、新设备

31．某企业计划建设一个年产 1 万 t 乙醇的项目，该项目安全设施设计完成后，该企业应当按相关规定向安全生产监督管理部门备案，并提交有关文件。下列文件资料中，需要向安全生产监督管理部门提交的是（　　）。

A．该项目存在的危险有害因素及对安全生产的影响分析报告

B．建设项目安全预评价报告及相关文件资料

C．施工单位的施工资质证明文件

D．从业人员安全教育培训记录及资格证书

32．建设项目安全设施的施工应当由取得相应资质的施工单位进行，并与建设项目主体工程同时施工。施工过程中，监理单位应当按照有关法规和标准实施监理，并承担相应的工程质量监理责任。下列关于施工与监理职责的说法中，错误的是（　　）。

A．施工单位发现安全设施设计文件有错漏的，应当及时向建设单位、设计单位提出

B．监理单位应当审查施工组织设计中的安全技术措施是否符合工程建设强制性标准

C．施工单位对危险性较大工程编制的专项施工方案，应经施工单位技术负责人签字后实施

D．监理单位在实施监理过程中，发现存在事故隐患的，应当要求施工单位整改

33．某大厦内甲、乙、丙三个公司对大厦的一部电梯拥有共同产权，其中甲公司占 50%，乙公司占 30%，丙公司占 20%。个公司共同委托大厦物业管理方丁公司负责管理电梯，电梯主要由丙公司日常使用。依据《特种设备安全法》，应向特种设备检验机构提出定期检验申请的单位是（　　）。

A．甲公司　　B．乙公司　　C．丙公司　　D．丁公司

34．甲公司是一家一级建筑施工企业，委托乙公司进行塔吊等特种设备的安装与施工，并与其签订了安全协议，明确各自的安全管理责任。下列关于甲、乙公司特种设备使用管理的说法中，正确的是（　　）。

A．乙公司应负责塔吊等特种设备检测检验

B．乙公司应对塔吊运行过程中的事故负责

C．甲公司应逐台建立塔吊等特种设备的安全技术档案

D．甲公司应在塔吊使用前 30 日内向所在地省安监局登记

35．依据《特种设备安全监察条例》，组织对特种设备检验检测机构的检验检测结果、鉴定结论进行监督抽查的部门是（　　）。

A．国务院特种设备安全监督管理部门

B．省级特种设备安全监督管理部门

C．设区的市级特种设备安全监督管理部门

D．县级特种设备安全监督管理部门

36．某公司一台蒸发量为 20t/h 的燃煤锅炉在停产期间检修，为了保障检修过程中的安全。该公司采取了针对性的安全措施。下列锅炉检修人员采取的措施中，正确的是（　　）。

A．在进入烟道或燃烧室前，将烟道或燃烧室与外界隔断，严防烟气熏人

B．在检修前将锅炉入孔口全部打开，通风换气冷却

C．根据需要，卸下承压部件的紧固件

D. 用气体作加压介质时，对锅炉承压部件进行气压试验

37. 依据国家有关安全规定，矿山、建筑施工单位和危险品生产、经营、储存等高危行业企业的有关岗位人员要考核合格。下列矿山企业人员中，按照国家规定应持证上岗的是（　　）。

A. 采掘矿长　　B. 特种作业人员　　C. 班组长　　D. 地测总工

38. 某车辆制造企业准备开展一次安全生产检查与隐患排查治理活动。安全管理部门策划了如下的检查工作程序和工作内容：①检查前准备；②实施检查；③提出检查结论；④提出整改要求；⑤组织整改；⑥验证整改结果。其中，属于安全检查阶段的工作程序的是（　　）。

A. ①②③　　B. ②④⑥　　C. ①④⑤　　D. ②③④

39. 企业为了保证安全检查工作的落实，需要做好安全检查的准备工作。下列做法中，不属于企业安全检查准备工作的是（　　）。

A. 某化工企业组织检查前准备了有毒气体检测仪等工具

B. 某施工企业组织检查前对相关检查人员进行培训

C. 某机械加工企业参考同行业厂家编制的检查提纲

D. 某发电企业针对检查中可能出现的危害情况约谈了相关人员

40. 某市安全生产监督管理部门检查某小型采石场，发现存在严重的“神仙岩”“一面墙”等重大事故隐患，监管人员责令该采石场立即停产整顿，但该采石场负责人自认为采石经验丰富，拒不停产整改。下列关于该市安全监督管理部门采取的强制执行措施中，正确的是（　　）。

A. 依法提请该市人民政府予以关闭

B. 提请原许可证颁发机关依法暂扣其安全生产许可证

C. 没收违法所得，拍卖非法开采的产品、采掘设备

D. 通知有关单位停止供电、停止供应民用爆炸物品等

41. 依据《安全生产事故隐患排查治理暂行规定》(国家安全生产监督管理总局令第16号)，生产经营单位每季度应对本单位事故隐患排查治理情况进行统计分析，并及时上报有关隐患的内容。下列内容中，不属于重大事故隐患报告的是（　　）。

A. 隐患的现状及其产生的原因

B. 隐患的治理方案

C. 隐患的危害程度和整改难易程度分析

D. 隐患管理的缺陷

42. 某水泥熟料生产线，在煤粉制备、水泥配料、生料粉磨工段存在矽尘等职业性有害因素，在窑头废气中存在一氧化碳、二氧化氮、二氧化硫等危害，在回转窑处存在高温、辐射热，设备运转中存在噪声危害，按照职业性有害因素来源分类，下列说法中，正

确的是（　　）。

A．矽尘属于生产环境中的有害因素

B．高温属于生产过程中产生的有害因素

C．噪声属于生产环境中的有害因素

D．一氧化碳属于劳动过程中的有害因素

43．职业病是指劳动者在职业活动中因接触粉尘，放射性物质和其他有毒、有害物质引起的疾病。《职业病分类和目录》（国卫疾控发〔2013〕48 号）给出了 13 种法定尘肺病。下列职业病中，不属于法定尘肺病的是（　　）。

A．矽肺　　B．石墨尘肺

C．电焊工尘肺　　D．石棉所致肺癌

44．依据《生产过程危险和有害因素分类与代码》（GB/T 13861—2009），下列危险和有害因素中，属于环境因素的是（　　）。

A．激光辐射　　B．机械性噪声

C．室内阶梯无护栏　　D．安全防护距离不够

45．某载有液氯的槽罐车与一货车相撞，导致槽罐车液氯大面积泄漏。押运员报告了事故现场简要情况后，事故所在地人民政府立即通知应急救援队伍赶赴现场参加救援，根据液氯安全技术说明书，此次事故中应急救援人员必须佩戴的个人安全防护装备是（　　）。

A．自给式空气呼吸器、防化服

B．过滤式防毒面具、防化服

C．防静电工作服、正压式空气呼吸器

D．阻燃防护服、全面罩防毒面具

46．职业危害控制措施一般包括工程控制技术措施、个体防护措施和组织管理措施。在化工生产过程中，属于控制化学毒物危害的工程技术措施是（　　）。

A．改变工艺用甲苯替代苯作为原料　　B．佩戴防毒面具

C．建立健全预防控制制度　　D．合理组织劳动过程

47．某化工企业，根据生产工艺需要，在生产过程中需使用氯气。按照规定，该企业应在使用氯气的区域设置警示线。该警示线的颜色应是（　　）。

A．红色　　B．蓝色　　C．黄色　　D．绿色

48．我国特种劳动防护用品安全标志中，颜色为白色的部分是（　　）。

A．“LA”及背景　　B．盾牌及“安全防护”

C．标志边框　　D．标志编号

49．某汽车加工厂的冲压车间存在噪声，焊接车间存在激光和高温烟尘，打磨车间存在粉尘，喷涂车间存在有毒、可燃气体等危险有害因素。下列该汽车加工厂为从业人员配

备特种劳动防护用品的做法中，正确的是（　　）。

A．为冲压车间操作工配备防噪声耳罩

B．为焊接车间操作工配备有色眼镜

C．为打磨车间操作工配备防尘口罩

D．为喷涂车间操作工配备电绝缘鞋

50．某化工企业的反应车间属于易燃易爆危险场所，根据国家关于在易燃易爆危险场所防静电服使用管理的要求，该化工企业的下列做法中，正确的是（　　）。

A．在易燃易爆场所，穿、脱防静电服

B．穿防静电服时，与运动鞋配套使用

C．在易燃易爆场所，穿附加金属个人信息标志的防静电服

D．穿防静电服时，与防静电鞋配套使用

51．特种劳动防护用品实行安全标志管理，是我国一项特殊的劳动防护用品管理制度。根据国家对特种劳动防护用品安全标志管理规定的要求，下列说法中，正确的是（　　）。

A．安全标志由盾牌图形和特种劳动防护用品安全标志的编号组成

B．劳动防护用品安全标志管理工作由国家质检部门负责

C．特种劳动防护用品生产企业需取得安全生产许可证

D．特种劳动防护用品证书有效期为 5 年

52．电焊和气焊均会产生紫外线而引起功能性伤害，在焊接作业现场，应设置指令标识和警告标识。依据《安全标志及其使用导则》（GB 2894—2008），焊接作业现场应设置的指令和警告标识分别是（　　）。

A．必须穿防护服和当心高温表面　　B．必须配戴遮光护目镜和当心弧光

C．必须穿防护服和当心辐射　　D．必须戴防护眼镜和当心烫伤

53．甲建筑施工企业承接一项大型工程的施工任务，为了保证按时完成施工任务，将其中一个专项工程发包给具有专业施工资质的乙企业，由于该承包工程遇到复杂地质条件，乙企业将工程方案进行变更，更换和任命了相应工程技术、安全管理人员。针对甲、乙企业上述做法，下列说法中，正确的是（　　）。

A．乙企业工程技术、安全管理等人员的选拔应与甲企业共同协商

B．乙企业更换工程管理人员需上报当地安全生产监督管理部门

C．乙企业更换工程技术、安全管理等人员需经甲企业同意

D．乙企业更换工程技术、安全管理人员需经监理单位同意

54．甲企业将 15m 高钢质标校塔的搭建项目发包给一家有资质的乙企业，要求乙企业在施工作业前做好作业安全风险分析。乙企业除了提交乙企业法人代表资格证书、施工安全记录等相关文件资料外，还需要向甲企业提交审核的文件资料是（　　）。

A．安全操作规程　　B．安全规章制度

C．安全技术措施　　　　　　　　　　D．安全培训计划

55．甲公司获得乙公司大型建筑施工的总承包权后，将该施工项目中的绿化项目分包给丙公司，并与丙公司签订了安全管理协议。在施工过程中，丙公司使用的丁劳务派遣公司一名员工发生了生产安全事故，根据国家有关规定，负责该事故统计上报的企业是（　　）。

A．甲公司　　　　B．乙公司　　　　C．丙公司　　　　D．丁公司

56．生产经营单位在建设项目初步设计时，应当委托有相应资质的设计单位对建设项目安全设施同时进行设计。依据《建设项目安全设施“三同时”监督管理办法》（国家安全监管总局令第36号，第77号修正），下列关于建设项目安全设施设计完成后审查的说法中，正确的是（　　）。

A．设计单位应当向安全监督管理部门提出审查申请

B．生产经营单位应当向住建部门备案

C．改变安全设施设计性能，需报原批准部门审查同意

D．已受理的安全设施设计审查申请，监管部门应当在30日内给出是否批准的决定

57．某小区主排水管道发生堵塞，S物业公司委托W管道工程公司实施新建污水井与原有污水管线连通作业。W管道工程公司作业班长甲某，在未采取有效安全措施的情况下，贸然下井对原有污水管线进行开孔作业，突然被熏倒，从原有污水管线上跌至井底（落差2m，井口到井底共3.8m），乙某第一时间对甲某进行施救。下列关于应急处置的做法中，正确的是（　　）。

A．乙某拴挂安全绳后被迅速吊至井底，将甲某提升至地面

B．乙某拴挂安全绳，佩戴防毒面具后下井将甲某提升至地面

C．乙某拴挂安全绳，佩戴空气呼吸器后下井将甲某提升至地面

D．乙某佩戴防护装备并在三脚架架设完成后下井将甲某提升至地面

58．某钢铁集团冷轧厂罩式炉退火作业区脱脂机组试生产时，某操作工在配置碱液过程中发生意外，造成碱液喷射至其面部。针对上述意外事件，应第一时间采取的应急措施是（　　）。

A．保护现场，同时拨打120，等待医生前来救护

B．使用大量清水冲洗，同时拨打120救护或就近送往医院

C．使用低浓度的酸性液体中和，同时拨打120救护或就近送往医院

D．用酒精擦拭，同时拨打120救护或就近送往医院

59．为加强特种设备安全监督管理，对从事压力容器的设计、制造、安装、修理、维护保养等单位，实施市场准入制度，并对部分产品实施安全性能监督检验。这种特种设备安全监察方式属于（　　）。

A．准用制度　　　　　　　　　　B．产品合格制度

C．事故应对调查制度　　　　　　　　D．行政许可制度

60．甲矿山将巷道掘进工程承包给乙矿建公司。依据《生产经营单位生产安全事故应急预案编制导则》（GB/T 29639—2013），下列关于该巷道掘进工程透水事故专项应急预案编制的说法中，错误的是（　　）。

A．该应急预案应按照综合预案的要求组织制定

B．乙矿建公司应组织相关部门和人员负责编制

C．透水事故应急预案应由甲矿山安全管理部门具体编制

D．该应急预案应包括事故风险分析、处置措施等内容

61．某化工企业以轻石油为原料，生产的主要产品为异己烷、正己烷、正庚烷，副产品为石脑油，厂区内有储罐区和装置区两处重大危险源。为加强应急管理工作，该化工企业按照有关规定开展了应急预案的编制工作，下列有关应急预案编制工作的做法中，错误的是（　　）。

A．成立以企业主要负责人为领导的应急预案编制小组

B．该化工企业辨识出的主要事故类型有火灾、容器爆炸、触电、高处坠落等

C．应急预案编制小组对该企业应急装备、应急队伍等应急能力进行评估

D．应急预案编制完成后，该企业负责人组织有关部门和人员进行内审后签署发布

62．某化工企业在切割某管线施工时，由于管线内残存可燃性原料受热气化，遇切割产生明火发生爆炸，爆炸冲击波造成紧邻管线的储罐内有毒气体泄漏，事故造成3人死亡，20人重伤，35人急性工业中毒，财产损失560万元。依据《企业职工伤亡事故分类标准》及《生产安全事故报告和调查处理条例》（国务院令第493号），下列说法中，正确的是（　　）。

A．该起事故类型是火灾事故，事故的等级为较大事故

B．该起事故类型是爆炸事故，事故的等级为重大事故

C．该起事故类型是火灾事故，事故的等级为特大事故

D．该起事故类型是爆炸事故，事故的等级为较大事故

63．某单位发生火灾事故，经事故调查组现场勘查，发现一室内墙壁上有如下图所示的烟熏痕迹，根据火灾与爆炸事故调查技术分析方法，烟熏痕迹中可能的起火点是（　　）。

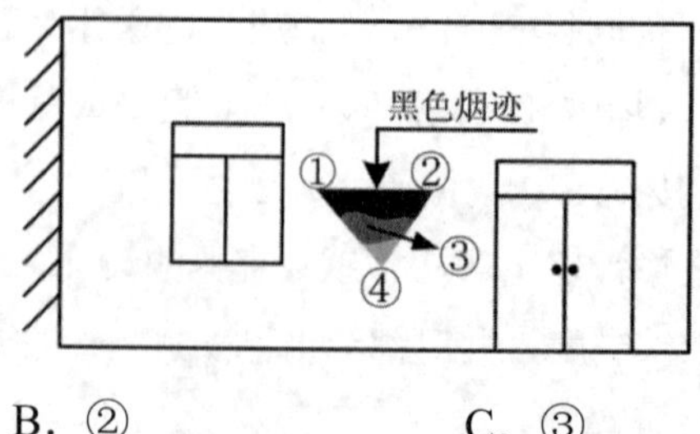

A．①　　　　　　B．②　　　　　　C．③　　　　　　D．④

64．2013年7月10日，邢某在厂房内对机车司机室顶部进行擦洗保洁作业，完成作业后，

通过移动工装台回到地面，邢某在与地面人员交流时，由于移动工装台无制动装置产生平移，站立不稳，从2.1m的二层平台上摔落，造成脊椎受伤。(①防护、保险等装置缺乏或有缺陷；②生产作业环境不良；③有分散注意力行为；④安全培训不到位）根据事故集中连锁理论，造成此次事故的原因是（　　）。

A. ①④　　B. ①③　　C. ②③　　D. ②④

65. 为了有效降低高速公路的交通事故率，某省交通管理部门开展了高速公路交通流特性研究，该交通管理部门采用先进的数据采集和处理技术，获取了大量高速公路交通流的速度、流量和密度数据。在进行交通流数据分析时，能够很好地反映出速度-密度、密度流量和速度流量二者之间关系的统计图是（　　）。

A. 直方图　　B. 半对数线图　　C. 条图　　D. 散点图

66. 2002年某市从事接触粉尘工作的劳动者为1.5万人，经职业健康检查有300人患有尘肺病，2003年接触粉尘工作的劳动者人数未发生改变，经职业健康检查发现新增粉尘病例100人。2003年该市劳动者尘肺病患病率是（　　）。

A. 0.27%　　B. 2.00%　　C. 0.67%　　D. 2.67%

67. 某研究机构对二甲基甲酰胺职业暴露的500名员工，与32名慢性非萎缩性胃炎职业病患者进行统计计数，发现二者具有一定的相关性，为了从统计理论方法角度研究二者关系，适宜的统计方法是（　　）。

A. 二项分布　　B. 相对数计算　　C. t检验　　D. 卡方检验

68. 某集团安全管理部门为掌握该集团意外事件起数和人员轻伤的分布特征与规律，对2004—2010年全集团可记录的事件进行了统计分析。结果表明，7年间意外事件起数和人员轻伤的24小时分布特征与规律为：意外事件起数和人员轻伤趋于正态分布，凌晨3时达到全天的最高峰，发生的意外事件最多，达到65起。全天11时发生轻伤事故最少，为9起。该部门采用的事故统计分析方法是（　　）。

A. 综合分析法　　B. 分组分析法

C. 算术平均法　　D. 相对指标比较法

69. 某股份制生产经营单位，为了保证安全生产资金的投入，年初按照国家有关规定提取安全生产措施费，并制定了安全生产措施费的使用计划，该计划应提交的审批机构是（　　）。

A. 安全生产委员会　　B. 工会委员会

C. 董事会　　D. 监事会

70. 甲职业卫生技术服务机构承担了乙车辆工厂新建项目的职业病危害评价工作，甲机构在评价过程中使用了类比方法来类推、分析对象的危险有害因素。下列关于类比方法的说法中，正确的是（　　）。

A. 类比方法属于直观经验分析方法

B．类比方法是对照有关法规、标准对评价对象的危险有害因素进行分析的方法

C．类比方法是依靠分析人员的观察分析能力对评价对象的危险有害因素进行分析的方法

D．类比方法是借助于经验和判断能力对评价对象的危险有害因素进行分析的方法

二、多项选择题（共 15 题，每题 2 分。每题的备选项中，有 2 个或 2 个以上符合题意，至少有 1 个错项。错选，本题不得分；少选，所选的每个选项得 0.5 分）

71．某市一化工厂二氯乙烷车间反应釜发生爆炸，并引发火灾，致 3 死 4 伤。事后，该市安监局立即组织相关部门和专家一同深入该厂进行隐患排查工作，针对发现的人的危险因素要求该厂加强安全培训，同时，要求该厂全面开展安全生产警示教育和自查互纠跟踪活动。安全监管部门这种做法体现的安全生产管理的原则有（　　）。

A．系统原理的封闭原则　　B．人本原理的行为原则

C．预防原理的偶然性原则　　D．人本原理的激励原则

E．预防原理的“3E”原则

72．某硫铁矿井下炸药库因防静电设施失效造成炸药发生爆炸，产生大量的一氧化碳、氮氧化物等有害气体，并形成强大的冲击风流，造成作业人员多人中毒和伤亡。事后，该矿采取了相应的整改措施，下列措施中，符合能量意外释放理论措施的有（　　）。

A．扩大炸药库通风巷道的面积　　B．加大检查职工佩戴自救器频次

C．降低炸药库存量　　D．巷道设置防爆水袋

E．提高防静电设施标准

73．某气体公司主要产品为高纯氧气、高纯氮气，同时用甲醇裂解法生产超高纯氧。生产过程中使用了大量压力容器及一台 20m 高的冷箱等设备。冷箱内态氧中碳氢化合物含量较高，易与氟反应引起爆炸。依据《企业职工伤亡事故分类》（GB 6441—86），该公司生产现场存在的危险、有害因素可能导致的事故类型有（　　）。

A．物理性爆炸　　B．化学性爆炸　　C．中毒和窒息

D．火灾　　E．高处坠落

74．某乳品加工企业分别储存 5t 天然气、9t 液氨（临界量分别为 50t、10t）。两仓库间距 100m。2013 年 10 月，某安全评价机构对其重大危险源进行了评估，依据《危险化学品重大危险源监督管理暂行规定》（国家安全监督总局令第 40 号，第 79 号修正），下述关于危险化学品重大险源辨识与评估的说法中，正确的有（　　）。

A．该企业构成重大危险源

B．该企业重大危险源评估必须与本单位安全评价一起进行

C．2016 年 10 月，需重新对重大危险源进行辨识

D．该企业应委托具有相应资质的安全评价机构进行安全评估

E．该企业重大危险源应根据其危险程度进行分级

75．甲安全评价机构运用作业条件危险性分析方法，对乙金属矿山企业的料石粉碎车间进行安全评价。运用该评价方法需开展的工作内容包括（　　）。

A．分析发生事故的可能性　　B．查找作业条件状态的偏差

C．统计暴露危险环境的频率　　D．计算事故发生的严重度

E．辨识作业故障模式

76．在现代工业设计和生产工艺领域，通过采取隔离、设置薄弱环节、个体防护等安全技术措施，旨在防止或减少事故造成的能量意外释放对人的伤害和物的破坏。下列关于安全技术措施的说法中，正确的有（　　）。

A．汽车设计安全气囊属于隔离技术

B．施工现场布设高清监控摄像头属于安全监控技术

C．矿山设置避难舱属于隔离技术

D．金属加工车间设置通风除尘系统属于设置薄弱环节技术

E．作业现场操作人员佩戴安全帽属于个体防护技术

77．某矿业集团公司对下属矿山企业进行安全检查时发现，该企业尾矿库泄洪道下游约100m处有多处临建宿舍。针对上述下属矿库存在的隐患，下列说法中，正确的有（　　）。

A．该隐患应由矿山主要负责人立即组织整改

B．该隐患治理工作应确保安全投入到位

C．该隐患需向当地安全生产监督管理部门及时报告

D．该隐患属于较大事故隐患

E．该隐患应由尾矿库负责人立即组织整改

78．某火力发电厂锅炉巡检工作路线及时间要求为：集控室—电梯—给煤机（2min）—火检冷却风机（1min）—炉前油系统（1min）—燃烧器区（1min）—空气预热器（2min）—空气压缩机（2min）—送风机（1min）—次风机（1min）—引风机（1min）—磨煤机（6min）—密封风机（1min）—捞渣机系统（1min）—电梯—集控室。每2h巡检1次，持续约0.5h，依据《生产过程危险和有害因素分类与代码》（GB/T 13861—2009），上述作业过程中，巡检工接触到的化学性危害因素有（　　）。

A．煤尘、矽尘　　B．NO_2、NO、CO、SO_2

C．噪声、振动　　D．高温、热辐射

E．紫外线、红外线

79．职业危害控制的主要安全技术措施包括防止和减少危害工程技术措施。下列防止苯中毒的措施中，属于隔离措施的有（　　）。

A．采取通风措施降低作业场所苯浓度

B．有苯作业时密闭生产

C．合理组织苯作业场所劳动过程

D．进入有苯作业现场佩戴防毒面具

E．建立健全职业危害预防控制制度

80．某企业为加强基建期承包商安全管理，对施工总承包作业现场安全管理提出了严格要求，下列提出的工作要求中，正确的有（　　）。

A．应当在承包商所有人员入场后进行安全培训

B．重点监测和控制分包单位的安全管理活动

C．总承包单位对施工现场的安全生产负总责

D．外来参观人员进入施工现场，总承包单位应告进行安全管理和考核

E．对承包商人员应当采取与本单位员工相同的标准进行安全管理和考核

81．某起高处坠落事故的事故树分析如图所示，T代表高处坠落事故，A代表安全带未起作用，B代表脚手架栏杆缺失，X_1为安全带功能损坏，X_2为安全带未高挂低用，X_3为安全措施费用不到位，X_4为脚手架栏杆强度不足，可能导致该起事故的原因有（　　）。

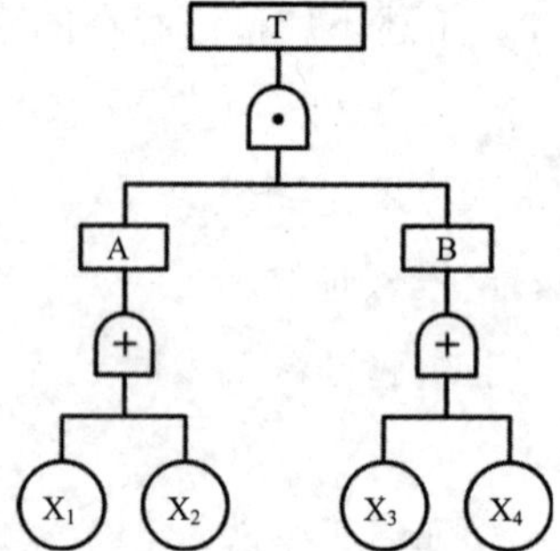

A．X_1　X_3　　B．X_2　X_3　　C．X_1　X_2　　D．X_1　X_4　　E．X_2　X_4

82．某建筑工地施工人员甲在拆除防雨棚时，未系安全带。甲用手抓住连接支撑防雨棚钢立柱的横拉杆横向移动身体，横拉杆在外力的作用下脱落，甲当即从6.2m处坠落，穿过破损的防护网触地，经抢救无效死亡。事后调查发现，甲未系安全带和横拉杆与钢立柱未采取满焊方式连接是造成该起事故的直接原因，同时事故调查组认为造成该起事故的间接原因还有（　　）。

A．施工单位安全防护设施不到位

B．施工单位未认真落实高处作业需佩戴安全防护用品的防范措施

C．甲未按高处作业的有关规定，从梯子上下钢立柱作业，而是直接在横拉杆上移动身体

D．施工单位未派人进行检查，致使横拉杆留下焊接不牢的隐患未发现

E．施工单位未派人对拆除作业实施有效的现场监护

83．某化工企业发生一起反应釜爆炸事故，造成多名人员伤亡，并对环境造成污染。依据《企业职工伤亡事故经济损失统计标准》（GB 6721—86），下列费用中，属于该起事故间接经济损失的有（　　）。

A．人员治疗费用　　B．处理事故过程中所使用车辆的运输费

C．处理事故造成的环境污染费用　　D．该设备停产的损失价值

E．上级单位对该起事故的罚款

84．某省医科大学职业病科研组对甲地区职业卫生现状进行调研，拟选用下列统计指标。其中，属于职业卫生常用统计指标的有（　　）。

A．发病率　　B．患病率　　C．病死率

D．粗死亡率　　E．千人死亡率

85．为贯彻落实《安全生产法》，进一步健全安全生产责任体系，强化企业安全生产主体责任落实，国家安全生产监督管理总局制定了《企业安全生产责任体系五落实五到位规定》（安监总办〔2015〕27 号），下列有关企业安全生产主体责任的内容中，属于“五到位”的有（　　）。

A．安全投入到位　　B．安全培训到位　　C．安全管理到位

D．安全考核到位　　E．安全整改到位

安全生产管理知识模拟试卷

答案与解析

（满分 100 分）

一、单项选择题

1. 答案：C

解析：重大事故是指造成 10 人以上（含 10 人）30 人以下死亡，或者 50 人（包括急性工业中毒，下同）以上（含 50 人）100 人以下重伤，或者 5000 万元以上（含 5000 万元）1 亿元以下直接经济损失的事故。在该起爆炸事故中，造成 53 人急性工业中毒，因此属于重大事故。

2. 答案：C

解析：海因里希法则是指在机械事故中，伤亡、轻伤、不安全行为的比例为 1∶29∶300，1649 起意外事故中，轻伤事故造成伤害的人数为：$1649\times\frac{29}{1+29+300}=145$(人)。

3. 答案：B

解析：本质安全是指通过设计等手段使生产设备或生产系统本身具有安全性，即使在误操作或发生故障的情况下也不会造成事故。只有选项 B 是通过设计手段来提升安全性的。

4. 答案：B

解析：强制原则是指采取强制管理的手段控制人的意愿和行为，使个人的活动、行为等受到安全生产管理要求的制约，从而实现有效的安全生产管理，所谓强制就是绝对服从，不必经被管理者同意便可采取控制行动；封闭原则是指在任何一个管理系统内部，管理手段、管理过程等必须构成一个连续封闭的回路，才能形成有效的管理活动；偶然损失原则是指事故后果以及后果的严重程度，都是随机的、难以预测的，反复发生的同类事故，并不一定产生完全相同的后果；反馈原则是指企业生产的内部条件和外部环境在不断变化，必须及时捕获、反馈各种安全生产信息，以便及时采取行动。

5. 答案：B

解析：安全技术措施按照导致事故的原因可分为：防止事故发生的安全技术措施和减少事故损失的安全技术措施。防止事故发生的安全技术措施是指为了防止事故发生，采取的约束、限制能量或危险物质，防止其意外释放的技术措施。常用的防止事故发生的安全技术措施有消除危险源、限制能量或危险物质、隔离等。

6. 答案：C

解析：所谓系统安全是指在系统寿命周期内应用系统安全管理及系统安全工程原理，识别危险源并使其危险性减至最小，从而使系统在规定的性能、时间和成本范围内达到最佳的安全程度。

7. 答案：A

解析：轨迹交叉理论作为一种事故致因理论，强调人的因素和物的因素在事故致因中占有同样重要的地位。按照该理论，可以通过避免人与物两种因素运动轨迹交叉，即避免人的不安全行为和物的不安全状态同时、同地出现，来预防事故的发生。

8. 答案：D

解析：从能量意外释放理论出发，预防伤害事故就是防止能量或危险物质的意外释放，防止人体与过量的能量或危险物质接触。增加短路保护装置是能量意外释放理论的体现。

9. 答案：B

解析：根据《企业安全生产责任体系五落实五到位规定》可知：（1）必须落实“党政同责”要求，董事长、党组织书记、总经理对本企业安全生产工作共同承担领导责任。（2）必须落实安全生产“一岗双责”，所有领导班子成员对分管范围内安全生产工作承担相应职责。（3）必须落实安全生产组织领导机构，成立安全生产委员会，由董事长或总经理担任主任。（4）必须落实安全管理力量，依法设置安全生产管理机构，配齐配强注册安全工程师等专业安全管理人员。（5）必须落实安全生产报告制度，定期向董事会、业绩考核部门报告安全生产情况，并向社会公示。（6）必须做到安全责任到位、安全投入到位、安全培训到位、安全管理到位、应急救援到位。

10. 答案：A

解析：在国家与行政管理部门之间，实行的是综合监管和行业监管。

11. 答案：A

解析：《危险化学品生产企业安全生产许可证实施办法》第二十六条规定，申请材料不齐全或者不符合法定形式的，当场告知或者在5个工作日内出具补正告知书，一次告知企业需要补正的全部内容；逾期不告知的，自收到申请材料之日起即为受理。实施机关受理或者不予受理行政许可申请，应当出具加盖本机关专用印章和注明日期的书面凭证。

12. 答案：B

解析：2018年“安全生产月”以“生命至上，安全发展 ”为主题。

13. 答案：C

解析：《企业安全生产标准化基本规范》（GB/T 33000—2016）5.8.1 绩效评定 企业每年至少应对安全生产标准化管理体系的运行情况进行一次自评，验证各项安全生产制度措施的适宜性、充分性和有效性，检查安全生产和职业卫生管理目标、指标的完成情况。选项 A、B 为实施阶段，选项 D 为改进阶段。故本题选 C。

14. 答案：B

解析：对动火作业、起重作业、受限空间作业、临时用电作业、高处作业等危险性较高的作业活动实施作业许可管理。

15. 答案：C

解析：《化学品生产单位特殊作业安全规范》（GB 30871—2014）第 6.6 条规定：受限空间照明电压应小于或等于 36V，在潮湿容器、狭小容器内作业电压应小于或等于 12V。

16. 答案：C

解析：从时间上可以判断此次评价为安全现状评价。安全现状评价是指针对生产经营活动、工业园区的事故风险、安全管理等情况，辨识与分析其存在的危险、有害因素，审查确定其与安全生产法律法规、规章、标准、规范要求的符合性，预测发生事故或造成职业危害的可能性及其严重程度，提出科学、合理、可行的安全对策措施建议，做出安全现状评价结论的活动。

17. 答案：B

解析：安全现状评价是指针对生产经营活动、工业园区的事故风险、安全管理等情况，辨识与分析其存在的危险、有害因素，审查确定其与安全生产法律法规、规章、标准、规范要求的符合性，预测发生事故或造成职业危害的可能性及其严重程度，提出科学、合理、可行的安全对策措施建议，做出安全现状评价结论的活动。②③都属于安全现状评价的内容。

18. 答案：C

解析：本题考查的是生产过程危险和有害因素分类与代码。①和③分别属于物理性危险和有害因素中的设备、设施、工具、附件缺陷和防护缺陷。

19. 答案：B

解析：施工安全技术措施是施工组织设计中的重要组成部分，施工组织设计和施工方案由施工单位组织编制，并经本单位项目经理、计划、技术、质量、安全、设备、材料、财务、劳资等相关部门审核好，由企业的技术负责人（总工程师）审批，签字生效后的技术文件，最后报总监理工程师审批。

20. 答案：C

解析：②④属于定性评价方法，根据排除法可知选项 C 正确。

21. 答案：C

解析：企业文化建设的基本要素中安全承诺要求每个员工应做到：在本职工作上始终采取安全的方法；对任何与安全相关的工作保持质疑的态度；对任何安全异常和事件保持警觉并主动报告；接受培训，在岗位工作中具有改进安全绩效的能力；与管理者和其他员工进行必要的沟通。

22. 答案：B

解析：评价指标的基础特征：企业状态特征、企业文化特征、企业形象特征、企业员工特征、企业技术特征、监管环境、经营环境、文化环境。

23. 答案：A

解析：重大危险源是指长期地或临时地生产、加工、使用或储存危险化学品，且危险化学品的数量等于或超过临界量的单元。单元指一个（套）生产装置、设施或场所，或同属一个生产经营单位的且边缘距离小于 500m 的几个（套）生产装置、设施或场所。该物流公司存在的危险源为在同一区域的一、二号冷库。

24. 答案：A

解析：单元内存在的危险化学品为多种时，需要按照$\frac{q_1}{Q_1}+\frac{q_2}{Q_2}+\cdots+\frac{q_n}{Q_n}\geqslant 1$计算，若满足该式，则定义为重大危险源。根据题意可知，此企业存在两个单元，液氨储罐和苯储罐属于同一个单元且$\frac{8}{10}+\frac{20}{50}=1.2>1$，所以属于重大危险源；甲烷储罐是一个单元，储量小于临界量，所以不构成重大危险源。

25. 答案：D

解析：《安全生产法》第二十一条规定，矿山、金属冶炼、建筑施工、道路运输单位和危险物品的生产、经营、储存单位，应当设置安全生产管理机构或者配备专职安全生产管理人员。前款规定以外的其他生产经营单位，从业人员超过一百人的，应当设置安全生产管理机构或者配备专职安全生产管理人员；从业人员在一百人以下的，应当配备专职或者兼职的安全生产管理人员。

26. 答案：B

解析：安全生产投入资金具体由谁来保证，应根据企业的性质而定。一般说来，股份制企业、合资企业等安全生产投入资金由董事会予以保证；一般国有企业由厂长或者经理予以保证；个体工商户等个体经济组织由投资人予以保证。上述保证人承担由于安全生产所必需的资金投入不足而导致事故后果的法律责任。

27. 答案：A

解析：消除危险源可以通过选择合适的工艺、技术、设备、设施，合理的结构形式，选择无害、无毒或不能致人伤害的物料来彻底消除某种危险源。

28. 答案：A

解析：选项 B 配备过滤式防护面罩属于减少事故损失的安全技术措施中的个体防护；选项 C 安装防爆膜属于设置薄弱环节；选项 D 安装漏电保护器属于故障—安全设计。

29. 答案：C

解析：设置薄弱环节是指利用事先设计好的薄弱环节，使事故能量按照人们的意图释放，防止能量作用于被保护的人或物，如锅炉上的易熔塞、电路中的熔断器等。

30. 答案：A

解析：编制计划时，一方面要考虑安全生产的实际需要，如针对在安全生产检查中发现的隐患、可能引发伤亡事故和职业病的主要原因，新技术、新工艺、新设备等的应用（是否需要，并不是直接使用），安全技术革新项目和职工提出的合理化建议等方面编制安全技术措施；另一方面还要考虑技术可行性与经济承受能力。

31. 答案：B

解析：建设项目安全设施设计完成后，生产经营单位应当按照相关规定向安全生产监督管理部门备案，并提交下列文件资料：（1）建设项目审批、核准或者备案的文件。（2）建设项目初步设计报告及安全专篇。（3）建设项目安全预评价报告及相关文件资料。

32. 答案：C

解析：施工单位应当在施工组织设计中编制安全技术措施和施工现场临时用电方案，同时对危险性较大的分部分项工程依法编制专项施工方案，并附具安全验算结果，经施工单位技术负责人、总监理工程师签字后实施。

33. 答案：D

解析：根据《特种设备安全法》第四十条，特种设备使用单位应当按照安全技术规范的要求，在检验合格有效期届满前一个月向特种设备检验机构提出定期检验要求。特种设备检验机构接到定期检验要求后，应当按照安全技术规范的要求及时进行安全性能检验。特种设备使用单位应当将定期检验标志置于该特种设备的显著位置。未经定期检验或者检验不合格的特种设备，不得继续使用。虽然主要是丙单位使用电梯，但是已经将相关业务委托给了物业丁公司，因此是丁公司进行申请检验。

34. 答案：C

解析：选项A，生产经营单位（甲公司）应当在检验有效期满1个月前向特种设备检验检测机构申报定期检验；选项B，甲公司应该对塔吊运行过程中的事故负责；选项C，生产经营单位（甲公司）应当逐台建立符合安全技术规范要求的特种设备安全技术档案，故选项C正确；选项D，特种设备在投入使用前或者投入使用后30日内，生产经营单位（甲公司）应当向直辖市或者设区的市的特种设备安全监督管理部门登记。

35. 答案：A

解析：根据《特种设备安全监察条例》第四十七条，国务院特种设备安全监督管理部门应当组织对特种设备检验检测机构的检验检测结果、鉴定结论进行监督抽查。县以上地方负责特种设备安全监督管理的部门在本行政区域内也可以组织监督抽查，但是要防止重复抽查。监督抽查结果应当向社会公布。

36. 答案：B

解析：停炉后，没有对燃烧室和烟道进行彻底的通风，积存可燃性气体混合物，容易引起二次燃爆，故选项 A 错误。检验锅炉和压力容器时，如需要卸下或上紧承压部件的紧固件，必须将压力全部泄放以后方能进行，不能在器内有压力的情况下卸下或上紧螺栓或其他紧固件，以防发生意外事故，故选项 C 错误。锅炉压力容器的耐压试验一般都用水作加压介质，不能用气体作加压介质，否则十分危险，故选项 D 错误。

37. 答案：B

解析：生产经营单位特种设备作业人员应具备的条件：（1）持证上岗；（2）按照规程进行操作；（3）定期接受安全、节能教育和培训；（4）在证书有效期满前 60 日内，由申请人或者申请人的用人单位向原考核发证机关或者从业所在地考核发证机关提出申请。

38. 答案：A

解析：安全生产检查的工作程序包括：安全检查准备、实施安全检查、综合分析统一研究得出检查意见或结论。

39. 答案：D

解析：选项 D 属于实施安全检查，实施安全检查就是通过访谈、查阅文件和记录、现场观察、仪器测量的方式获取信息。

40. 答案：D

解析：《安全生产法》第六十七条规定，负有安全生产监督管理职责的部门依法对存在重大事故隐患的生产经营单位作出停产停业、停止施工等决定，生产经营单位应当依法执行，及时消除事故隐患。生产经营单位拒不执行，有发生生产安全事故的现实危险的，在保证安全的前提下，经本部门主要负责人批准，负有安全生产监督管理职责的部门可以采取通知有关单位停止供电、停止供应民用爆炸物品等措施，强制生产经营单位履行决定。

41. 答案：D

解析：对于重大事故隐患，生产经营单位应当及时向安全监管监察部门和有关部门报告。重大事故隐患报告内容应当包括：（1）隐患的现状及其产生原因；（2）隐患的危害程度和整改难易程度分析；（3）隐患的治理方案。

42. 答案：B

解析：职业性有害因素按照来源分类可分为生产过程中产生的有害因素、劳动过程中的有害因素和生产环境中的有害因素。生产过程中产生的有害因素主要包括化学因素（矽尘、煤尘铅、汞、一氧化碳等）、物理因素（高温、高湿、异常气压等）、生物因素（炭疽杆菌、生物性传染性病原物等）。

43. 答案：D

解析：13 种法定尘肺病，即矽肺、煤工尘肺、石墨尘肺、炭黑尘肺、石棉肺、滑石尘肺、水泥尘肺、云母尘肺、陶工尘肺、铝尘肺、电焊工尘肺、铸工尘肺、根据《尘肺病诊断标准》和《尘肺病理诊断标准》可以诊断的其他尘肺。

44. 答案：C

解析：生产环境中的有害因素主要包括：（1）自然环境中的因素，如炎热夏季的太阳辐射；（2）作业场所建筑卫生学设计缺陷因素，如照明不良、换气不足等。选项 D 属于物的不安全状态。

45. 答案：A

解析：《国家首批重点监管的危险化学品安全措施和事故应急处置原则》规定，氯气泄漏的应急处置建议应急处理人员穿内置正压自给式空气呼吸器的全封闭防化服，戴橡胶手套。如果是液体泄漏，还应注意防冻伤。

46. 答案：A

解析：工程控制技术措施是指应用工程技术的措施和手段（例如密闭、通风、隔离、冷却等）控制生产工艺过程中产生或存在的职业危害因素的浓度或强度，使作业环境中有害因素的浓度或强度降至国家职业卫生标准容许范围之内。选项 B 属于个体防护措施，选项 C、D 属于组织管理措施。

47. 答案：A

解析：一般有毒作业设置黄色区域警示线；高毒作业场所设红色区域警示线。氯气是有强烈刺激性气味的有毒气体，密度比空气大，可溶于水，易压缩，具有强氧化性。氯气中混合体积分数为 5%以上的氢气时遇强光可能会有爆炸的危险。氯气是高毒气体应设置红色警示线。

48. 答案：A

解析：参照《安全色》（GB 2893—2001）的规定，标识边框、盾牌及“安全防护”为绿色，“LA”及背景为白色，标识编号为黑色。

49. 答案：C

解析：打磨车间存在粉尘，应配备防尘口罩，且防尘口罩为特种劳动防护用品。选项 A 并不属于特种劳动防护品，选项 B 应配备焊接眼面防护具，选项 D 应配备阻燃防护服等。

50. 答案：D

解析：选项 A，在易燃易爆作业场所应穿阻燃防护服；选项 B 应与防静电鞋配套使用；选项 C 不能使用金属个人标志，否则容易产生火花引起爆炸。

51. 答案：A

解析：特种劳动防护用品安全标志管理工作由原国家安全生产监督管理总局指定的特种劳动防护用品安全标志管理机构实施，受指定的特种劳动防护用品安全标志管理机构对其核发的安全标志负责，故选项 B 错误。生产劳动防护用品的企业生产的特种劳动防护用品，必须取得特种劳动防护用品安全标志，而非必须取得生产许可证。故选项 C 错误。特种劳动防护用品安全标志证书的有效期为 4 年。故选项 D 错误。

52. 答案：B

解析：在焊接作业时产生的紫外线会对眼睛造成损伤，即由电弧光照射所引起的职业病—电光性眼炎，因此应设置的指令和警告标识为必须佩戴遮光护目镜和当心弧光。

53. 答案：C

解析：承包商在施工过程中不得擅自更换工程技术管理人员、安全管理人员以及关系到施工安全及质量的特殊工种人员，特殊情况需要换人时须征得发包单位的同意，并对新参加工作人员进行相应的安全教育、培训和考核，合格后方可使用。

54. 答案：C

解析：工程应发包给具有相关资质的单位，在签订合同前，必须对承包商资质和条件进行审查，并复印有关见证性材料备案：有关部门核发的营业执照和资质证书，法人代表资格证书，安全资质证书，施工简历和近 3 年安全施工记录是其中之一。

55. 答案：A

解析：甲公司是总承包单位，应该对整个工程负责。

56. 答案：C

解析：《建设项目安全设施“三同时”监督管理办法》中规定，生产经营单位应当按照规定向安全生产监督管理部门提出审查申请；对已经受理的建设项目安全设施设计审查申请，安全生产监督管理部门应当自受理之日起 20 个工作日内作出是否批准的决定，并书面告知申请人。20 个工作日内不能作出决定的，经本部门负责人批准，可以延长 10 个工作日，并应当将延长期限的理由书面告知申请人；已经批准的建设项目及其安全设施设计有下列情形之一的，生产经营单位应当报原批准部门审查同意；未经审查同意的，不得开工建设：（1）建设项目的规模、生产工艺、原料、设备发生重大变更的；（2）改变安全设施设计且可能降低安全性能的；（3）在施工期间重新设计的。

57. 答案：D

解析：污水处理时会产生窒息性气体、有毒气体和易燃易爆气体，必须佩戴安全绳及空气呼吸器，同时放置三脚架后，方能下井实施营救。

58. 答案：B

解析：碱液有极强腐蚀性，皮肤触及时应立即用清水冲洗，溅入眼内时应立即用清水或生理盐水冲洗 15min，严重时送医院治疗。

59. 答案：D

解析：行政许可制度对特种设备实施市场准入制度和设备准用制度。市场准入制度主要是对从事特种设备的设计、制造、安装、修理、维护保养、改造的单位实施资格许可，并对部分产品出厂实施安全性能监督检验。对在用的特种设备通过实施定期检验，注册登记，实行准用制度。

60. 答案：C

解析：生产经营单位应根据本单位组织管理体系、生产经营规模、危险源和可能发生的事故类型，确定应急预案体系，组织编制相应的应急预案。

61. 答案：D

解析：评审由本单位主要负责人组织有关部门和人员进行。外部评审由上级主管部门或地方政府负责安全管理的部门组织审查。评审后，按规定报有关部门备案，并经生产经营单位主要负责人签署发布。

62. 答案：B

解析：因为是爆炸冲击波造成紧邻管线的储罐内有毒气体泄漏，因此属于爆炸事故。重大事故是指造成 10 人以上（含 10 人）30 人以下死亡，或者 50 人以上（含 50 人）100 人以下重伤（包括急性工业中毒），或者 5000 万元以上（含 5000 万元）1 亿元以下直接经济损失的事故。本题中重伤人数+急性工业中毒人数为 55 人，所以属于重大事故。

63. 答案：D

解析：一般情况下火灾并不是立即扩展，如果起火物质是在有限的空间内，靠近立体表面，经过一段时间的阴燃，就会在地面及立体表面留下烟熏痕迹，例如靠近墙壁放置的电视机、墙边纸篓之类物品起火，就会在墙面留下明显的“V”字形痕迹，这种“V”字形痕迹是火灾初期由于火势和烟雾向上蔓延造成的，在“V”字形烟进的低点，往往就是起火点，也是发现起火原因的物证。

64. 答案：B

解析：由于邢某在与地面人员交流，这是分散注意力行为的表现，其次移动工装台无制动装置产生平移，导致站立不稳从二层平台摔落。

65. 答案：D

解析：半对数线图纵轴用对数尺度，描述一组连续性资料的变化速度及趋势；散点图用于描述两种现象的相关关系；直方图用于描述计量资料的频数分布；条图又称直条图，表示独立指标在不同阶段的情况，有两维或多维，图例位于右上方。

66. 答案：D

解析：$\text{某病患病率}=\dfrac{\text{检查时发现的现患某病病例总数}}{\text{该时点受检人口数}}\times 100\%$，

$\text{因此尘肺病患病率}=\dfrac{400}{15000}\times 100\%=2.67\%$。

67. 答案：D

解析：卡方检验主要是通过同一事物在不同状况下的对比来进行的。

68. 答案：B

解析：分组分析法是指按伤亡事故的有关特征进行分类汇总，研究事故发生的有关情况。如按事故发生的经济类型、事故发生单位所在行业、事故发生原因、事故类别、事故发生所在地区、事故发生时间和伤害部位等进行分组汇总统计伤亡事故数据。

69. 答案：C

解析：股份制生产经营单位一般在提交董事会讨论批准前，应经过董事会下属的财务管理委员会审查。

70. 答案：A

解析：类比方法是利用相同或相似工程系统或作业条件的经验和劳动安全卫生的统计资料来类推、分析评价对象的危险、有害因素。选项 BCD 属于对照、经验法。对照、经验法是对照有关标准、法规、检查表或依靠分析人员的观察分析能力，借助于经验和判断能力对评价对象的危险、有害因素进行分析的方法。

二、多项选择题

71. 答案：ABE

解析：针对发现的人的危险因素要求该厂全面开展警示教育防治人的不安全行为，既体现了人本原理的行为原则，也体现了系统原理的封闭原则；要求该厂加强安全培训、开展警示教育也体现了预防原理的 3E 原则。

72. 答案：ACDE

解析：能量意外释放理论揭示了事故发生的物理本质，为人们设计及采取安全技术措施提供了理论依据；选项 A 属于控制能量释放措施；选项 C 属于防止能量蓄积；选项 D 属于在人与物之间设置屏障；选项 E 属于提高防护标准。

73. 答案：CDE

解析：物理性爆炸和化学性爆炸都不属于《企业职工伤亡事故分类》中的 20 大类事故类型。

高纯氧气能助燃，严禁接近烟火和易燃物，易发生火灾；高纯氧气钢瓶压力很高，搬运时避免倾倒、撞击，易发生容器爆炸；高纯氮气是惰性气体，吸入高纯氮气，会感到呼吸困难，可能发生窒息；生产涉及一台 20m 高的冷箱，易发生高处坠落。

74. 答案：ACDE

解析：若单元内存在的危险物质为多品种时，满足 $q_1/Q_1+q_2/Q_2 \geqslant 1$，即为重大危险源（$q$ 为实际存储量，Q 为临界量），所以，该企业构成重大危险源。《危险化学品重大危险源监督管理暂行规定》中规定，重大危险源评估可以与本单位安全评价一起进行，也可以单独进行重大危险源安全评估。危险化学品单位可以组织本单位的注册安全工程师、技术人员或者聘请有关专家进行安全评估，也可以委托具有相应资质的安全评价机构进行安全评估。重大危险源根据其危险程度，分为一级、二级、三级和四级，一级为最高级别。重大危险源安全评估已满三年的，应当对重大危险源重新进行辨识。

75. 答案：ACD

解析：该方法用与系统风险有关的三种因素指标值的乘积来评价操作人员伤亡风险大小，这三种因素分别是：L（事故发生的可能性）、E（人员暴露于危险环境中的频繁程度）

和 C（一旦发生事故可能造成的后果）。给三种因素的不同等级分别确定不同的分值，再以三个分值的乘积 D（危险性）来评价作业条件危险性的大小。

76. 答案：ABE

解析：安全技术措施包括防止事故发生和减少事故损失的安全技术措施，矿山设置避难舱属于减少事故损失技术中的避难与救援技术；选项 D 设置通风除尘系统属于防止事故发生的限制能量或危险物质的安全技术措施，不属于设置薄弱环节技术。

77. 答案：ABC

解析：事故隐患分为一般事故隐患和重大事故隐患，该起事故隐患属于重大事故隐患，应该由主要负责人负责组织整改，选项 DE 错误。

78. 答案：AB

解析：选项 CDE 为物理性职业危害因素。

79. 答案：BD

解析：隔离是把被保护对象与意外释放的能量或危险物质等隔开。隔离措施按照被保护对象与可能致害对象的关系可分为隔开、封闭和缓冲等。选项 D 佩戴防毒面具同时属于个体防护，个体防护是一种不得已的隔离措施，是保护人体的最后一道防线。

80. 答案：CDE

解析：在承包商队伍进入作业现场前，就应当进行安全培训教育。所以选项 A 错误。

81. 答案：ABDE

解析：根据事故树可知：$T=A\times B=(X_1+X_2)\times(X_3+X_4)=X_1X_3+X_1X_4+X_2X_3+X_2X_4$。所以导致坠落事故发生的事件组合是 X_1X_3、X_1X_4、X_2X_3、X_2X_4。

82. 答案：BDE

解析：导致事故发生的间接原因主要包括：（1）技术和设计上有缺陷；（2）教育培训不够、未经培训、缺乏或不懂安全操作技术知识；（3）劳动组织不合理；（4）对现场工作缺乏检查或指导性错误；（5）没有安全操作规程或操作规程不健全；（6）没有或不认真实施事故防范措施，对事故隐患整改不力。

83. 答案：CD

解析：间接经济损失主要包括：停产减产损失价值、工作损失价值、资源损失价值、处理环境污染的费用、补充新职工的培训费用以及其他损失费用。

84. 答案：ABCD

解析：职业卫生常用统计指标：发病（中毒）率、患病率、病死率、粗死亡率。

85. 答案：ABC

解析：根据《企业安全生产责任体系五落实五到位规定》，必须做到安全责任到位、安全投入到位、安全培训到位、安全管理到位、应急救援到位。

2018年度全国注册安全工程师执业资格考试模拟试卷（二）

安全生产管理知识

（考试时间150分钟，满分100分）

一、单项选择题（共70题，每题1分。每题的备选项中，只有一个最符合题意）

1. 甲市安全生产监督管理局，对其市城乡接合部炼油厂组织安全检查时，发现该厂进行中的管线支撑和吊架变形严重，有可能发生管线断裂破损，柴油泄漏事故，依据《安全事故隐患排查治理暂行规定》（国家安全生产监督管理总局令 第16号），该隐患属于（　　）。

   A. 一般事故隐患　　B. 较大事故隐患
   C. 重大事故隐患　　D. 特大事故隐患

2. 某省2003年度发生不期望的机械事件共计6600起，根据海因里希法则判断，该省在2003年度可能发生机械伤害的轻伤事故是（　　）起。

   A. 20　　B. 580　　C. 1060　　D. 6000

3. 选矿厂振动筛分机是利用多孔工作面的振动将松散物料按颗粒大小分为多种粒级的分机设备。要提高振动的筛分效果，需要提高筛面的振幅和频率。随之带来的是振动强度对设备设施、人和环境造成伤害，为防止这种伤害，该厂应当优先采取的安全技术措施是（　　）。

   A. 增加操作人员防护用品　　B. 减少振动筛运行时间
   C. 增加振动筛维修保养频次　　D. 进行振动筛减震设计

4. 为了保证企业组织结构的稳定性和管理的有效性，某企业根据甲、乙、丙三位职工的从业经验和能力等综合因素分析，对三位职工岗位进行了重新调整，这种调整符合安全生产管理原理的（　　）。

   A. 整分合原则　　B. 能级原则　　C. “3E”原则　　D. 激励原则

5. 某市一金属矿山企业发生一起严重透水事故，市安全生产监督管理局要求该市所有金属矿山企业一律停产，全面开展隐患排查，经过安全评估并验收合格后，方可恢复生产，该种做法，符合安全生产管理原理（　　）。

   A. 动态相关原则　　B. 监督原则　　C. 行为原则　　D. 能级原则

6. 某企业在安全生产标准化建设过程中，开展了创建安全班组达标活动，旨在提升班组安全管理水平。张某担任该企业班组组长多年，具有丰富的基层安全管理经验，张某发现在班组内可能造成较大事故的职工，往往具有感情冲动等性格特征。根据事故频发理论，针对具有这种性格特征的人，可采取的安全改进措施是（　　）。

A．遵章办事，违者严惩　　B．重点培训，更换岗位

C．加强教育，重点监护　　D．加强现场安全警示及提示

7．海因里希将事故因果连锁过程概括为五要素，并用多米诺骨牌来形象地描述这种事故因果连锁关系。下列描述事故发生五要素的选项中，正确的顺序和内容是（　　）。

A．人的缺点、人的不安全行为或物的不安全状态、能量意外释放、事故、伤害

B．遗传及社会环境、人的缺点、人的不安全行为或物的不安全状态、事故、伤害

C．人的缺点、管理缺陷、人的不安全行为或物的不安全状态、事故、伤害

D．遗传及社会环境、人的缺点、屏蔽失效、事故、伤害

8．2018 年全国“安全生产月”活动主题是（　　）。

A．生命至上，安全发展

B．坚持依法治理，强化红线意识

C．全面落实企业安全生产主题责任

D．强化安全基础，推动安全发展

9．安全生产监督管理的形式多种多样，按照监督时间逻辑可分为事前、事中和事后三种，下列属于事前监督管理的是（　　）。

A．监督检查特种设备的运行情况　　B．审批安全生产许可证

C．监察事故责任追究情况　　D．监察特殊工种的作业

10．某地下金属矿山企业建立了监测监控系统、井下人员定位系统、紧急避险系统、压风自救系统、供水施救系统和通信联络系统等安全避险“六大系统”。为了保障系统运行的可靠性，当地安监部门组织专业技术人员对系统的完好率进行了监测检查，该种监测方式属于（　　）。

A．事前监督管理　　B．事中行为监察

C．事中技术监察　　D．事后监督管理

11．我国对从事特种设备的设计、制造、安装、修理、维护保养、改造的单位实施资质许可，并对部分产品出厂实施安全性能监督检验，对在用的特种设备实施定期检验和注册登记。上述要求属于特种设备安全监察方式中的（　　）。

A．监督检查制度　　B．事故应对和调查处理

C．行政许可制度　　D．“四不放过”原则

12．某化工企业在进行原料储罐检修时，需办理受限空间内动火作业许可。在办理许可时，需要检测的项目是（　　）。

A．有毒气体浓度、温度、可燃气体浓度

B. 有毒气体浓度、温度、氧气含量

C. 温度、可燃气体浓度、氧气含量

D. 可燃气体浓度、有毒气体浓度、氧气含量

13. 某矿山企业根据市场进行扩建，依据《建设项目安全设施“三同时”监督管理暂行办法》（国家安全生产监督管理总局令第 36 号），以该矿山企业的可行性研究报告为基础，对该扩建项目进行的安全评价是（　　）。

A. 安全预评价　　B. 专项安全评价

C. 安全现状评价　　D. 安全验收评价

14. 某安全评价机构承担了一火电厂新建液氨罐区项目的安全评价工作。评价人员在危险和有害因素辨识过程中产生分歧，下列关于液氨危险和有害因素的说法中，正确的是（　　）。

A. 液氨是烟气脱硝氧化剂，具有很强的氧化性

B. 液氨蒸发时要吸收大量的热，容易引起冻伤

C. 液氨蒸发后产生黄色具有刺激性气味的气体

D. 液氨也称无水氨，是一种白色液体

15. 某石化企业组织有关安全技术人员对运行中的催化裂化装置存在的火灾、爆炸等事故隐患进行安全评价，按照安全评价的实施阶段分类，本次安全评价属于（　　）。

A. 消防现状评价　　B. 安全现状评价

C. 安全意识评价　　D. 安全预评价

16. 某建筑施工单位在起重机检修过程中，检修工具从高处坠落，砸中一名在起重机下方作业的建筑工人，导致该工人重伤，依据《企业职工伤亡事故分类标准》，该事故属于（　　）。

A. 高处坠落　　B. 机械伤害　　C. 起重伤害　　D. 物体打击

17. 在安全评价工作中，宜从厂址、总平面布置、道路及运输、建（构）筑物、工艺过程等单元机械系统的危险和有害运输辨识。“防火间距”危害因素的辨识属于（　　）单元的辨识。

A. 厂址　　B. 总平面布置　　C. 道路及运输　　D. 建（构）筑物

18. 依据《危险化学品重大危险源监督管理暂行规定》，危险化学品企业应当对重大危险源进行辨识、评估以及等级划分。下列关于重大危险源管理的表述中，正确的是（　　）。

A. 根据危险程度将重大危险源划分为三级，一级最高

B. 重大危险源安全评估已满三年的，应当重新进行辨识、评估和分级

C. 根据危险程度将重大危险源划分为三级，三级最高

D. 发生危险化学品事故造成 3 人以上受伤的，应当重新进行辨识、评估和分级

19. 某物品存储区占地面积300m×400m。存储区东北角有一个乙炔仓库，占地的面积20m×20m，存储乙炔1t；西南角库房存放1.1kg氰化钾等危险化学品；存储区西北角为燃料存放区域，占地约为10m×20m，存有汽油3t。依据《危险化学品重大危险源监督管理暂行规定》，该物品存储区在进行重大危险源辨识时可划分为（　　）个辨识单元。

A. 1　　B. 2　　C. 3　　D. 4

20. 生产经营单位安全生产投入应由决策者给予保障。以下关于安全生产投入的描述中，正确的是（　　）。

A. 对于股份制企业，其安全费用的投入由董事长予以保证

B. 对于个体工商户，其安全费用的投入由投资人予以保证

C. 对于个体工商户，其安全费用的投入应由职工承担

D. 对于一般国有企业，其安全费用的投入由公司安全生产委员会予以保证

21. 某危险化学品存储企业为防止油品泄漏后扩散，在已有储罐防火堤的基础上，增加了一个$500m^3$的地下收集储槽。该企业增加的安全技术措施属于（　　）。

A. 设置薄弱环节　B. 隔离　C. 避难与救援　D. 安全监控系统

22. 某商场为减少火灾可能导致的重大事故损失，拟采取①设置防火墙；②增设避难逃生场所；③增设排烟风机；④配备过滤式防毒面具等四种安全措施。按照安全措施等级优先顺序的一般原则，下列排序正确的是（　　）。

A. ①③②④　B. ①②④③　C. ③①④②　D. ③④①②

23. 某专业安全评价中介机构申请甲级资质，配备了专职安全评价师30名。根据《安全评价机构管理规定》，该机构应配备注册安全工程师（　　）人。

A. 3　　B. 6　　C. 9　　D. 12

24. 某公司的建设项目及安全设施已通过当地政府有关部门审核，该公司为满足市场需求，将该项目的产能扩大了一倍，主要生产设备发生了重大变更。依据《建设项目安全设施"三同时"监督管理暂行办法》，下列针对该公司的说法中，正确的是（　　）。

A. 重新进行该建设项目的安全设施的设计，并报原审核部门备案

B. 重新进行该建设项目及其安全设施的设计，并报原审核部门审查同意

C. 重新进行该建设项目及其安全设施的设计，并报原审核部门备案

D. 不需要重新设计，经建设单位组织验收后报原审核部门备案

25. 某建设项目的建设单位为甲公司，施工单位为乙公司，监理单位为丙公司，依据《建设项目安全设施"三同时"监督管理暂行办法》（国家安全生产监督管理总局令第36号），下列关于该建设项目安全设施施工和竣工验收的表述中，正确的是（　　）。

A. 乙公司发现安全设施设计文件有错漏的，应当及时向丙公司提出，并要求丙公司修改设计文件

B．丙公司应当审查施工组织设计中的安全技术措施或专项施工方案是否符合工程建设强制性标准

C．乙公司应当在该建设项目安全设施建成后，组织对安全设施进行检查，并对发现的问题及时进行整改

D．甲公司应当在该建设项目安全设施竣工或试运行完成后，委托丙公司对安全设施进行验收评价

26．根据国家有关特种设备安全管理的规定，特种设备使用单位应对其使用的特种设备安全负责。下列关于特种设备使用管理的说法中，正确的是（　　）。

A．电梯的日常维护保养由电梯使用单位负责，维保周期为半个月

B．特种设备属于共有的，不得委托物业服务单位管理

C．情况紧急时，特种设备安全管理人员可以决定停止使用特种设备

D．使用单位发现特种设备安全隐患时，应及时向所在地特种设备监督管理部门报告

27．甲公司为一家电梯生产企业，乙公司为一家有资质的电梯维护保养企业，丙公司为一家大型商场。丙公司从甲公司购置了一部电梯，并与乙公司签订了电梯维护保养合同，委托乙公司负责该电梯的维护保养。下列关于该电梯使用安全管理的表述中，正确的是（　　）。

A．丙公司负责电梯报废后的拆除购置

B．乙公司应建立该电梯的安全技术档案

C．乙公司应至少每月对电梯进行一次清洁、润滑、调整和检查

D．甲公司应对该电梯安全运行方面存在的问题，提出使用改进建议

28．某公司是一家食品生产企业，因扩大生产规模需要，准备在厂房的三楼加装一条生产线，临时安装了一部施工外用电梯，用于运送生产线及附属设备，并安装了限速器、制动器及行程限位开关等安全装置。依据《特种设备安全监察条例》，下列关于该施工外用电梯运行管理的说法中，正确的是（　　）。

A．施工外用电梯安装后，限速器需要经试验、检测合格后方可操作使用，可由施工人员操作

B．施工外用电梯运行至三层和一层时，可用行程限位开关自动碰撞的方法停车

C．限速器、制动器等安全装置必须由专人管理，按规定进行调试检查，保持其灵敏可靠

D．作业完成后，操作人员应将施工外用电梯升至三层，各控制开关扳至零位，切断电源，锁好闸箱门和电梯门

29．依据《国务院安委会关于进一步加强安全培训工作的决定》，生产经营单位应严格落实高危行业企业主要负责人、安全管理人员和特种作业人员（以下简称“三项岗位”人员）持证上岗制度。下列关于“三项岗位”人员持证上岗制度的说法中，错误的是

（　　）。

A. 企业新任用或招录“三项岗位”人员，要组织其参加安全培训，经考试合格持证后上岗

B. 取得注册安全工程师资格证并经注册的，可以直接申领矿山、危险物品行业主要负责人和安全管理人员安全资格证

C. 对发生人员死亡事故负有责任的企业主要领导人和安全管理人员，不得重新参加安全培训考试

D. 到“十二五”末，我国“三项岗位”人员必须 100%持证上岗

30. 根据《生产经营单位安全培训规定》，甲省某省属机械制造企业位于乙市丙县境内，负责组织、指导和监督该企业主要负责人安全培训工作的管理部门是（　　）。

A. 国家安全生产监督管理总局　　B. 甲省安全生产监督管理部门

C. 乙市安全生产监督管理部门　　D. 丙县安全生产监督管理部门

31. 进入夏季，一些地区连续出现强降雨，某选矿厂发现排洪渠上游来水量大幅增长，有发生水淹厂房和危及人员安全的风险。依据《安全生产事故隐患排查治理暂行规定》，下列关于应急处置措施的做法中，正确的是（　　）。

A. 暂时停产停业，加强监测

B. 暂时难以停产的装置和设施，加强维护和保养

C. 撤离人员，停止作业，加强监测

D. 设置警示标志，加强监测

32. 2015 年 12 月，习近平总书记在中央政治局常委会上指出：“对易发重特大事故的行业领域采取分级管控、隐患排查治理双重预防性工作机制，推动安全生产关口前移。”2016 年 10 月国务院安委办印发了《实施遏制重特大事故工作指南构建双重预防机制的意见》也对企业“构建双重预防机制”提出了明确要求。下列选项中，关于双重预防机制的说法，错误的是（　　）。

A. 双重预防机制是指安全风险分级管控机制和隐患排查治理机制

B. 双重预防机制意在隐患形成之前进行风险控制，在事故形成之前把隐患消灭

C. 安全风险等级从高到低划分为重大风险、较大风险、一般风险和低风险，分别用红、橙、黄、蓝四种颜色标示。

D. 较大安全风险应填写清单、汇总造册，按照职责范围报告市级以上负有安全生产监督管理职责的部门。

33. 生产经营单位的安全生产管理必须有管理机构和人员的组织保障。依据安全生产法，下列生产经营单位的安全生产管理机构和人员配置，不符合要求的是（　　）。

A. 从业人员 80 人的机械加工厂，配备专职或者兼职的安全生产管理人员

B. 从业人员 80 人的建筑工程公司，配备专职或者兼职的安全生产管理人员

C．从业人员 80 人的危化品运输企业，设置安全生产管理机构或者配备专职安全生产管理人员

D．从业人员 200 人的纺织厂，设置安全生产管理机构或者配备专职安全生产管理人员

34．生产经营单位的主要负责人和安全生产管理人员的安全培训必须依安全生产监督管理部门制定的安全培训大纲标准实施。依据《生产经营单位安全培训规定》（国家安全监督总局令第 3 号公布、第 80 号令第二次修正），下列关于生产经营单位安全培训大纲及考核标准制定的说法中，正确的是（　　）。

A．煤矿的安全培训大纲及考核标准由各省煤矿安全监察局制定

B．非煤矿山的安全培训大纲及考核标准由国家安全监管总局统一制定

C．本辖区内金属冶炼企业的安全培训大纲及考核标准由直辖市负责制定

D．商贸企业的安全培训大纲及考核标准由国家安全监管总局统一制定

35．某石油冶炼企业组织常减压蒸馏装置加热炉突然熄火应急演练，为了让应急演练不干扰生产操作，生产车间应采用“挂牌”方式考核操作员应急操作能力，挂牌有“开”“关”两种，操作员需要把印有“开”或“关”字样的标牌挂在生产装置相关工艺管道的阀门上。根据应急演练的内容分类，这种演练的类型属于（　　）。

A．单项演练　　B．桌面演练　　C．实战演练　　D．综合演练

36．生产经营单位应教育从业人员，按照使用规则和防护要求正确使用劳动防护用品，使职工做到“三会”。“三会”的具体内容是（　　）。

A．会检查护品的可靠性、会正确使用护品、会正确维修护品

B．会检验护品、会正确使用护品、会正确维修护品

C．会检查护品的可靠性、会正确使用护品、会正确维护保养护品

D．会检验护品、会正确使用护品、会正确维护保养护品

37．某市近期由于作业人员劳动防护用品配备不到位或使用不规范造成多起事故。针对这种情况，该市安全生产监督管理局开展了一次专项执法检查。下列使用劳动防护用品的行为中，错误的是（　　）。

A．甲厂电焊作业人员佩戴绝缘手套

B．乙建筑公司高处作业人员安全带高挂低用

C．丙变电站工作人员穿防滑鞋

D．丁加油站工作人员穿防静电服

38．某企业在现场检查时发现佩戴的安全帽有下列情况，为确保安全，必须更换的是（　　）。

A．帽衬与帽壳之间垂直方向的距离在 35～45mm

B．在使用时受到过重击，但并未发现帽壳有明显的裂痕和损伤

C．因安全帽表面有污渍对其表面进行清洗，但浸泡时间较长，水温高至 45 度

D．某编号的玻璃钢安全帽各次检查记录显示技术参数均符合国家有关要求

39．甲公司委托乙专业制冷公司对其液氨制冷系统进行改造和维护。乙公司在进行改造维护工作的同时，甲公司的部分生产活动仍然照常进行。下列关于工作现场安全管理的说法中，错误的是（　　）。

A．由于甲公司没有制冷系统改造相关的规章制度，应执行乙公司的安全管理制度

B．乙公司应在危险性较大的改造维护区域设置专职的安全监护人员

C．应由乙公司负责制冷系统改造维护和正常工作的现场协调、管理

D．甲乙双方应清晰界定各自的安全管理责任

40．甲公司新建办公楼，与乙建筑公司签订了施工总承包合同，为确保工期和质量，乙建筑公司将基础工程分包给丙公司，丁监理公司负责该工程的监理。下列关于施工现场承包商安全管理的表述中，错误的是（　　）。

A．各方应参照发包工程安全协议的有关要求清晰界定安全管理责任

B．乙公司应在危险性较大的区域设置专职的安全监护人员

C．甲公司负责丙公司和丁公司的组织管理

D．丁公司负责对分包工程的安全管理工作

41．生产经营单位发生液氨泄漏致人中毒事故后，应急救援的首要任务是抢救中毒人员和人员疏散，另外一项重要任务是（　　）。

A．堵塞液氨泄漏点　　B．冲洗液氨泄漏点

C．调查液氨泄漏事故原因　　D．检测周围空气中氨的浓度

42．重大事故应急救援应根据事故的性质、严重程度、事态发展趋势和控制能力实行分级响应机制，典型的响应级别分为 3 级。其中三级响应级别是指（　　）。

A．需要跨行政区域协作解决的

B．能被一个部门资源解决的

C．需要两个或更多个部门解决的

D．必须利用一个城市所有部门的力量解决的

43．甲省乙市丙县某施工工地发生较大事故，依据《生产安全事故报告和调查处理条例》，该事故报至乙市人民政府安全生产监督管理部门所需的时间最长为（　　）小时。

A．1　　B．2　　C．3　　D．4

44．生产经营单位发生生产安全死亡事故后，要立即启动应急救援预案，开展现场应急救援工作。下列任务中，属于现场处理的是（　　）。

A．救护受害者和保护事故现场　　B．对现场材料进行技术鉴定

C．联系保险公司理赔　　D．统计工作损失价值

45．某柴油机工厂连杆班职工徐某用砂机抛光转动中的柴油机凸轮轴时，凸轮轴上的法兰盘螺栓挂住了徐某左手上的手套，导致其左臂严重受伤，根据以上情景分析，造成这

次事故的直接原因是（　　）。

A. 不安全束装和附件有缺陷　　　　B. 不安全束装和个体防护用具缺陷

C. 用手代替工具操作和附件有缺陷　　D. 用手代替工具操作和个体防护用具缺陷

46. 某公司是一家工程建设公司，多年来积累了大量的安全生产数据。该公司拟用统计图方式分析事故与隐患之间的关系，适用于事故与隐患之间关系变化的是（　　）。

A. 百分条图　　B. 雷达图　　C. 散点图　　D. 直方图

47. 某市 2013 年度统计的四个行业发生事故的人员伤亡及经济损失如下表所示。依据《事故伤害损失工作日标准》，按照永久性全失能伤害工作日 6000 天，永久性部分失能伤害平均 450 天计算。下列说法中正确的是（　　）。

项目／行业	永久性全失能伤害（人）	永久性部分失能伤害（人）	经济损失		
			人身伤亡费用（万元）	罚款（万元）	停产减产损失价值（万元）
机械	1	3	150	5	80
矿山	2	4	300	10	40
商贸	1	5	130	3	40
危险化学品	1	6	180	7	120

A. 机械：直接经济损失 155 万元，损失日数 7250 天

B. 矿山：直接经济损失 340 万元，损失日数 12000 天

C. 商贸：直接经济损失 133 万元，损失日数 8250 天

D. 危险化学品：直接经济损失 180 万元，损失日数 8700 天

48. 某隧道在进行初期支护施工时发生坍塌事故，施工单位在事故发生后迅速组织救援工作，事故造成 5 人死亡，一台价值 20 万元的工具车被毁。此次事故救援费用为 10 万元，投入 5 万元对现场进行清理，至恢复施工，共耗时半个月。该项目每月的工资支出为 20 万元，劳动人身保险费为 60 万元，在不考虑其他损失的情况下，本次事故造成的直接经济损失是（　　）万元。

A. 320　　B. 330　　C. 335　　D. 345

49. 某石油化工企业在检修生产线过程中，发生一起因人员误操作而引起的化学品泄漏事故，导致一名职工重伤和周边一条河流被污染，生产线设备损失 20 万元。在事故处理过程中，受伤职工的医疗费、工伤补助等费用共计 3 万元，安全生产监督管理部门对该企业行政处罚 2 万元并责令停产整顿，企业在停产期间损失为 4 万元，处理被污染河流的费用为 10 万元。本次事故的间接经济损失费用为（　　）万元。

A. 12　　B. 14　　C. 16　　D. 19

50. 某水泥厂存在严重的粉尘危害，为减少和消除危害，该厂采取了四六工作制，减少接触粉尘时间，为职工提供防尘口罩等措施。下列措施中，属于组织管理措施的是（　　）。

A．缩短工作时间　　B．静电除尘　　C．重力除尘　　D．提供防尘口罩

51．某企业坚持开展“隐患速拍”活动，在网站设置“隐患曝光台”专栏，将职工在生产现场和日常生活中拍到的安全隐患照片进行集中曝光，并制定奖惩措施，鼓励职工当好“拍客”，新职工进入企业后也很快成为新“拍客”。这体现了安全文化功能中的（　　）功能。

A．异化　　B．凝聚　　C．辐射　　D．激励

52．某施工单位承包一建设单位的大型化学储罐安装项目，对危险性较大的储罐吊装作业分项工程，编制了专项施工方案，并附具相关安全验算结果。依据相关规定，该专项施工方案的审批人是（　　）。

A．建设单位安全技术负责人和施工单位技术负责人

B．建设单位安全技术负责人和总监理工程师

C．施工单位技术负责人和总监理工程师

D．质量监督管理部门负责人和建设单位技术负责人

53．某机械加工厂有铸造、锻压、切削等生产工序，存在粉尘、噪声、振动等职业危害因素。为保护职工职业健康，该厂为生产岗位职工配备了特种劳动防护用品和一般劳动防护用品。下列劳动防护用品中，属于特种劳动防护用品的是（　　）。

A．手套　　B．耳塞　　C．防尘帽　　D．防尘口罩

54．在作业现场既有正在运行的设备，又有施工改造设备、设施的情况下，必须采取保证作业现场安全的隔离措施。该隔离措施的实施单位是（　　）。

A．承包单位　　B．发包单位　　C．监理单位　　D．监管部门

55．A 化工厂将污水车间污油罐罐顶安装雷达液位计工作发包给 B 安装公司。施工方案要求拆下罐顶人孔盖板，移至安全地点，开孔、焊接液位计接头后重新安装。施工人员为赶时间，直接在罐顶动火，导致罐内闪爆，罐顶崩开。2 名工人从罐顶摔下，造成 1 死 1 伤。根据以上情景，该事故的直接原因为（　　）。

A．违规动火引爆罐内油气　　B．罐内污油没有清理干净

C．未拆除人孔盖板　　D．未办理动火手续

56．甲省设区的 A 市某建筑公司，承揽了一项甲醇装置建设工程，该工程位于乙省设区的 B 市。施工过程中发生脚手架坍塌事故，导致 4 人死亡。依据《生产安全事故报告和调查处理条例》，此次事故的调查处理应由（　　）人民政府负责组织。

A．甲省　　B．A 市　　C．乙省　　D．B 市

57．某煤矿位于甲省乙市丙县，2012 年某日发生一起瓦斯爆炸事故，造成 9 人死亡、10 人重伤。事故发生后第 10 日，重伤的 10 人中有 1 人医治无效死亡。依据《生产安全事故报告和调查处理条例》，组织此次事故调查的人民政府应当是（　　）。

A．国务院　　B．甲省人民政府　　C．乙市人民政府　　D．丙县人民政府

58. 甲省乙市的某化工企业发生储罐闪爆事故，事故未造成人员伤亡，但有毒气体扩散至一河之隔的甲省丙市丁县境内，负责该事故应急处置指挥的是（　　）。

A. 甲省人民政府　　B. 乙市人民政府

C. 丙市人民政府　　D. 丁县人民政府

59. 甲公司为一家机械加工企业，有职工 52 人，配备了一名兼职安全生产管理人员钱某，并委托具有安全评价资质的乙公司提供安全生产管理服务。乙公司派遣注册安全工程师丁某负责甲公司的安全生产管理工作。按照有关规定，负责甲公司安全生产职责的是（　　）。

A. 钱某　　B. 丁某　　C. 乙公司　　D. 甲公司

60. 经甲市乙县主管部门批准，同意甲市丙县某民营企业在乙县下属开发区建设一机械工厂。依据《建设项目安全设施“三同时”监督管理暂行办法》，实施该机械工厂安全设施“三同时”监督管理的部门是（　　）。

A. 乙县开发区安全生产监督管理部门　　B. 丙县安全生产监督管理部门

C. 乙县安全生产监督管理部门　　D. 甲市安全生产监督管理部门

61. 事故调查组职责之一是通过事故调查分析，认定事故的性质和事故责任。按照责任大小和承担责任的不同，事故责任认定可分为（　　）。

A. 直接责任、间接责任、管理责任　　B. 技术责任、行为责任、领导责任

C. 直接责任、主要责任、领导责任　　D. 直接责任、管理责任、监督责任

62. 安全承诺是企业安全文化建设的基本要素之一，李某是某企业的一名基层职工，依据《企业安全文化建设导则》，下列表述的内容中，适合李某的安全承诺是（　　）。

A. 保持与相关方的交流合作，促进部门之间的沟通与协作

B. 清晰界定职工岗位安全责任，确保所有与安全有关的活动均采用了安全的工作方法

C. 鼓励和肯定在安全方面的良好态度，在推进和辅导职工改进安全绩效上具备必要的能力

D. 始终采取安全的工作方法，对任何安全异常和事件保持警觉并主动报告

63. 安全生产检查是企业安全生产工作的一项重点工作，主要依靠安全检查人员的经验和能力，检查结果直接受安全检查人员个人素质影响的安全检查方法是（　　）。

A. 常规检查法　　B. 安全检查表法　　C. 仪器检查法　　D. 数据分析法

64. 安全生产检查一般分为检查准备、检查实施和数据分析三个阶段进行。下列工作中，属于检查实施阶段的是（　　）。

A. 了解被检查对象的工艺流程　　B. 确定检查组成员的职责分工

C. 交流检查所发现问题与整改建议　　D. 对基层发现的问题进行分级分类

65. 隐患整改措施是否科学、合理直接影响到隐患整改的效果。制定隐患整改措施时应优

先考虑（　　）。

A．隐患整改资金　　　　B．风险评价结果

C．安全教育措施　　　　D．个体防护措施

66．安全带等特种劳动防护用品在使用前应进行安全检查。下列关于安全带的表述中，错误的是（　　）。

A．安全带应组件完整、无短缺、无破损

B．安全带的安全标志的编号表示出使用授权年限

C．安全带与安全网的安全标志的尺寸规格不同

D．从业人员应严格按照安全带使用说明正确使用

67．某市A企业是一家专业生产安全帽的厂家。依据《特种劳动防护用品实施细则》，关于A企业申请特种劳动防护用品安全标志所必须具备的条件，下列说法中，错误的是（　　）。

A．具有能满足生产需要的生产场所和技术力量

B．具有能满足产品安全防护性能要求的检测检验设备

C．具有完善的质量保证体系

D．具有安全生产监督管理部门核发的生产许可证

68．某化工厂储料库发生火灾事故，造成3人死亡，6人重伤，直接经济损失6500万元。依据《生产安全事故报告和调查处理条例》，该事故等级是（　　）。

A．特别重大事故　B．重大事故　C．较大事故　D．一般事故

69．某市统计该市2011年生产安全事故死亡人数15人、职业病发病死亡人数30人以及人口自然死亡人数为2955人，该市年均人口为100万人。该市2011年粗死亡率是（　　）。

A．18‰　B．3‰　C．30‰　D．1‰

70．有A和B两家建筑公司，A公司的职工人数是200人，B公司的职工人数是500人。A公司在上一年度的施工作业中造成2名职工重伤，B公司在上一年度的施工作业中造成4名职工重伤。A公司和B公司上一年度的千人重伤率是（　　）。

A．1%和4%　B．5%和8%　C．6%和7%　D．10%和8%

二、多项选择题（共15题，每题2分。每题的备选项中，有2个或2个以上符合题意，至少有1个错项。错选，本题不得分；少选，所选的每个选项得0.5分）

71．依据《国务院关于进一步加强企业安全生产工作的通知》（国发〔2010〕23号），企业要建设更加高效的应急救援体系，提高企业应急预案的快速响应能力，有关人员在遇到险情时，具有第一时间下达果断可靠应急措施的直接决策权和指挥权的人员包括（　　）。

A．现场作业人员　　B．企业主要负责人　　C．企业生产现场负责人

D．班组长　　E．调度人员

72．依据《企业安全生产标准化基本规范》（AQ/T9006—2010），企业的工艺、技术、设备设施、作业过程及环境等发生永久性或暂时性的变化，应执行变更管理。变更管理的实施包括（　　）。

A．履行审批及验收程序　　B．修订变更管理制度　　C．辨识变更所产生的隐患

D．制定隐患控制措施　　E．涉及特种设备的须报质检部门审查

73．某企业安全生产管理部门在进行安全文化建设时，积极创新方法，开展形式多样的安全文化活动。下列工作中，属于企业安全文化建设活动的有（　　）。

A．开展安全生产标准化达标，完善制度程序建设

B．委托第三方进行安全管理服务，并签订服务协议

C．推行基层企业进行小事故经验分享，并进行奖励

D．建立和选拔企业内部培训师队伍，并开展培训

E．领导、各级管理者和职工应践行安全承诺

74．对于易发事故和事故危害大的行业和生产系统、部位、装置、设备等应进行强制性检查。按照国家有关规定要求，对于非矿山企业，下列检查项目中，须进行强制性检查的有（　　）。

A．锅炉、压力容器、压力管道　　B．塔式起重机、施工升降机、电梯

C．高压氧舱、防爆电器　　D．防爆电器、锻压设备、客运索道

E．作业场所的粉尘、噪声、辐射

75．煤矿安全监察部门在监督检查中发现某煤矿瓦斯监测系统存在重大事故隐患，依法责令其停产整顿。该煤矿未执行整改指令，仍然维持原状继续生产。针对这种行为，煤矿安全监察部门采取的正确做法有（　　）。

A．罚款后对事故隐患进行核销，同意恢复生产经营

B．依法实施行政处罚

C．依法提请县级以上人民政府按照国务院规定的权限予以关闭

D．提请原许可证颁发机关依法暂扣其安全生产许可证

E．继续责令改正或者下达停产整改指令

76．某年临近春节，某煤矿办公室人员李某前往银行取钱并在返回途中购买了烟花爆竹。回到办公室后，李某将取回的200元放入办公桌下的保险柜中，随手将用报纸捆扎的烟花爆竹放在电磁茶炉旁。此时，李某接到主任的紧急电话，随即匆忙离开办公室，保险柜未上锁。根据危险源辨识理论，上述事件中，属于第一类危险源的有（　　）。

A．现金　　B．烟花爆竹　　C．保险柜

D．电磁茶炉　　E．电话

77. 某大型企业集团，其下属二级法人单位达 50 余家，业务范围涵盖了建筑施工、房地产开发、煤矿开发、商贸物流等领域，依据《生产经营单位生产安全事故应急预案编制导则》（GB/T 29639—2013），下列有关该企业集团应急预案编制的说法中，正确的有（　　）。

A．综合应急预案和专项应急预案可以合并编写

B．综合应急预案从总体上阐述预案的应急方针、政策，应急组织机构及相应的职责

C．编制的深基坑坍塌事故应急预案属于专项预案

D．编制的综合预案应与相关部门衔接，注重预案的系统性和可操作性

E．该集团所属煤矿应编制掘进工作面片帮事故现场处置方案

78. 2013 年某公司到 11 月底时因预算中的安全生产专项费用已全部提取并规范使用完毕，致使一批到期该更换的防滑鞋购置申请被搁置。该公司经过研究形成了下述意见，其中正确的有（　　）。

A．及时、足额配备合格、合适、舒适的劳动防护用品，所需款项另行解决

B．防滑鞋应该具有“三证一标志”，且必须由公司产品质量管理部门的检验人员验收

C．使用人员应该对新购入的防滑鞋正确维护保养，所在车间应定期安排监督检查

D．在防滑鞋购入和验收合格、下发之前，涉及更换的人员暂停从事相应的作业活动

E．根据实际情况，在 2014 年增加安全生产专项费用

79. 依据《企业职工伤亡事故分类标准》（GB 6441—86），下列事故中，属于物体打击事故的有（　　）。

A．某施工作业人员被高空坠落的瓦片砸伤

B．某车间作业人员被电机甩出的铁片划伤

C．某职工在整理作业环境时被人为乱扔杂物砸伤

D．起重机吊运货物时货物从空中坠落砸伤某作业人员

E．某仓库管理人员在作业时被堆置物倒塌砸伤

80. 某市为了科学准确地分析本市的安全生产状况，组织各生产经营单位开展生产安全事故统计工作，统计指标包括绝对指标和相对指标。下列生产安全事故统计指标中，属于相对指标的有（　　）。

A．千人死亡率　　B．损失工作日　　C．百万工时死亡率

D．百万吨死亡率　　E．亿客公里死亡率

81. 某危险化学品企业结合职工素质和行业生产特点，提出了要服从安全，违反操作规程一律待岗的红线。这种说法符合强制原理的（　　）。

A．安全第一原则　　B．“3E”原则　　C．动力原则

D．监督原则　　E．整分合原则

82. 某厂有 15t 行车 2 台、简易升降机 1 台、叉车 1 辆、货运电梯 2 部，另有锻造机、数

控机床和手持电动工具若干，厂区东南角一处独立区域为密闭喷漆车间。2012 年 10 月，地方安全生产监督管理部门督查组对该厂进行安全生产监督检查时，下达了隐患整改指令书。下列关于隐患整改的要求中，正确的有（　　）。

A．该厂所有特种设备应按国家规定进行强制性定期检测

B．该厂重点应对特种设备、喷漆车间及相关作业人员进行经常性检查

C．喷漆车间内应设有气体浓度报警装置

D．在使用场所张贴特种设备安全操作规程

E．手持电动工具必须强制性检测

83．某轿车喷涂车间的涂料中含有苯和甲苯。下列安全技术措施中，防止苯和甲苯爆炸事故的技术措施有（　　）。

A．佩戴个体防护用品　　B．所有金属管件电器接地　　C．安全教育培训上岗

D．设置气体报警装置　　E．采用 1 类电气设备

84．甲公司大修期间，委托乙公司维修车间车床，委托丙公司维护同一车间的天车。依据《安全生产法》《企业安全生产标准化基本规范》(GB/T 3300—2016)，下列关于相关方现场安全管理的说法中，正确的有（　　）。

A．甲公司应与乙、丙公司分别签订合作协议，明确规定双方的安全生产及职业病防护的责任和义务

B．甲公司应定期识别乙、丙公司的服务行为安全风险，并采取有效的控制措施及职业病防护的责任和义务

C．甲公司应与乙、丙公司签订安全生产管理协议，规定事故责任由乙、丙公司承担

D．丙公司编制的天车维护作业的安全技术方案已经甲公司审核确认，如事故发生，丙公司无责任

E．甲、乙、丙公司之间应签订安全生产管理协议，明确各自的安全生产管理职责和应采取的安全措施，并制定专职安全生产管理人员进行安全检查与协调

85．某化工公司一辆载运液化气的罐车进入该公司装卸区进行卸车作业。该车驾驶员将卸车金属管道万向鹤管介入到罐车卸车口，开启阀门准备卸车时，万向鹤管与罐车卸车口接口处液化气大量泄漏。下列处置措施中，正确的有（　　）。

A．立即关闭卸车阀门　　B．进行交通管制，疏散卸车现场的其他罐车

C．组织现场人员撤离　　D．关闭储罐安全阀的手阀

E．驾驶员立即驾车驶离现场

安全生产管理知识模拟试卷

答案与解析

（满分 100 分）

一、单项选择题

1. 答案：C

解析：本题考查事故隐患的分类。事故隐患分为一般事故隐患和重大事故隐患。一般事故隐患，是指危害和整改难度较小，发现后能够立即整改排除的隐患。重大事故隐患，是指危害和整改难度较大，应当全部或者局部停产停业，并经过一定时间整改治理方能排除的隐患，或者因外部因素影响致使生产经营单位自身难以排除的隐患。由题意可知管线和吊架严重变形，可能需要全厂停产进行处理整改难度大。

2. 答案：B

解析：海因里希法则：在机械事故中，伤亡∶轻伤∶不安全行为的比例为 1∶29∶300。

$6600\times\frac{29}{330}=580$，故轻伤事故发生的次数为 580 次，选 B。

3. 答案：D

解析：本题考查安全措施计划，安全措施计划包括防止事故发生的安全技术措施和减少事故损失的安全技术措施，根据题目可知考查的是防止此种伤害措施。选项 A、C 属于减少事故损失的措施；选项 B 虽然是防止事故发生的安全技术措施但会造成产量下降，不是最优措施；选项 D 由题意可知对人、环境造成伤害的是振动筛的强度，故最优措施是减震设计。

4. 答案：B

解析：能级原则，现代管理认为，单位和个人都具有一定的能量，并且可以按照能量的大小顺序排列，形成管理的能级，就像原子中电子的能级一样。在管理系统中，建立一套合理能级，根据单位和个人能量的大小安排其工作，发挥不同能级的能量，保证结构的稳定性和管理的有效性，这就是能级原则。

5. 答案：A

解析：一家企业发生透水，全市所有相关企业一律停产排查，符合系统原理中的动态相关性原则。

6. 答案：B

解析：根据事故频发倾向理论可知，在此岗位上具有事故频发倾向的职工应该减少，即可以调换到另一个岗位工作。

7. 答案：B

解析：海因里希将事故因果连锁过程概括为以下五个因素：遗传及社会环境、人的缺点、人的不安全行为或物的不安全状态、事故、伤害。

8. 答案：A

解析：2018 安全生产活动月主题是：生命至上，安全发展。

9. 答案：B

解析：本题考查安全生产监督管理方式，事前的监督管理是指有关安全生产许可事项的审批，包括安全生产许可证、经营许可证、矿长资格证、生产经营单位主要负责人安全资格证、安全管理人员安全资格证、特种作业人员操作资格证等。

10. 答案：C

解析：事中技术监察是对物质条件的监督检查，对六大系统的检查属于技术监察。

11. 答案：C

解析：特种设备安全监察方式主要有三种：行政许可制度、监督检查制度、事故应对和调查处理。行政许可制度包括市场准入制度和设备准用制度，特种设备的设计、制造安装、修理维护保养、改造单位施行许可是市场准入制度、再用的设备实施定期校验和登记是设备准用制度。

12. 答案：D

解析：当对储罐检修时办理受限空间内动火作业许可时，需要检测的项目为可燃气体浓度、有毒气体浓度、氧气含量。

13. 答案：A

解析：安全预评价是在项目建设前，根据建设项目可行性研究报告的内容，分析和预测该建设项目可能存在的危险、有害因素的种类和程度，提出合理可行的安全对策措施和建议，用以指导建设项目的初步设计。

14. 答案：B

解析：选项 A 液氨不具有强氧化性；选项 C 液氨蒸发后为氨气，氨气是无色的气体；选项 D 液氨是无色液体。本题主要考查危险和有害因素辨识中的物的因素，要了解氨气（液氨）的理化性质。

15. 答案：B

解析：由题意可知是对运行中的设备进行评价，故属于安全现状评价。

16. 答案：C

解析：物体打击是指物体在重力或其他外力作用下产生运动，打击人体，造成人身伤亡事故（不包括因机械设备、车辆、起重机械、坍塌等引发的物体打击）。起重伤害指各种起重作业（包括起重机安装、检修、试验）中发生挤压、坠落（吊具、吊重）、物体打击等。

17. 答案：B

解析：本题实际上考查的是危险有害因素的辨识，从功能区、防火间距和安全间距、风向、建筑物朝向、危险有害物质设施、动力设施、道路、储运设施等方面进行分析、识别。

18. 答案：B

解析：危险源划分 4 级，其中 1 级最严重；10 人以上受伤时需要重新评估。

19. 答案：A

解析：一般把装置的一个独立部分称为单元，每个单元都有一定的功能特点，如原料供应区、反应区、吸收或洗涤区、成平或半成品储存区等。

20. 答案：B

解析：一般来说，股份制或者合资企业的安全投入资金由董事会决定、个体工商户由个体经济组织（投资人）决定，国企由厂长或总经理决定。

21. 答案：B

解析：这四种措施均属于减少事故损失的安全技术措施。隔离是指把被保护对象与意外释放的能量或危险物质（意外泄漏的油品）隔开。

22. 答案：A

解析：实施安全技术措施应遵循的原则是：消除（设计时消除危险有害因素）、预防（当消除困难时，采取预防措施，如安全阀等）、减弱（无法消除时，采取减少危险、危害的措施，如局部通风措施）、隔离（前面几种措施不起作用时，可以采取安全罩、安全距离等）、连锁、警告。商场发生火灾对人造成伤亡的主要原因就是烟气造成的中毒与窒息，根据实施安全措施的原则，可知选 A。

23. 答案：C

解析：以不少于专职安评师 30%的比例配备注册安全工程师，30×30%=9。

24. 答案：B

解析：已经批准的建设项目及其安全设施设计有下列情形之一时，如建设项目的规模、生产工艺、原料、设备发生重大变化的，改变安全设施设计且可能降低安全性能的，在施工期间重新设计的，生产经营单位应当报原批准部门审查同意。

25. 答案：B

解析：工程监理单位应当审查施工组织设计中的安全技术措施或者专项施工方案是否符合工程建设强制性标准。

26. 答案：C

解析：《特种设备使用管理制度》第十一条规定，情况紧急时可以决定停止使用特种设备并及时报告有关负责人。

27. 答案：D

解析：《特种设备安全监察条例》第十七条规定，电梯制造单位对电梯质量以及安全运行涉及的质量问题负责。

28. 答案：C

解析：电梯属于特种设备，特种设备的安装、改造、维修等都需要特种设备作业人员进行操作，使用单位的人员不得私自操作。

29. 答案：C

解析：根据《国务院安委会关于进一步加强安全培训工作的决定》："对发生人员死亡事故负有责任的企业主要负责人、实际控制人和安全管理人员，要重新参加安全培训考试。"

30. 答案：B

解析：生产经营单位安全培训规定："省级安全生产监督管理部门组织、指导和监督省属生产经营单位及所辖区域内中央管理的工矿商贸生产经营单位的分公司、子公司主要负责人和安全生产管理人员的培训工作；组织、指导和监督特种作业人员的培训工作。"

31. 答案：C

解析：《安全生产事故隐患排查治理暂行规定》第十七条规定，生产经营单位应当加强对自然灾害的预防。对于因自然灾害可能导致事故灾难的隐患，应当按照有关法律、法规、标准和本规定的要求排查治理，采取可靠的预防措施，制定应急预案。在接到有关自然灾害预报时，应当及时向下属单位发出预警通知；发生自然灾害可能危及生产经营单位和人员安全的情况时，应当采取撤离人员、停止作业、加强监测等安全措施，并及时向当地人民政府及其有关部门报告。

32. 答案：D

解析：《国务院安委会办公室关于实施遏制重特大事故工作指南构建双重预防机制的意见》（安委办〔2016〕11 号）指出，重大安全风险应填写清单、汇总造册，按照职责范围报告属地负有安全生产监督管理职责的部门，对较大事故未做要求。

33. 答案：B

解析：《安全生产法》第二十一条规定，矿山、金属冶炼、建筑施工、道路运输单位和危险物品的生产、经营、储存单位，应当设置安全生产管理机构或者配备专职安全生产管理人员。前款规定以外的其他生产经营单位，从业人员超过 100 人的，应当设置安全生产管理机构或配备专职安全生产管理人员；从业人员在 100 人以下的，应当配备专职或者兼职的安全生产管理人员。

34. 答案：B

解析：《生产经营单位安全培训规定》（国家安全监督总局令第 3 号、第 80 号令第二次修正）第十条规定，非煤矿山、危险化学品、烟花爆竹、金属冶炼等生产经营单位的主要负责人和安全生产管理人员的安全培训大纲及考核标准由国家安全生产监督管理总局统一制定；煤矿主要负责人和安全生产管理人员的安全培训大纲及考核标准由国家煤矿监察局制定；煤矿、非煤矿山、危险化学品、烟花爆竹、金属冶炼等其他生产经营单位的主要负责人和安全生产管理人员的安全培训大纲及考核标准由省、自治区、直辖市安全生产监督管理部门制定。

35. 答案：A

解析：按组织形式划分，应急演练可分为桌面演练、现场模拟演练和实战演练；按内容划分，应急演练可分为单项演练和综合演练。单项演练是指涉及应急预案中特定应急响应功能或现场处置方案中一系列应急响应功能的演练活动。注重针对一个或少数几个参与单位（岗位）的特定环节和功能进行的演练。综合演练是指涉及应急预案中多项或全部应急响应功能的演练活动。注重对多个环节和功能进行检验，特别是对不同单位之间应急机制和联合应对能力的检验，所以选A。

36. 答案：C

解析：生产经营单位应教育从业人员按照使用规则和防护要求正确使用劳动防护用品，使职工做到“三会”：会检查护品的可靠性、会正确使用劳动防护用品、会正确维护保养护品。

37. 答案：C

解析：变电站的员工应该穿绝缘鞋。

38. 答案：B

解析：根据安全帽的使用管理办法可知任何受过重击、有裂痕的安全帽，不论有无损坏现象，均应报废。

39. 答案：C

解析：发包单位要对各承包商的安全生产工作统一协调、管理。

40. 答案：C

解析：组织管理属于各自单位内部的事情，应由各自单位自行进行。

41. 答案：A

解析：立即组织营救受害人员是应急救援的首要任务，及时控制住造成事故的危险源是应急救援工作的重要任务。

42. 答案：B

解析：事故应急响应机制分为三级，一级紧急情况是指必须利用所有有关部门及一切资源的紧急情况；二级紧急情况是指需要两个或更多个部门响应的紧急情况；三级紧急情况是指能被一个部门正常可利用的资源处理的紧急情况。

43. 答案：C

解析：生产事故发生后，事故现场有关人员应当立即向本单位负责人报告；本单位负责人接到报告后，应当于 1 小时内向事故发生地县级以上人民政府安全生产监督管理部门和负有安全生产监督管理职责的有关部门报告。安全生产监督管理部门和负有安全生产监督管理职责的有关部门逐级上报事故情况，每级上报的时间不得超过 2 小时。1+2=3。

44. 答案：A

解析：生产经营单位发生生产安全事故后，要立即启动应急救援预案，开展现场应急救援工作，其中救护受害者和保护事故现场属于现场处理。

45. 答案：A

解析：事故的原因包括直接原因和间接原因，直接原因是指人的不安全行为和物的不安全状态。

46. 答案：C

解析：百分条图是描述百分比（构成比）的大小，用颜色或各种图形将不同比例表达出来；雷达图主要应用于企业经营状况——收益性、生产性、流动性、安全性和成长性的评价；散点图描述两种现象的相互关系。

47. 答案：C

解析：事故直接经济损失=人员伤亡支出费用+事故善后处理费用+事故罚款和赔偿费用。损失日数=永久性全失能人数×6000+永久性部分失能人数×450。

48. 答案：D

解析：事故的直接经济损失包括：人员伤亡后所支出的费用，如医疗费用、丧葬和抚恤费用、补助和救济费用、歇工工资等；事故善后处理费用，如处理事故的事务性费用、现场抢救费用、现场清理费用、事故罚款和赔偿费用等；事故造成的财产损失和损失费用，如固定资产损失价值、流动资产损失价值等。20+5+10+5×60+20/2（歇工工资）=345。

49. 答案：B

解析：事故经济损失包括直接经济损失和间接经济损失。除直接经济损失外都是间接经济损失。此次事故的间接经济损失包括停产损失费用和治理污染河流的费用。

50. 答案：A

解析：BCD 三项属于安全技术措施。

51. 答案：C

解析：安全文化的功能主要有导向功能、凝聚功能、激励功能、辐射和同化功能。辐射功能是指企业安全文化一旦在一定的群体中形成，便会对周围群体产生强大的影响作用，迅速向周边辐射。

52. 答案：C

解析：《建设工程安全生产管理条例》第二十六条规定，施工单位应当在施工组织设计中编制安全技术措施和施工现场临时用电方案，对下列达到一定规模的危险性较大的分部分项工程编制专项施工方案，并附具安全验算结果，经施工单位技术负责人、总监理工程师签字后实施，由专职安全生产管理人员进行现场监督。

53. 答案：D

解析：依据《特种设备防护用具》目录，呼吸器具类包括防尘口罩、过滤式呼吸面具、自给式空气呼吸器、长管面具。

54. 答案：B

解析：生产经营单位承包工程的安全规定包括六方面的内容，其中第四条是要认真做好施工现场安全措施的核实和确认。有些施工现场既有正在生产运行的设备，也有施工改造的设备、设施等，保证安全的设备系统的隔离措施应以发包单位为主实施，承包方应做好核实和确认。

55. 答案：A

解析：事故的直接原因包括人的不安全行为和物的不安全状态，施工单位为赶时间未按照施工方案施工作业，违规动火作业，造成伤亡事故。

56. 答案：D

解析：根据分析可知此次事故为较大事故。重大事故、较大事故、一般事故分别由事故发生地省级人民政府、设区的市级人民政府、县级人民政府负责调查。

57. 答案：B

解析：此次事故共造成 10 人死亡，属于重大事故，重大事故应由事故发生地的省级人民政府负责调查。

58. 答案：A

解析：《突发事件应对法》第七条规定，县级人民政府对本行政区域内突发事件的应对工作负责；涉及两个以上行政区域的，由有关行政区域共同的上一级人民政府负责，或者由各有关行政区域的上一级人民政府共同负责。

59. 答案：D

解析：生产经营单位负责整个生产过程的安全责任。

60. 答案：C

解析：县级以上地方各级安全生产监督管理部门对本行政区域内的建设项目安全设施"三同时"实施综合监督管理，并在本级人民政府规定的职责范围内承担本级人民政府及其有关主管部门审批和批准或者备案的建设项目安全设施"三同时"的监督管理。

61. 答案：C

解析：对认定责任事故的，要按照责任大小和承担责任的不同分别认定直接责任者、主要责任者和领导责任者。

62. 答案：D

解析：选项 A、B、C 均属于各级管理者的安全承诺。

63. 答案：A

解析：常规检查主要依靠检查人员的经验和能力，检查的结果直接受安全检查人员个人素质的影响。

64. 答案：C

解析：实施安全检查就是通过访谈、查阅文件和记录、现场观察、仪器测量的方式获取信息。选项 A、B 属于安全检查准备阶段内容，选项 D 是数据分析内容。

65. 答案：B

解析：风险评价是安全管理的基础和依据，制定隐患整改措施时应优先考虑。

66. 答案：C

解析：安全带、安全网、密目式安全立网的安全标志规格相同均为 69mm×46mm。

67. 答案：D

解析：申请特种劳动防护用品安全标志的生产单位应具有工商行政部门核发的营业执照。

68. 答案：B

解析：重大事故是指造成 10 人以上（含 10 人）30 人以下死亡，或者 50 人以上（含 50 人）100 人以下重伤，或者 5000 万元以上（含 5000 万元）1 亿元以下直接经济损失的事故。

69. 答案：B

解析：粗死亡率计算公式：$粗死亡率=\dfrac{同年死亡总数}{某年平均人口数}\times 1000\%$

则该城市 2011 年粗死亡率为$\dfrac{(15+30+2955)}{1000000}=3$　。

70. 答案：D

解析：

$千人重伤率=\dfrac{重伤人数}{从业人员数}\times 10^3$，$A公司的千人重伤率=\dfrac{2}{200}\times 10^3=10\%$，

$B公司的千人重伤率=\dfrac{4}{500}\times 10^3=8\%$。

二、多项选择题

71. 答案：BCDE

解析：根据《国务院关于进一步加强企业安全生产工作的通知》，“赋予企业生产现场带班人员、班组长和调度人员在遇到险情时第一时间下达停产撤人命令的直接决策权和指挥权。因撤离不及时导致人身伤亡事故的，要从重追究相关人员的法律责任。”但是企业

管理人员肯定具有调度能力，故选 BCDE。

72. 答案：ACDE

解析：企业应执行变更管理制度，对机构、人员、工艺、技术、设备设施、作业过程及环境等永久性或暂时性的变化进行有计划的控制。变更的实施应履行审批及验收程序，并对变更过程及变更所产生的隐患进行分析和控制。

73. 答案：ACDE

解析：安全文化建设的基本内容包括：安全承诺、行为规范和程序、安全行为激励、安全信息传播和沟通、自主学习与改进、安全事务参与和审核与评估。

74. 答案：ABCE

解析：对非矿山企业，目前国家有关规定要求强制性检查的项目有：锅炉、压力容器、压力管道、高压医用氧舱、起重机、电梯、自动扶梯、施工升降机、简易升降机、防爆电器、厂内机动车辆、客运索道、游艺机及游乐设施等；作业场所的粉尘、噪声、振动、辐射、高温低温、有毒物质的浓度等。

75. 答案：BCD

解析：对已经取得安全生产许可证的生产经营单位，在其被挂牌督办的重大事故隐患治理结束前，安监部门应加强监督检查，必要时可以提请原许可证颁发机关依法暂扣其安全生产许可证；对审查合格的，对事故隐患进行核销，同意恢复生产经营，不合格的依法责令整改或者下达停产整改指令；对整改无望的或者生产经营单位拒不执行整改指令的，依法实施行政处罚；不具备安全生产条件的，依法提请县级以上人民政府按照国务院规定的权限予以关闭。

76. 答案：BD

解析：根据危险源在事故发生和发展中的作用，一般把危险源划分为两大类，即第一类危险源和第二类危险源。第一类危险源是指生产过程中存在的，可能发生意外释放的能量，包括生产过程中各种能量源、能量载体或危险物质。第一类危险源决定了事故后果的严重程度，它具有的能量越多，发生事故后果越严重。选项 B 和 D 都属于第一类危险源。第二类危险源是广义上包括物的故障、人的失误、环境不良，以及管理缺陷等因素。第二类危险源决定了事故发生的可能性，它出现越频繁，发生事故的可能性越大。

77. 答案：BCD

解析：《生产经营单位安全生产事故应急预案编制导则》规定，生产规模小、危险因素少的生产经营单位，综合应急预案和专项应急预案可以合并编写；但本单位规模庞大，故综合应急预案和专项应急预案不能合并编写。《导则》5.3 规定，专项应急预案是生产经营单位为应对某一类型或某几种类型事故，或者针对重要生产设施、重大危险源、重大活动等内容而定制的应急预案。专项应急预案主要包括事故风险分析、应急指挥机构及职责、处置程序和措施等内容。《导则》4.6 规定，应急预案编制应注重系统性和可操作性，做到与相关部门和单位应急预案相衔接。《导则》5.4 规定，生产经营单位应根据风险评估、岗位操作规程以及危险性控制措施，组织本单位现场作业人员及安全管理等专业人员共同编制现场处置方案。

78. 答案：BCE

解析：特种劳动防护用品必须具有“三证”和“一标志”，购买的特种劳动防护用品须经本单位安全管理部门验收，并应按照特种劳动防护用品的使用要求，在使用前对其防护功能进行必要的检查。

79. 答案：AC

解析：物体打击指物体在重力或其他外力作用下产生运动，打击人体、造成人身伤亡事故，不包括因机械设备、车辆、起重机械、坍塌等引发的物体打击。

80. 答案：ACDE

解析：绝对指标是事故起数（隐患、征候）、死亡人数、轻伤和重伤人数、损失工日（时）数、经济损失量等。相对指标是指：（1）相对人员：千人伤亡率、10 万人死亡率、人均损失工日、人均损失等；（2）相对劳动量：百万工日伤害频率、人均损失工日等；（3）相对生产产值：亿元 GDP 死亡率；（4）相对生产产量：煤矿行业为百万吨事故率等。

81. 答案：AD

解析：运用强制原理的原则包括安全第一原则和监督原则两大原则。

82. 答案：ABC

解析：《特种设备安全监察条例》第二十八条规定，特种设备使用单位应当按照安全技术规范的定期检验要求，在安全检验合格有效期届满前 1 个月向特种设备检验检测机构提出定期检验要求。未经定期检验或者检验不合格的特种设备，不得继续使用，故选项 A 正确；安全检查工作应对危险性大、易发生事故、事故危害大的生产系统、部位、装置、设备等加强检查，一般应重点检查剧毒品，锅炉、压力容器等特种设备，易发生火灾、爆炸等事故的设备、场所等，故选项 B 正确；油漆中含有苯类化合物，在喷漆作业的过程中会挥发至空气中，苯类化合物具有毒性且易燃，需要气体报警控制器随时对喷漆房内的苯类挥发物的浓度进行监控，故选项 C 也正确。

83. 答案：BD

解析：苯和甲苯爆炸的三个条件是苯和甲苯达到爆炸浓度、一定能量的点火源、一定浓度的氧气。防止苯和甲苯爆炸就是控制这三个条件，只要有一个条件达不到，就不会发生爆炸。

84. 答案：ABE

解析：《安全生产法》第四十六条规定，生产经营项目、场所发包或者出租给其他单位的，生产经营单位应当与承包单位、承租单位签订专门的安全生产管理协议，或者在承包合同、租赁合同中约定各自的安全生产管理职责；生产经营单位对承包单位、承租单位的安全生产工作统一协调、管理，定期进行安全检查，发现安全问题的，应当及时督促整改。依据《企业安全生产标准化基本规范》，企业应建立合格承包商、供应商等相关方的名录和档案，定期识别服务行为安全风险，并采取有效的控制措施。《安全生产法》第四十五条规定，两个以上生产经营单位在同一作业区域内进行生产经营活动，可能危及对方生产安全的，应当签订安全生产管理协议，明确各自的安全生产管理职责和应当采取的安全措施，并指定专职安全生产管理人员进行安全检查与协调。

85. 答案：ABC

解析：由于万向鹤管与罐车卸车口接口处液化气大量泄漏，泄漏的气体可能随时发生爆炸，构成重大事故隐患，此时应立即组织疏散隐患现场的人员，疏散卸车现场的其他罐车，并对事故隐患进行处理；为了减小事故隐患的危害范围，此时应立即关闭卸车阀门，不再卸载液化气，防止再泄漏；不可关闭储罐安全阀的手阀，如果关闭手阀，安全阀将起不到调节气罐压力的作用，可能引起爆炸；也不可驾车驶离现场，防止汽车启动过程中产生电火花。

2018 年度全国注册安全工程师执业资格考试模拟试卷（三）

安全生产管理知识

（考试时间 150 分钟，满分 100 分）

一、单项选择题（共 70 题，每题 1 分。每题的备选项中，只有 1 个最符合题意）

1. 某公司是以重油为原料生产合成氨、硝铵的中型化肥厂，某日发生硝铵自热自分解爆炸事故。事故造成 9 人死亡、16 人重伤、52 人轻伤，损失工作日总数 168000 个，直接经济损失约 7000 万元。依据《生产安全事故报告和调查处理条例》（国务院令第 493 号），该起事故等级属于（　　）。

   A. 特别重大事故　　B. 重大事故　　C. 较大事故　　D. 一般事故

2. 某天然气厂一作业区二站新更换的分离器液位计玻璃板正常生产中突然爆裂，发生天然气泄漏。站长杨某、值班员王某、赵某按照应急处理方案更换了玻璃板，试压合格后，恢复正常生产。3 小时后，分离器液位计玻璃板再一次爆裂，杨某立即组织关井、关站，并控制气源、火源。造成液位计玻璃板爆裂的直接原因是（　　）。

   A. 王某、赵某操作失误　　B. 杨某违章指挥

   C. 玻璃板材质存在缺陷　　D. 应急处置不当

3. 某铸造厂生产的铸铁管在使用过程中经常出现裂纹。为从本质上提高铸铁管的安全性，应在铸造的（　　）阶段开展相关完善工作。

   A. 设计　　B. 安装　　C. 使用　　D. 检修

4. 某公司总结出了“01467”安全管理模式，其内涵是：0—事故为零的目标；1—一把手是企业安全第一责任者；4—全员、全过程、全方位、全天候的安全管理和监督；6—安全法规标准系列化、安全管理科学化、安全培训实效化、生产工艺设备安全化、安全卫生设施现代化、监督保证体系化；7—规章制度保证体系、事故抢救保证体系、设备维护和隐患整改保证体系、安全科研与防范保证体系、安全检查监督保证体系、安全生产责任制保证体系、安全教育保证体系。其中“0”和“4”运用的安全管理原则和原理分别是（　　）。

   A. 人本原理的安全第一原则和系统原理

   B. 强制原理的安全第一原则和系统原理

   C. 预防原理的“3E”原则和强制原理

D．系统原理的行为原则和人本原理

5．近年来，人们对红木家具追捧热度越来越高，某木材加工厂看准市场形势，接受了大批红木家具的加工订单，但该厂木工机械设备老化且长期超负荷运转，导致伤害事故频发。为避免员工再受到机械伤害，该厂采取了一系列管控措施，以下措施中，属于本质安全技术措施的是（　　）。

A．采取冷却措施，降低木工机械运转温度

B．减少木工机械的运转时间

C．增加木工机械的检修频度

D．木工机械加装紧急自动停机系统

6．某公司锅炉送风机管道系统堵塞，仪表班班长带领两名青年员工用16.5MPa的二氧化碳气体，直接对堵塞的管路系统进行吹扫，造成非承压风量平衡桶突然爆裂，导致一青年员工腿骨骨折。按照博德事故因果连锁理论，这起事故的征兆是（　　）。

A．风量平衡桶材质强度不够　　B．用16.5MPa气体直接吹扫

C．员工个体防护缺陷　　D．青年员工安全意识淡薄

7．为加强安全生产宣传教育工作，提高全民安全意识，我国自2002年开始开展“安全生产月”活动。每年的“安全生产月”活动都有一个主题，2018年开展的“安全生产月”活动的主题是（　　）。

A．强化安全基础 推动安全发展　　B．关爱生命健康 责任重于泰山

C．坚持安全发展 确保国泰民安　　D．生命至上 安全发展

8．依据《企业安全生产标准化基本规范》（GB/T 33000—2016），生产经营单位建设项目的所有设备设施应实行全生命周期管理。下列关于设备设施全生命周期管理的说法中，正确的是（　　）。

A．安全设施投资应纳入专项资金管理，但不纳入建设项目概算

B．主要生产设备设施变更应执行备案制度，并及时向地方政府相关部门汇报

C．安全设施随生产设备改造同步拆除时，应采取临时安全措施，改造完成后立即恢复

D．拆除生产设备设施涉及危险物品时，应及时向地方政府相关部门汇报

9．某金属露天矿山为了节省开支，拟将建设项目安全预评价和验收评价工作整体委托。露天矿项目经理就安全预评价和验收评价的机构和评价人员等相关问题咨询了有关人员。依据《安全评价机构管理规定》，下列关于安全评价委托的说法中，正确的是（　　）。

A．预评价和验收评价可由同一评价机构承担，评价人员可以相同

B．预评价和验收评价可由同一评价机构承担，评价人员必须不同

C．同一对象的预评价和验收评价应由不同评价机构承担

D．经主管部门同意，预评价和验收评价可由同一评价机构承担

10. 小李、小赵和小孙共同承担煤矿掘进工作面的爆破作业。某天，在瓦斯检查员不在现场的情况下，小赵和小孙直接进行了爆破作业，爆破引发了瓦斯爆炸，小赵和小孙当场死亡，小李被冒落的岩石砸成重伤。依据《企业职工伤亡事故分类标准》（GB6441—86），该事故类型属于（　　）。

A．物体打击　　B．冒顶片帮　　C．放炮　　D．瓦斯爆炸

11. 某家具生产公司的加工机械有电刨、电钻、电锯等，还有小型轮式起重机、叉车、运输车辆等设备。主要的生产过程包括材料运输和装卸、木材烘干、型材加工、组装、喷漆等工序。依据《企业职工伤亡事故分类标准》（GB6441—86），该家具公司喷漆工序存在的危险、有害因素有（　　）。

A．火灾、中毒窒息、其他爆炸　　B．火灾、机械伤害、电离辐射

C．坍塌、放炮、灼烫　　D．坍塌、中毒窒息、淹溺

12. 危险与可操作性研究（HAZOP）是一种定性的安全评价方法。它的基本过程是以关键词为引导，找出过程中工艺状态的偏差，然后分析找出偏差的原因、后果及可采取的对策。下列关于 HAZOP 评价方法的组织实施的说法中，正确的是（　　）。

A．评价涉及众多部门和人员，必须由企业主要负责人担任组长

B．评价工作可分为熟悉系统、确定顶上事件、定性分析 3 个步骤

C．可由一位专家独立承担整个 HAZOP 分析任务，小组评审

D．必须由一个多专业且专业熟练的人员组成的工作小组完成

13. 安全文化由安全物质文化、安全行为文化、安全制度文化、安全精神文化组成。安全文化建设是通过创造一种良好的安全人文氛围和协调的人机环境，引导员工主动遵章守纪，养成良好的安全行为习惯。安全文化建设的目标是（　　）。

A．全员参与　　B．以人为本　　C．持续改进　　D．综合治理

14. 某企业高度重视安全文化建设，积极开展劳动竞赛和评先评优等多种形式的安全活动，营造良好的安全文化氛围。该企业每年度开展安全岗位标兵表彰活动，主要发挥了企业安全文化的（　　）功能。

A．辐射　　B．凝聚　　C．激励　　D．同化

15. F 公司是一家电子生产企业，厂区占地面积达 2000m×1800m。厂区西南角有一个制氢站（下风向），占地约 50m×60m。燃气锅炉房位于制氢站东 650m，锅炉房内有 3 台额定功率为 2.5MPa，额定蒸发量为 10t/h 的蒸汽锅炉（其中 1 台备用）。电镀车间紧邻锅炉房，车间内临时存放少量氰化钾等危险化学品。厂区西北角有危险化学品库房占地约为 40m×40m。依据《危险化学品重大危险源辨识》（GB 18218—2009），F 公司在进行重大危险源辨识时应划分为（　　）个单元。

A．1　　B．2　　C．3　　D．4

16. 液氨发生事故的形态不同，其危害程度差别很大。安全评价人员在对液氨罐区进行重

大危险源评价时，事故严重度评价应遵守（　　）原则。

A．最大危险　　B．概率求和　　C．概率乘积　　D．频率分析

17．M 公司是一家铜矿开采企业，有从业人员 198 人；N 公司是一家纺织企业，有从业人员 98 人。王某和李某是 S 安全技术服务公司员工。依据《安全生产法》，下列有关两家企业安全管理机构设置和人员配置做法中，正确的是（　　）。

A．M 公司未设置安全生产管理机构，配备了 3 名兼职安全生产管理人员

B．M 公司委托王某负责本公司的安全管理工作

C．N 公司未设置安全生产管理机构，配备了 1 名兼职安全生产管理人员

D．N 公司委托李某负责本公司的消防安全管理工作

18．某市安全生产监督管理局在调查处理一起股份制企业因安全生产投入不足造成的生产安全事故时，就安全生产投入的责任主体发生了分歧。依据《安全生产法》，该企业保证安全生产投入的主体应是（　　）。

A．投资人　　B．总经理　　C．董事长　　D．董事会

19．M 煤化工企业安全生产风险抵押金存储在 B 代理银行。根据市场和企业战略发展需要，该企业依法转型为路桥施工企业。依据《企业安全生产风险抵押金管理暂行办法》（财建〔2006〕369 号），下列关于安全生产风险抵押金管理的说法中，正确的是（　　）。

A．原风险抵押金自然结转存储

B．重新核定，补齐存储差额

C．B 代理银行 1 个月内退还原风险抵押金

D．M 企业自主支配其原风险抵押金专户存储资金

20．某建筑施工企业承建了一大型化工建设项目，为确保施工安全，制定了多项安全技术措施，其中一项为环氧乙烷储罐安装安全技术措施。措施明确了目的、应用单位、具体内容、经费预算、实施部门和负责人、预期效果等内容。按照安全技术措施计划的编制内容规定，该安全技术措施还应包括（　　）。

A．编制依据、应急处置方案、政府批文

B．编制依据、经费来源、政府批文

C．经费来源、开竣工日期、措施的检查验收

D．开竣工日期、安全施工协议、应急处置方案

21．某大型商场地下一层、地下二层经营金银饰品及电器产品，地上一层至三层经营服装类商品，四、五层经营餐饮。为加强商场安全管理，商场将地下一层、二层从事电器销售的摊位调整到地上二层，并对电器销售金属柜架采取整体接地措施；在电梯等入口处张贴警示标识；对临空栏杆增加玻璃围挡；禁止餐饮商户采用明火烧烤；在人员密集区域增加监控摄像头及逃生疏散标志。下列关于商场采取的安全技术措施中，优先次序正确的是（　　）。

A．电梯等入口处张贴警示标志；人员密集场所增加监控摄像头；播放消防知识

B．禁止餐饮明火烧烤；电器销售金属柜架整体接地；临空栏杆增加玻璃围挡

C．加强人员安全培训；人员密集场所增加监控摄像头；增设警示及逃生标志

D．人员密集场所增加监控摄像头；加强人员安全培训；电器金属柜架整体接地

22．根据规定，生产经营单位新建工程项目的安全设施，必须与主体工程同时设计、同时施工、同时投入生产和使用。某商场的建设项目设备设施布置示意图如下。下列设备设施中，属于安全设施的是（　　）。

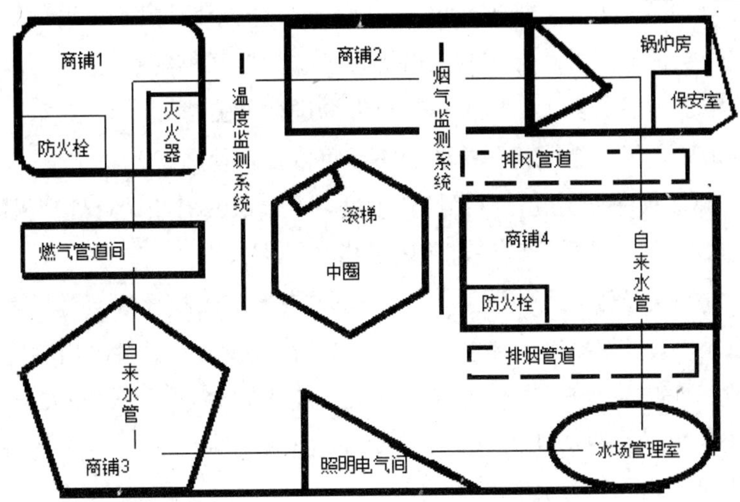

A．照明电气间、燃气管道间、滚梯　　B．温度监测系统、排风管道、锅炉房

C．保安室、自来水管、冰场管理室　　D．防火栓、灭火器、烟气监测系统

23．依据国家有关规定，生产危险化学品的建设项目安全设施设计完成后，建设单位应当向安全生产监督管理部门申请建设项目安全设施设计审查并提交相关资料，需要提交的资料是（　　）。

A．建设项目初步设计报告及安全专篇；建设项目安全预评价报告及相关文件资料；建设单位的资质证明文件（复印件）

B．建设项目审批、核准或者备案的文件；建设项目安全设施设计审查申请；监理单位的资质证明文件（复印件）

C．建设项目审批、核准或者备案的文件；建设项目初步设计报告及安全专篇；建设项目安全预评价报告及相关文件资料

D．设计单位的设计资质证明文件（复印件）；建设项目初步设计报告及安全专篇；安全环境评价报告

24．建设项目竣工后，依据国家有关规定，建设项目需要试运行（包括生产、使用）的，应当在正式投入生产或者使用前进行试运行。除国家有关部门有规定或者特殊要求的行业外，试运行时间应当不少于30日，最长不得超过（　　）日。

A．90　　B．180　　C．270　　D．365

25．某企业将电梯的日常维护保养委托给具备资质的单位进行，签订了维护保养协议。依据《特种设备安全监察条例》（国务院令第 373 号），维保单位进行清洁、润滑、调整和检查的周期应不低于（　　）日。

A．15　　B．30　　C．60　　D．90

26．甲企业设备管理部门将起重机大修工作委托给具有资质的乙公司进行，双方制定了详细的安全管控措施。下列安全措施中，错误的是（　　）。

A．甲、乙双方签订了安全管理协议，明确了双方安全职责和要求

B．甲方安全主管部门对乙方作业人员进行了安全教育和交底

C．现场指定了专门负责人，用警示带对现场进行了围挡

D．大修完成后，经甲企业检测检验合格后可以投入使用

27．我国通过实施行政许可制度、监督检查制度以及事故应对和调查处理机制，贯彻落实特种设备监察工作。其中行政许可制度是指（　　）。

A．市场准入和人员资格准入制度　　B．市场准入和设备准用制度

C．危机处理和人员资格准入制度　　D．行政执法和设备准用制度

28．《安全生产法》规定："生产经营单位的主要负责人和安全生产管理人员必须具备与本单位所从事的生产经营活动相应的安全生产知识和管理能力"。生产经营单位的安全生产管理人员是指（　　）。

A．所有专职安全生产管理人员

B．所有专、兼职安全生产管理人员

C．安全生产主管部门负责人以及所有专、兼职安全生产管理人员

D．分管安全生产的副职、安全生产主管部门负责人以及所有专、兼职安全生产管理人员

29．某建筑公司数名电工的特种作业操作证即将到期。根据国家对特种作业人员的要求，电工的操作证需要申请复审或延期复审。复审或延期复审前，其培训内容主要有相关安全法规、标准、事故案例及（　　）等知识。

A．电气作业安全管理　　B．特种作业操作证管理

C．电气装置及电气作业安全要求　　D．新工艺、新技术、新设备

30．某公司员工甲在工作中发生轻伤，休工 30 天后又回到原工作岗位继续工作。在复岗前甲需要接受（　　）安全教育培训。

A．公司级、车间级、班组级　　B．车间级、班组级

C．车间级　　D．班组级

31．某企业存在重大事故隐患，被当地人民政府挂牌督办。依据《安全生产事故隐患排查治理暂行规定》（国家安全生产监督管理总局令第 16 号），下列关于隐患监督管理的

说法中，正确的是（　　）。

A. 已经取得安全生产许可证的生产经营单位，在其被挂牌督办的重大事故隐患治理完成前，安全监管监察部门应当提请原许可证颁发机关依法暂扣其安全生产许可证

B. 对挂牌督办并采取全部或者局部停产停业治理的重大事故隐患，安全监管监察部门收到生产经营单位恢复生产的申请报告后，应当在10日内进行现场审查

C. 对整改无望或者生产经营单位拒不执行整改指令的，安全监管监察部门应当依法吊销其生产许可证

D. 对不具备安全生产条件的重大事故隐患所在单位，安全监管监察部门应当依法予以关闭

32. 2016年5月9日，某省甲市一客运运输公司所属一辆长途大巴，在行驶至该省乙市时，发生道路交通事故，5月10日，因事故伤亡人数上升，升级为重大事故，事故调查需要升级调查，依据《生产安全事故报告和调查处理条例》（国务院令第493号），下列事故调查组织和人员组成中，正确的是（　　）。

A. 6月8日前，甲市人民政府负责调查，乙市人民政府派员参加

B. 6月8日前，乙市人民政府负责调查，甲市人民政府派员参加

C. 5月16日前，甲市人民政府负责调查，乙市人民政府派员参加

D. 5月16日前，乙市人民政府负责调查，甲市人民政府派员参加

33. 锅炉、压力容器、压力管道、起重机械、大型游乐设施的制造过程和锅炉、压力容器、电梯、起重机械、客运索道、大型游乐设施的（　　）过程，必须经国务院特种设备安全监督管理部门核准的检验检测机构，按照安全技术规范的要求进行监督检验，未经监督检验合格的不得出厂或者交付使用。

A. 安装、改造、重大维修　　　　B. 改造、移装、拆除

C. 改造、日常维修、拆除　　　　D. 安装、日常维修、重大维修

34. 生产经营单位发生事故后，可能影响到该单位周边地区时，应及时启动警报系统，告知公众有关疏散时间、路线、交通工具及目的地等信息。该工作属于应急响应过程中的（　　）。

A. 警报和紧急公告　　　　B. 指挥与控制

C. 公共关系　　　　D. 接警与通知

35. 某氧化铝厂磨碎车间的一名电工调至焙烧车间工作，该电工调整工作岗位后的安全生产教育培训工作应由（　　）实施。

A. 特种作业培训机构　　　　B. 厂安全生产管理部门

C. 焙烧车间　　　　D. 磨碎车间

36. 某小区一住宅电梯检验有效期截止2012年11月8日，该小区物业管理公司应于2012年10月8日前向相应的（　　）申报定期检验。

A．安全生产监督管理部门　　B．质量技术监督管理部门

C．住房与城乡建设管理部门　　D．特种设备检验检测机构

37．根据《安全生产事故隐患排查治理暂行规定》（国家安全监管总局令第 16 号），生产经营单位应建立健全事故隐患排查治理制度，发现重大事故隐患的应立即向安全监管部门报告。下列内容中，通常不属于重大事故隐患报告内容的是（　　）。

A．隐患治理经费来源　　B．隐患的治理方案

C．隐患产生的原因　　D．隐患的危害程度

38．依据《工作场所职业病危害警示标识》（GBZ 158—2003），工作场所职业病危害警示的图形标识按照所表达的含义进行分类，可分为（　　）。

A．禁止标识、警告标识、指令标识、警示线

B．禁止标识、警告标识、指令标识、提示标识

C．限制标识、警示标识、提示标识、导向标识

D．限制标识、警告标识、指令标识、警示线

39．为了提醒人们注意周围环境，以避免可能发生的事故，某冶金企业在煤气管道的排水器周边设置了“当心中毒”标识。依据《工作场所职业病危害警示标识》（GBZ 158 — 2003），该标识属于（　　）标识。

A．限制　　B．警告

C．提示　　D．指令

40．甲某被一木材加工厂招收为电锯工，其工作环境有噪音、飞溅火花、刨屑等危害因素。木材厂应为甲某配备的特种劳动防护用品是（　　）。

A．手套　　B．呼吸器　　C．防护眼镜　　D．耳塞

41．某矿井下中央变电所的配电系统高压为 10kV。为保证操作高压电气设备时的安全，电工必须穿戴的劳动防护用品是（　　）。

A．防水手套　　B．防静电手套　　C．电绝缘鞋　　D．防电磁辐射服

42．生产经营单位为职工配备的特种劳动防护用品，必须具有“三证一标志”。“三证一标志”是指（　　）。

A．生产许可证、产品合格证、检验合格证和安全标志

B．生产许可证、检验合格证、安全鉴定证和特种劳动防护用品标志

C．生产许可证、产品合格证、安全鉴定证和安全标志

D．产品合格证、检验合格证、安全鉴定证和特种劳动防护用品标志

43．某安全管理人员在机加工车间检查，发现甲某操作铣床时穿紧身工作服，袖口扎紧；乙某高速切削铸件时戴防护眼镜；丙某操作车床时戴一般防护手套；丁某清理铁屑时戴防尘口罩。上述操作行为中，存在隐患的人员是（　　）。

A．甲某　　B．乙某　　C．丙某　　D．丁某

44. 某冶金企业存在粉尘、噪声等职业危害。当地安全生产监督管理部门在检查中发现，该企业皮带输送机处粉尘浓度超标，同时企业发放给接触粉尘岗位职工的防尘口罩属于伪劣产品。针对这一问题，当地安全生产监督管理部门做出的处理决定是（　　）。

A. 扣押安全生产许可证　　B. 限期整改

C. 停产整顿　　D. 上缴营业执照

45. 承包商管理是企业安全生产管理的重要组成部分。在承包商队伍进入作业现场前，应接受消防安全、设备设施保护及社会治安方面的教育，组织教育的责任主体是（　　）。

A. 承包商　　B. 发包企业

C. 建设行业行政主管部门　　D. 安全生产监督管理部门

46. 事故应急救援的基本任务主要包括：一是立即组织营救受害人员，组织撤离或者采取其他措施保护危害区域内的其他人员。二是迅速控制事态，并对事故造成的危害进行检测、监测，评估事故的危害区域、危险性质及危害程度。三是消除危害后果，做好现场恢复。四是查清事故原因，评估事故危害程度。为完成第三项基本任务，应迅速采取的措施是（　　）。

A. 隔离、减弱、监测、评估　　B. 封闭、隔离、洗消、监测

C. 疏散、隔离、减弱、监测　　D. 封闭、减弱、洗消、监测

47. 应急预案能否在应急救援中成功地发挥作用，不仅取决于应急预案自身的完善程度，还依赖于应急准备工作的充分性。下列工作范畴中，属于应急准备的是（　　）。

A. 接警通知　　B. 应急演练

C. 伤员救治　　D. 事故调查

48. 应急演练实施是将演练方案付诸行动的过程，是整个演练程序中的核心环节。下列内容中，属于应急演练实施阶段的是（　　）。

A. 演练方案培训、演练现场检查、演练执行、演练结束和领导点评

B. 现场检查确认、演练情况说明、演练执行、演练结束和现场点评

C. 落实演练保障措施、启动演练执行程序、结束演练和专家点评

D. 介绍演练人员及规则、演练启动与执行、演练结束和预案评审

49. 电焊、氩弧焊等作业过程中会产生紫外线职业危害。紫外线照射人体引起的职业病是（　　）。

A. 职业性白内障　　B. 滑囊炎

C. 电光性眼炎　　D. 铬鼻病

50. 某石油化工企业在A省B市C县一天然气生产矿井发生井喷。井喷后作业人员应急处置不当，含有H_2S的有毒气体向下风向扩散，造成周围群众13人死亡，105人急性中毒。依据《生产安全事故报告和调查处理条例》（国务院令第493号），负责组织此次事故调查的是（　　）。

A．国务院　　B．A 省人民政府

C．B 市人民政府　　D．C 县人民政府

51．毒物的危害性不仅取决于毒物的毒性，还受生产条件、劳动者个体差异的影响。下列关于毒物危害性的说法中，正确的是（　　）。

A．同类有机化合物中卤族元素取代氢时，毒性减小

B．毒物在水中溶解度越小，其毒性越大

C．毒物沸点与空气中毒物浓度和危害程度成反比

D．氮气是一种无毒的惰性气体，不会产生危害性

52．A 市所辖 B 区一酒店发生火灾事故，导致 2 人死亡、5 人重伤。依据《生产安全事故报告和调查处理条例》（国务院令第 493 号），下列关于此事故报告的说法中，正确的是（　　）。

A．事故发生后，酒店负责人应当在 2 小时内向 B 区安全生产监督管理部门报告

B．B 区安全生产监督管理部门接到报告后，应于 2 小时内向 A 市安全生产监督管理部门报告

C．A 市安全生产监督管理部门接到报告后，应当在 1 小时内向省人民政府安全生产监督管理部门报告

D．自事故发生之日起 30 日内伤亡人数发生变化时，酒店应当及时补报

53．甲公司是一家危险化学品生产企业，因业务发展需要新建一个 $3000m^2$ 的新厂房，乙建筑公司南方分公司为施工总包单位。在取得建筑施工许可证后，乙公司南方分公司在厂房基础开挖施工过程中发生坍塌事故，导致 3 人死亡。当地人民政府组织事故调查组对施工现场进行事故调查。下列关于事故调查的说法中，正确的是（　　）。

A．询问访谈目击证人应采取“一对一”方式

B．地方政府可委托乙公司进行调查取证

C．情况不明时，事故调查可采取技术鉴定

D．事故调查组应在事故发生之日起 3 个月内提交事故调查报告

54．某危险化学品仓储公司仓库保管员张某家中有事，私下委托同事叶某临时代为保管仓库钥匙。期间，叶某进入危险化学品仓库，擅自将易燃化学品异丙醇和强氧化剂双氧水混放，引发火灾事故，造成直接经济损失 100 万元。下列关于此事故责任认定的说法中，正确的是（　　）。

A．张某擅自委托叶某代为保管危险化学品库房钥匙，是事故直接责任者

B．叶某进入危险化学品仓库将危险化学品混放，是事故直接责任者

C．危险化学品仓储公司主要负责人管理不到位，是事故直接责任者

D．危险化学品仓储公司安全管理部门负责人存在管理失职，是事故直接责任者

55．某市甲化工厂新建 1 套醋酸装置，由乙公司以总承包方式负责建设。现场工程监理由

丙公司承担。某日，乙公司工人孔某在脚手架上行走时坠落，经抢救无效死亡。该市安全生产监督管理局组织事故调查后，提出整改措施。落实整改措施的责任单位是（　　）。

A．甲化工厂　　B．乙公司

C．丙公司　　D．市安全生产监督管理局

56．甲钢铁厂位于某省某市境内。某日，钢铁厂发生钢水包倾倒事故，造成 15 人死亡。有关部门迅速成立事故调查组进行调查，并形成了事故调查报告。负责批复事故调查报告的行政部门是（　　）。

A．国务院　　B．国务院安全生产监督管理部门

C．省人民政府　　D．市人民政府

57．某地下铁矿发生冒顶片帮事故，造成刘某和程某当场死亡，钻机损坏，停产 15 日。在事故救援过程中，参与救援的张某被铲运机碰撞，造成腰椎压缩骨折。该起事故造成的下列经济损失中，属于间接经济损失的是（　　）。

A．钻机损坏　　B．张某的医疗费用

C．刘某和程某的抚恤费用　　D．补充新员工的培训费用

58．某企业调试新引进的化工产品生产线时发生事故，导致 1 名员工重伤和附近一条河流污染。在事故处理过程中，该员工的医疗、工伤补助等费用共计 2 万元，地方安监部门给予行政罚款 1 万元，生产线事后修复花费 20 万元，处理河流污染费用 10 万元。依据《企业职工伤亡事故经济损失统计标准》（GB/T 6721—86），本次事故造成的直接经济损失费用是（　　）万元。

A．2　　B．3　　C．23　　D．33

59．某企业在一次液氯泄漏事故的应急救援中，对事故的发展态势及影响及时进行了动态监测，建立现场和场外的监测和评估程序。下列做法中，正确的是（　　）。

A．现场应急结束后，终止现场和场外监测

B．现场恢复阶段，终止现场和场外监测

C．将监测与评估的结果作为实施周边群众保护措施的重要依据

D．可燃气体监测优先有毒有害气体监测

60．甲企业设机关部门 4 个，员工 24 人；生产车间 6 个，员工 450 人；辅助车间 1 个，员工 26 人。员工每天工作 8 小时，全年工作日数 300 天。2012 年，甲企业发生各类生产安全事故 3 起，2 名员工死亡。甲企业 2012 年百万工时死亡率为（　　）。

A．2.06　　B．1.75　　C．1.67　　D．1.53

61．企业应落实安全管理主体责任，保证安全生产投入。依据《企业安全生产费用提取和使用管理办法》（财企〔2012〕16 号），下列有关安全生产费用管理的说法中，错误的是（　　）。

A．新建企业和投产不足一年的企业，以当年实际营业收入为提取依据，按月计提安全生产费用

B．安全生产费用可用于安全生产宣传、教育、培训支出

C．企业提取的安全生产费用，当地安全生产监督管理部门集中管理

D．安全生产费用应当企业提取、政府监管、确保需要、规范使用

62．依据《生产过程危险和有害因素分类与代码》（GB/T 13861—2009），危险、有害因素分为人的因素、物的因素、环境因素和管理因素4大类。下列关于危险、有害因素辨识的说法中，正确的是（　　）。

A．"地面湿滑""安全通道狭窄""料口围栏缺陷"属于环境因素，"岩体滑动""通风气流紊乱"属于物的因素

B．"地面湿滑""安全通道狭窄""通风气流紊乱"属于物的因素，"岩体滑动""料口围栏缺陷"属于管理因素

C．"地面湿滑""岩体滑动""通风气流紊乱""安全通道狭窄""料口围栏缺陷"属于物的因素

D．"地面湿滑""岩体滑动""通风气流紊乱""安全通道狭窄""料口围栏缺陷"属于环境因素

63．甲市乙县一大型化工企业的环氧乙烷储罐区构成了重大危险源。甲市安全生产监督管理部门在对该企业进行安全检查时，发现储罐区与某生活水源地的安全距离不符合相关规定，需要停产并搬迁。根据国家有关规定，负责组织实施该储罐区停产搬迁工作的是（　　）。

A．甲市安全生产监督管理部门　　B．甲市人民政府

C．乙县安全生产监督管理部门　　D．乙县人民政府

64．安全生产费用是指专门用于完善和改进企业或者项目安全生产条件的资金。下列选项中，关于企业安全生产费用提取和使用的说法，错误的是（　　）。

A．安全费用的管理原则是"企业提取、政府监管、确保需要、规范使用"

B．企业应编制年度安全费用提取和使用计划，纳入企业财务预算

C．矿山企业转产、停产、停业或者解散的，应当将安全费用结余转入矿山闭坑安全保障基金，用于矿山闭坑、尾矿库闭库后可能的危害治理和损失赔偿

D．企业年度结余资金不能结转下年度使用

65．某企业在一危险化学品库门前安装了一台静电释放器，所有进入库内人员必须触摸静电释放器，待静电释放后，方可入库作业。这种安全技术措施属于（　　）。

A．设置薄弱环节　　B．限制能量或危险物质

C．隔离　　D．故障—安全设计

66．特种设备使用单位应加强特种设备的使用安全管理，按照安全技术规范要求定期进行

检验、维修、保养和报废。下列特种设备中，属于达到推荐使用寿命时直接报废处理的是（　　）。

A．简单压力容器　　B．叉车

C．惰性气体气瓶　　D．工业压力管道

67．某炼钢厂在 3m 深的地坑内进行管道焊接，施工过程中需要使用氩气对坑内管道进行吹扫。为防止发生窒息事故，作业前应配备特种劳动防护用品。下列配备的用品中，正确的是（　　）。

A．过滤式防毒面具、防护眼镜　　B．防护眼镜、防护手套

C．空气呼吸器、长管面具　　D．防静电服、防爆照明灯

68．某省级煤矿安全监察机构在进行煤矿隐患排查时，发现甲煤矿存在重大事故隐患，当即下达隐患整改指令书，并实行挂牌督办。挂牌督办结束前，煤矿安全监察机构收到恢复生产的申请报告后，进行现场审查。审查结论合格时，煤矿安全监察机构应依法采取的做法是（　　）。

A．核销事故隐患，依法实施行政处罚

B．核销事故隐患，同意恢复生产

C．同意暂时恢复生产，30 日内重新审查

D．同意恢复生产，依法实施行政处罚

69．某煤业集团 2011 年煤炭产量 1 亿 t，死亡人数 20 人。2012 年该煤业集团产量 0.8 亿 t，死亡人数为 10 人。该煤业集团百万吨死亡率下降（　　）。

A．20%　　B．37.5%　　C．12.5%　　D．7.5%

70．2016 年 11 月，甲省乙市丙县的 X 运输公司在甲省丁市戊县 Y 公司内卸车作业时发生一起造成 2 人死亡的生产安全事故。依据《生产安全事故报告和调查处理条例》（国务院令第 493 号），下列关于这起事故调查工作的说法中，正确的是（　　）。

A．由丙县人民政府负责　　B．由戊县人民政府负责

C．由丁市人民政府负责　　D．由乙市人民政府负责

二、多项选择题（共 15 题，每题 2 分。每题的备选项中，有 2 个或 2 个以上符合题意，至少有 1 个错项。错选，本题不得分；少选，所选的每个选项得 0.5 分）

71．某小型私营矿山企业的员工腰挎手电筒，将一包用报纸捆扎的炸药卷放在休息室内的电炉子旁边，边烤手取暖，边与带班班长聊天。根据危险源辨识理论，上述事件中，属于危险源的有（　　）。

A．炸药　　B．报纸　　C．电炉子　　D．休息室　　E．手电筒

72．某日，一大型商业文化城发生一起接线盒电气阴燃事故，过火面积 $0.5m^2$。商场值班人员由于应急处理得当，未造成大的经济损失。事后，公司领导根据这起事故，发动

公司全员开展了全方位、全过程和全天候，为期3个月的火灾隐患排查及整改工作。这种安全管理做法符合（　　）。

A．人本原理的动态相关性原则　　B．人本原理的行为原则

C．强制原理的能级原则　　D．预防原理的偶然损失原则

E．安全系统原理的封闭原则

73．某企业按照安全设备设施检维修计划对生产线和室外储油罐区进行大修。检维修前，企业主管领导召集各职能部门负责人和工程技术人员，共同商议制定了维修方案。维修方案中包含了具体的施工步骤、参与的部门和人员，以及时间要求和工程进度等内容。大修工程开始后，由于设置在罐区的塔式避雷针妨碍起吊运输储油罐，故临时决定将塔式避雷针先行拆除，待储油罐全部安装到位后再行恢复。施工过程中，由于雷雨天气，闪电击中刚立起的储油罐体上，瞬间将新建的储油罐体击穿，造成设备报废。下列关于检维修现场安全管理的说法中，正确的有（　　）。

A．检维修方案应包含作业行为分析和控制措施

B．塔式避雷装置可以用于防范直击雷

C．施工前对施工维修人员进行安全交底

D．采取临时防雷装置措施的接地电阻不小于15Ω

E．检维修方案必须报当地安全生产监督管理部门批准

74．某煤矿发生一起突水事故，事故所在地人民政府组织事故调查组对事故进行了调查，下列关于事故调查组的说法中，正确的有（　　）。

A．事故调查组成员不得与该起事故有直接利害关系

B．事故调查组组长由负责事故调查的人民政府指定

C．事故调查组的主要任务是认定事故的直接经济损失和间接经济损失

D．事故调查组成员应在事故调查报告上签名

E．事故调查组应在事故发生之日起30日内提交事故调查报告

75．某化学品存储企业，分库存储不同的危险化学品，各库间距均超过600m。其存储的危险化学品临界量如下表：

危险化学品名称	临界量/t	危险化学品	临界量/t
汽油	200	苯	50
氨	10	天然气	50
乙炔	1		

依据《危险化学品重大危险源辨识》（GB 18218—2009），下列构成重大危险源的是（　　）。

A．相隔200m的两个150t汽油储罐　　B．储存20t苯的库房

C．15t液氨储存区　　D．储量为100t的天然气站

E．储存 0.6t 乙炔的工业气瓶储存区

76．安全生产规章制度是生产经营单位有效防范安全风险、保障从业人员安全健康和企业财产安全的重要措施。下列关于企业安全生产管理制度的制定和执行的说法中，正确的是（　　）。

A．由企业安全管理部门负责组织编制

B．由安全管理人员执行

C．以风险控制为主线进行系统性考虑

D．由具有丰富现场经验的管理和技术人员参与制定

E．由相关业务主管部门负责组织制定

77．某咨询公司在承揽一批企业安全管理咨询项目时，对企业人员总数和安全管理机构设置关系有不同意见。依据《安全生产法》，下列企业中，必须设置安全生产管理机构或配备专职安全生产管理人员的是（　　）。

A．从业人员 110 人的矿山单位

B．从业人员 90 人的发电单位

C．从业人员 120 人的洗衣机生产单位

D．从业人员 100 人的建筑施工单位

E．从业人员 60 人的烟花爆竹生产单位

78．建设项目实施安全设施“三同时”管理是强化源头治理、实现本质安全的主要措施。完备的监管责任制度是保证安全设施“三同时”制度顺利执行的关键。下列关于“三同时”管理的说法中，正确的是（　　）。

A．国家安全生产监督管理总局对全国建设项目安全设施“三同时”实施综合监督管理，承担国务院及其有关主管部门审批、核准或者备案的建设项目安全设施“三同时”的监督管理

B．县级安全生产监督管理部门承担本级人民政府及其有关主管部门审批、备案的建设项目安全设施“三同时”的监督管理

C．县级建设行政管理部门承担本级人民政府及其有关主管部门审批、备案的建设项目安全设施“三同时”的监督管理

D．上一级人民政府安全生产监督管理部门可以委托下一级相应部门实施项目“三同时”监督管理

E．跨两个区域的建设项目安全设施“三同时”由其共同的上一级人民政府安全生产监督管理部门实施监督管理

79．某大型禽肉食品加工厂有员工 3200 人，主要生产生鲜及冷冻食品。厂区内有厂房、锅炉房、液氨压缩机房、办公楼电梯、简易货物升降机、污水处理站、食堂等设备设施。按照国家有关规定，该厂必须进行强制性安全检查的项目有（　　）。

A．锅炉

B．液氨压缩机

C．办公楼电梯

D．简易货物升降机

E．污水处理站

80．某地铁建设项目在进行可行性研究时，需要对其进行安全生产条件论证。下列论证内容中，应纳入安全条件论证报告的有（　　）。

A．当地自然条件对建设项目安全生产的影响

B．建设项目与周边设施（单位）生产、经营活动在安全方面的相互影响

C．建设项目与周边居民生活在安全方面的相互影响

D．法律法规等方面的符合性

E．人员管理和安全培训方面的评价

81．根据《生产过程危险和有害因素分类与代码》（GB/T 13861—2009），下列职业性危害因素中，属于环境因素的有（　　）。

A．作业场地涌水　　　　B．房屋基础下沉

C．烟雾　　　　D．激光

E．超负荷劳动

82．某煤矿洗选车间一名外委单位电工在高压配电室检修电气设备过程中，由于未穿绝缘靴、戴绝缘手套，违章擅自进入高压配电柜内，手持高压触头接触带电高压静触头，导致高压触电死亡。事故发生后，有关部门对事故进行了调查处理，并制定了事故防范整改措施。下列防范和整改措施中，正确的有（　　）。

A．立即对外委单位进行安全检查，不符合规定的外委工作立即整改

B．洗选车间应尽快制定完善《外委电工操作安全管理规定》，明确安全管理责任和管理流程

C．完善安全管理制度，规范外委单位的资质、技术管理、人员配备、从业人员培训

D．认真贯彻《企业领导人员廉洁自律有关规定》，不得指定外委单位

E．高压电气设备的检修停送电必须实行工作票和操作票制度，并按照规范程序操作

83．依据《企业安全生产标准化基本规范》（GB/T 33000—2016），工程发包单位和承包商在依法签订工程合同的同时，必须签订安全协议。下列关于安全协议的内容中，正确的是（　　）。

A．发包单位对现场实施奖惩的有关规定

B．承包商在施工过程中不得擅自更换工程技术管理等人员

C．承包商发生生产安全事故，责任自负

D．承包商不得擅自将工程分包

E．承包商建立完善的质量保证体系

84．某地下铁矿应急预案体系由综合应急预案、专项应急预案、现场应急处置方案组成。下列关于该矿地下开采事故应急预案的说法中，正确的有（　　）。

A．综合应急预案必须明确所有临时性应急方案

B．专项应急预案应包括冒顶片帮、透水、火灾、中毒和窒息等事故预案

C．火灾事故专项应急预案对组织机构及职责有较强的针对性和具体阐述

D．中毒和窒息专项预案的编制应辨识井下破碎硐室的危险有害因素

E．触电事故现场应急处置方案应当明确现场处置、事故控制和人员救护等应急处置措施

85．某民爆企业发生乳化炸药爆炸事故，造成厂房倒塌，设备损毁，多人伤亡。在对该起事故进行调查处理过程中，下列收集现场有关物证的做法中，正确的有（　　）。

A．收集现场破损部件及碎片

B．标注残留物、致害物的位置

C．清理有害物质时采取保护证据措施

D．清除物证黏附的危险介质

E．收集证人证言

安全生产管理知识模拟试卷

答案与解析

（满分 100 分）

一、单项选择题

1．答案：B

解析：《生产安全事故报告和调查处理条例》第三条规定，生产安全事故一般分为以下四个等级：（1）特别重大事故是指造成 30 人以上（含 30 人）死亡、或者 100 人以上（含 100 人）重伤（包括急性工业中毒、下同）、或者 1 亿元以上（含 1 亿）直接经济损失的事故；（2）重大事故是指造成 10 人以上（含 10 人）30 人以下死亡、或者 50 人以上（含 50 人）100 人以下重伤、或者 5000 万元以上（含 5000 万元）1 亿以下直接经济损失的事故；（3）较大事故是指 3 人以上（含 3 人）10 人以下死亡、或者 10 人以上（含 10 人）50 人以下重伤、或者 1000 万元以上（含 1000 万元）5000 万元以下经济损失的事故；（4）一般事故是指造成 3 人以下死亡、或者 10 人以下重伤、或者 1000 万以下直接经济损失的事故。

2．答案：C

解析：分析该题事故的直接原因是玻璃板材质存在缺陷。

3．答案：A

解析：本质安全是指通过设计等手段使生产设备或生产系统本身具有安全性，即使在误操作或者发生故障的情况下也不会造成事故。

4．答案：C

解析：安全生产管理原理与原则系统原理是现代管理学的一个最基本原理。它是指人们在从事管理工作时，运用系统理论、观点和方法，对管理活动进行充分的系统分析，以达到管理的优化目标，即用系统论的观点、理论和方法来认识和处理管理中出现的问题。

人本原理指在管理中必须把人的因素放在首位、体现以人为本的指导思想。预防原理指在安全生产管理工作应该做到预防为主、通过有效的管理和技术手段、减少和防止人的不安全行为和物的不安全状态，从而使事故发生的概率降到最低。强制管理指采取强制的手段控制人的意愿和行为，使个人活动、行为受到安全生产管理要求的约束，从而实现有效的安全生产管理。

5．答案：D

解析：本质安全是指通过设计等手段使生产设备或生产系统本身具有安全性，即使在误操作或发生故障的情况下也不会造成事故。具体包括两方面的内容：（1）失误—安全功能指操作者即使操作失误，也不会发生事故或伤害，或者说设备、设施和技术工艺本身具有自动防止人的不安全行为的功能。（2）故障—安全功能指设备、设施或生产工艺发生故障或损坏时，还能暂时维持正常工作或自动转变为安全状态。木工机械加装紧急自动停机系统属于失误—安全功能。

6. 答案：B

解析：博德的因果理论包括五个方面：控制不足——管理、基本理论——起源论、直接原因——征兆、事故——接触、受伤——损坏——损失。这起事故的直接原因是使用16.5MPa气体直接吹扫。

7. 答案：D

解析：2018年安全生产月主题为：生命至上，安全发展。

8. 答案：C

解析：《企业安全生产标准化基本规范》规定，安全设施和职业病防护设施不应随意拆除、挪用或弃置不用；确因检修拆除的，应采取临时全安设施，检修完毕后立即复原。

9. 答案：C

解析：《安全评价机构管理规定》第二十一条规定，建设项目的安全预评价和安全验收评价不得委托同一个安全评价机构。

10. 答案：C

解析：依据《企业职工伤亡事故分类标准》，放炮指爆破作业中发生的伤亡事故。

11. 答案：A

解析：喷漆工序中存在的危险有害因素包括火灾、中毒窒息、其他爆炸等。

12. 答案：D

解析：危险和可操作性研究方法可按分析的准备、完成分析和编制分析结果报告3个步骤来完成，危险和可操作性研究方法与其他安全评价方法的明显不同之处是：其他方法可由某人单独使用，而危险和可操作性分析则必须由一个多方面的、专业的、熟练的人员组成的小组来完成。

13. 答案：B

解析：企业安全文化与企业文化目标是基本一致的，即“以人为本”、以人的“灵性管理”为基础。

14. 答案：C

解析：安全行为激励是指企业宜在组织内部树立安全榜样或者典范，发挥安全行为和安全态度的示范作用。

15. 答案：C

解析：一般将装置的一个独立部分称为单元，并以此来划分单元。每个单元都有一定的功能特点，如原料供应区、反应区、产品蒸馏区、吸收或洗涤区、成品或半成品储存区、运输装卸区、催化剂处理区、副产品处理区、废液处理区、配管桥区等。在一个共同厂房内的装置可以划分为一个单元；在一个共同堤坝内的全部储蓄罐也可划分为一个单元；敷设地上的管道不作为独立的单元处理，但配管桥区例外。

16. 答案：A

解析：最大危险原则是指如果一种危险物具有多种事故形态，且它们的事故后果相差大，则按后果最严重的事故形态考虑。概率求和原则是指如果一种危险物具有多种事故形态，且它们的事故后果相差不大，则按统计平均原理估计事故后果。

17. 答案：C

解析：《安全生产法》第二十一条规定，矿山、金属冶炼、建筑施工、道路运输单位和危险物品的生产、经营、储存单位，应当设置安全生产管理机构或者配备专职安全生产管理人员。前款规定以外的其他生产经营单位，从业人员超过 100 人的，应当设置安全生产管理机构或者配备专职安全生产管理人员。从业人员在 100 人以下的，应当配备专职或者兼职的安全生产管理人员。

18. 答案：D

解析：安全生产投入资金具体由谁来保证，应根据企业的性质而定。一般说来，股份制企业、合资企业等安全生产投入资金由董事会予以保证；一般国有企业由厂长或者经理予以保证；个体工商户等个体经济组织由投资人予以保证。

19. 答案：D

解析：按照规定已经储存安全生产风险抵押金的企业，依法关闭、破产或者转化为其他行业的，企业提出申请，经省、市县级安全生产监督管理部门及同级财政部门核准后，代理银行允许企业按照国家有关规定自主支配其风险抵押金专户结存资金。

20. 答案：C

解析：每一项安全技术措施至少应包括以下内容：措施应用的单位或工作场所、措施名称、措施目的和内容、经费预算及来源、实施部门和负责人、开工日期和竣工日期、措施预期效果及检查效果。

21. 答案：B

解析：常用的防止事故发生的安全技术措施有：消除危险源、限制能量或危险物质、隔离等。消除危险源可以从根本上防止事故的发生，选项 B 中禁止明火烧烤、柜架接地属于消除危险源的有效措施，增加玻璃围挡属于隔离的措施。

22. 答案：D

解析：建设项目安全措施是指生产经营单位在生产经营活动中用于消防生产安全事故的设备、设施、装置、构（建）筑物和其他技术措施的总称。选项 A、B、C 属于必备设施，只有选项D符合。

23. 答案：C

解析：建设项目安全实施设计完成后，生产经营单位应当按照相关规定向安全生产监督管理部门备案，并提交下列文件资料：建设项目审批、核准或者备案的文件；建设项目初步设计报告及安全专篇；建设项目安全预评价报告及相关文件资料。

24. 答案：B

解析：建设项目安全设施建成后，生产经营单位应当对安全设施进行检查，对发现的问题及时整改。建设项目竣工后，根据规定，建设项目需要试运行（包括生产、使用，下同）的应当在正式投入生产或者使用前试运行。试运行时间应当不少于30日，最长不得超过180日，国家有关部门有规定或者特殊要求的行业除外。

25. 答案：A

解析：《特种设备安全监察条例》第三十一条规定，电梯的日常维护保养必须由依照本条例取得许可的安装、改造、维修单位或者电梯制造单位进行。电梯应当至少每15日进行一次清洁、润滑、调整和检查。

26. 答案：D

解析：依据《特种设备安全监察条例》，起重机械的安装、改造、重大维修过程，必须经国务院特种设备安全监管部门核准的检验检测机构进行监督检验，未经监督检验合格的，不得出厂或交付使用。

27. 答案：B

解析：特种设备行政许可制度是指对特种设备实施市场准入制度和设备准用制度。

28. 答案：D

解析：《生产经营单位安全培训规定》第三十三条中指出，生产经营单位主要负责人是指有限责任公司或者股份有限公司的董事长、总经理，其他生产经营单位的厂长、经理、（矿务局）局长、矿长（含实际控制人）等。生产经营单位安全生产管理人员是指生产经营单位分管安全生产的负责人、安全生产管理机构负责人及其管理人员，以及未设安全生产管理机构的生产经营单位专、兼职安全生产管理人员等。

29. 答案：D

解析：特种作业操作证申请复审或者延期复审前，特种作业人员应当参加必要的安全培训并考试合格。安全培训时间不少于8个学时，主要培训法律、法规、标准、事故案例和有关新工艺、新技术、新装备等知识。再复审、延期复审仍不合格，或者未按期复审的，特种作业操作证失效。

30. 答案：B

解析：调整工作岗位和离岗后重新上岗的安全教育培训工作，原则上应由车间级组织。而班组级安全生产教育培训是由班组组织，除班组长、班组技术员、安全员对员工进行安全培训教育外，自我学习是重点。所以甲需接受车间级、班组级的培训。

31. 答案：B

解析：选项A错误，已经取得安全生产许可证的生产经营单位，在其被挂牌督办的重大事故隐患治理完成前，安全监督检查部门应当加强监督检查。必要时，可以提请原许可证颁发机关暂扣其安全生产许可证；选项C错误，对整改无望或者生产经营单位拒不执行整改指令的、依法实行行政处罚；选项D错误，不具备安全生产条件的、依法提请县级以上人民政府按照国务院规定的权限予以关闭。

32. 答案：D

解析：《生产安全事故报告和调查处理条例》第二十条规定，自事故发生之日起30日内（道路交通事故、火灾事故自发生之日起7日内），因事故伤亡人数变化导致事故等级发生变化，应当由上级人民政府负责调查，上级人民政府可另行组织事故调查组进行调查。第二十一条规定，特别重大事故以下等级事故，事故发生地与事故发生单位不在同一个县级以上行政区域的，由事故发生地人民政府负责调查，事故发生单位所在地人民政府应当派人参加。

33. 答案：A

解析：《特种设备安全监察条例》第二十一条规定，锅炉、压力容器、压力管道元件、起重机械、大型游乐设施的制造过程和锅炉、压力容器、电梯、起重机械、客运索道、大型游乐设施的安装、改造、重大维修过程，必须经国务院特种设备安全监督管理部门核准的检验检测机按照安全技术规范的要求进行监督检验；未经监督检验合格的不得出厂或者交付使用。

34. 答案：A

解析：警报和紧急公告指当事故可能影响到周边地区，对周边地区的公众可能造成威胁时，应及时启动警报系统，向公众发出警报。决定实施疏散时，应通过紧急公告确保公众了解疏散的有关信息，如疏散时间、路线、随身携带物、交通工具及目的地等。

35. 答案：C

解析：调整工作岗位和离岗后重新上岗的安全教育培训工作，原则上应由车间级组织。

36. 答案：D

解析：生产经营单位应当在检验有效期满1个月前向特种设备检验检测机构申报定期检验。

37. 答案：A

解析：重大事故隐患报告内容应当包括：（1）隐患的现状及其生产原因；（2）隐患的危害程度和整改难易程度分析；（3）隐患的治理方案。

38. 答案：B

解析：根据《工作场所职业病危害警示标识》，图形标识分为：禁止标识、警告标识、指令标识、提示标识。

39. 答案：B

解析：根据《工作场所职业病危害警示标识》，“当心某某”属于警告标识。

40. 答案：C

解析：由于木材加工厂工作环境有噪音、飞溅火花、刨屑等危害因素，木材厂应为甲某配备眼（面）护具类的特种劳动防护用品，比如防护眼镜。

41. 答案：C

解析：电工需穿电绝缘鞋防触电。

42. 答案：C

解析：“三证一标志”指的是生产许可证、产品合格证、安全鉴定证和安全标志。

43. 答案：C

解析：操作车床时不应戴手套，因为戴手套容易发生绞手事故。

44. 答案：B

解析：生产经营单位未按照国家有关规定为从业人员提供符合国家标准或者行业标准的劳动防护用品、配发无安全标志的特种劳动防护用品的，安全生产监督管理部门或者煤矿安全监察机构有权责令限期改正；逾期未改的可责令停产停业整顿，可以并处5万元以下的罚款；对于造成严重后果、构成犯罪的，有权依法追究刑事责任。

45. 答案：B

解析：在承包商队伍进入作业场所前，发包单位要对其进行消防安全、设备设施保护及社会治安方面的教育。所有教育培训和考试完成后，办理准入手续，凭证件出入现场。

46. 答案：B

解析：消除危害后果、做好现场恢复。针对事故对人体、动植物、土壤、空气等造成的现实危害和可能的危害、迅速采取封闭、隔离、洗消、监测等措施、防止对人的继续危害和对环境的污染。及时清理废墟和恢复基本设施、将事故现场恢复至相对稳定的状态。

47. 答案：B

解析：应急准备是应急管理工作中的一个关键环节，是指为有效应对突发事件而事先采取的各种措施的总称，包括意识、组织、机制、预案、队伍、资源、培训演练等各种准备。

48. 答案：B

解析：演练实施是对演练方案付诸行动的过程，是整个演练程序中的核心环节，包括：（1）演练前检查、演练实施当天，演练组织机构的相关人员应在演练开始前到达现场，对演练所用的设备设施等的情况进行检查、确保其正常工作；（2）演练前情况说明和动员；（3）演练启动；（4）演练执行；（5）演练结束和意外终止；（6）现场点评会。

49. 答案：C

解析：在作业场所比较多见的是紫外线对眼睛的损伤，即由电弧光照射所引起的职业病——电光性眼炎。

50. 答案：A

解析：该事故属于特别重大事故，应由国务院或者国务院授权有关部门组织事故调查组进行调查。

51. 答案：C

解析：毒物的危害性不仅取决于毒物的毒性，还受生产条件、劳动者个体差异的影响。毒性大的物质不一定危害性大；毒性与危害性不能画等号。氮气是一种惰性气体，本身无毒，一般不产生危害。但是当它在空气中含量高，使得空气中的氧含量减少时，吸入者便发生窒息，故选项D错误；有机化合物中卤素代替氢时，毒性减小，故选项A错误；毒物在水中溶解度越大，其毒性越大，故选项B错误；毒物沸点与空气中毒物浓度和危害程度成反比。

52. 答案：B

解析：此事故属于一般事故，应上报至设区的市级人民政府安全生产监督管理部门和负有安全生产监督管理职责的有关部门。生产事故发生后，事故现场有关人员应当立刻向本单位负责人报告；单位负责人接到报告后，应当于1小时内向事故发生地县级以上人民政府安全生产监督管理部门和负有安全生产监督管理职责的有关部门报告。安全生产监督管理部门和负有安全生产监督管理职责的有关部门逐级上报事故情况，每级上报时间不得超过2小时。道路交通事故、火灾事故自发生之日起7日内，事故造成的伤亡人数发生变化的，应当及时补报。

53. 答案：C

解析：此事故属于较大事故，应由设区的市级人民政府负责调查，未造成人员伤亡的一般事故，县级人民政府可以委托事故发生单位组织事故调查组进行调查；事故调查中需要进行技术鉴定的，事故调查组应当委托具有国家规定资质的单位进行技术鉴定；事故调查组应当自事故发生之日起60日内提交事故调查报告。

54. 答案：B

解析：该起事故中，叶某进入危险化学品仓库将危险化学品混放，是事故直接责任者。

55. 答案：B

解析：安全生产监督管理部门和负有安全生产监督管理职责的有关部门，应当对事故发生单位负责落实防范和整改措施的情况进行监督检查。

56. 答案：C

解析：题中15人死亡事故属于重大事故，事故调查报告批复的主体是负责事故调查的人民政府。特别重大事故的调查报告由国务院批复；重大事故、较大事故、一般事故调查报告分别由负责事故调查的有关省级人民政府、设区的市级人民政府、县级人民政府批复。

57. 答案：D

解析：事故的直接经济损失包括人员伤亡后所支付的费用，如医疗费用、丧葬及抚恤费用、补助及救济费用、歇工工资等；事故善后处理费用，如处理事故的事务性费用、现场抢救费用、现场清理费用、事故罚款和赔偿费用等；事故造成的财产损失费用，如固定资产损失价值、流动资产损失价值等。选项D属于间接经济损失。

58. 答案：C

解析：事故的直接经济损失包括人员伤亡后所支付的费用，如医疗费用、丧葬及抚恤费用、补助及救济费用、歇工工资等；事故善后处理费用、如处理事故的事务性费用、现场抢救费用、现场清理费用、事故罚款和赔偿费用等；事故造成的财产损失费用、如固定资产损失价值、流动资产损失价值等。

59. 答案：C

解析：事态检测与评估在应急救援中起着非常重要的决策支持作用，其结果不仅是控制事故现场，制定消防、抢险措施的重要决策依据，也是划分现场工作区域、保障现场应急人员安全、实施公众保护措施的重要依据。即使在现场恢复阶段也应当对现场和环境进行监测。

60. 答案：C

解析：百万工时死亡率：一定时期内平均每百万工时因事故造成死亡的人数。

61. 答案：C

解析：根据《企业安全生产费用提取和使用管理办法》第十六条，新建企业和投产不足一年的企业以当年实际营业收入为提取依据，按月计提安全费用；安全生产费用可用于安全生产宣传、教育、培训支出；安全费用按照“企业提取、政府监管、确保需要、规范使用”的原则进行管理。故选项A、B、D说法正确。

62. 答案：A

解析：根据《生产过程危害和有害因素分类与代码》(GB/T 13861—2009)，生产过程危险和有害因素分类与代码可知，“地面湿滑”“安全通道狭窄”“料口围栏缺陷”属于环境因素，“岩体滑动”“通风气流紊乱”属于物的因素。

63. 答案：B

解析：《危险化学品安全管理条例》第十九条规定，已建的危险化学品生产装置或储存数量构成重大危险源的危险化学品储存设施不符合前款规定的，由所在地设区的市级人民政府安全生产监督管理部门会同有关部门监督其所属单位在规定期限内进行整改；需要转产、停产、搬迁、关闭的，由本级人民政府决定并组织实施。

64. 答案：D

解析：依据《企业安全生产费用提取和使用管理办法》第二十七条，企业提取的安全费用应当专户核算，按规定范围安排使用，不得挤占、挪用。年度结余资金结转下年度使用，当年计提安全费用不足的，超出部分按正常成本费用渠道列支。

65. 答案：B

解析：限制能量或危险物质可以防止事故的发生，如减少能量或危险物质的量、防止能量积蓄、安全地释放能量等。

66. 答案：A

解析：《简单压力容器安全技术监察规程》规定，达到推荐使用寿命的简单压力容器应当报废，如需继续使用的，使用单位应当报特种设备检验检测机构按《压力容器定期检验规则》进行定期检验。

67. 答案：C

解析：氩气为惰性气体，可引起窒息，按照特种劳动防护用品目录，作业人员应配备自给式空气呼吸器和长管面具。

68. 答案：B

解析：对挂牌督办并采取全部或者局部停产停业治理的重大事故隐患，安全监管监察部门收到生产经营单位恢复生产的申请报告后，应当于10日内进行现场审查。审核合格的，对事故隐患进行核销，同意恢复生产经营；审查不合格的，依法责令改正或者下达停产整改指令。对整改无望或者生产经营单位拒不执行整改指令的，依法实施行政处罚；不具备安全生产条件的，依法提请县级以上人民政府按照国务院规定的权限予以关闭。

69. 答案：B

解析：百万吨死亡率的计算公式：百万吨死亡率$=\dfrac{\text{死亡人数}}{\text{实际产量(t)}}\times 10^6$，计算得出2011年百万吨死亡率为20%，2012年百万吨死亡率为12.5%，百万吨死亡率下降为$\dfrac{0.2-0.125}{0.2}=0.375$。

70. 答案：B

解析：《生产安全事故报告和调查处理条例》第十九条规定，特别重大事故由国务院或者国务院授权有关部门组织事故调查组进行调查。重大事故、较大事故、一般事故分别由事故发生地省级人民政府、设区的市级人民政府、县级人民政府负责调查。该起事故死亡人数为2人，为一般事故，应由当地县级人民政府负责调查。

71. 答案：ABC

解析：矿井下使用的手电筒都是防爆型手电筒，所以不属于危险源。而炸药、报纸、电炉子都是易燃、易爆的或者容易引起火灾或爆炸的物品，属于危险源。

72. 答案：BDE

解析：动态相关性原则不符合本原理，符合系统原理；能级原则不符合强制原理，符合人体原理。所以选项A、C错误。根据题意，选项BDE正确。

73. 答案：ACE

解析：用于防范直击雷的是避雷针，而非塔式避雷装置，故选项 B 错误；采取临时防雷装置的接地电阻不小于 10Ω，故选项 D 错误。

74. 答案：ABD

解析：《生产安全事故报告和调查处理条例》第二十三条规定，事故调查组成员应当具有事故调查所需要的知识和专长，并与所调查的事故没有直接利害关系。第二十四条规定，事故调查组组长由负责事故调查的人民政府指定。事故调查组组长主持事故调查组的工作。第二十九条规定，事故调查组应当自事故发生之日起 60 日内提交事故调查报告；特殊情况下，经负责事故调查的人民政府批准，提交事故调查报告的期限可以适当延长，但延长的期限最长不超过 60 日。第三十条规定，事故调查报告应当附具有关证据材料。事故调查组成员应当在事故调查报告上签名。

75. 答案：ACD

解析：依据《危险化学品重大危险源辨识》规定，4.2.1 单元内存在的危险化学品为单一品种，则该危险化学品的数量即为单元内危险化学品的总量，若等于或超过相应的临界量，则定为重大危险源。4.2.2 单元内存在的危险化学品为多品种时，若满足式 $q_1/Q_1+q_2/Q_2+\cdots+q_n/Q_N\geqslant 1$，则定义为重大危险源；式中 q_1，q_2，…，q_n——每种危险化学品实际存在量，单位为吨（t）；Q_1、Q_2、Q_N——各危险化学品相对应的临界量，单位为吨（t）；故本题应选择 ACD。

76. 答案：CDE

解析：安全生产规章制度由负责安全生产管理部门或相关职能部门负责起草，由具有丰富现场经验的管理和技术人员参与制定，安全生产规章制度的建设核心就是危险有害因素的辨识和控制。

77. 答案：ACDE

解析：《安全生产法》第二十一条规定，矿山、金属冶炼、建筑施工、道路运输单位和危险物品的生产、经营、储存单位，应当设置安全生产管理机构或者配备专职安全生产管理人员。前款规定以外的其他生产经营单位，从业人员超过一百人的，应当设置安全生产管理机构或者配备专职安全生产管理人员；从业人员在一百人以下的，应当配备专职或者兼职的安全生产管理人员。

78. 答案：ABDE

解析：国家安全生产监督管理总局对全国建设项目安全设施“三同时”实施综合监督管理，并在国务院规定的职责范围内承担国务院及其有关主管部门审批、核准或者备案的建设项目安全实施“三同时”的监督管理。县级以上地方各级安全生产监督管理部门对本行政区域内建设项目安全设施“三同时”实施综合监督管理，并在本级人民政府规定的职责范围内承担本级人民政府及其有关主管部门审批、核准或者备案的建设项目安全实施

“三同时”的监督管理。

79. 答案：ABCD

解析：特种设备包括锅炉、压力容器、压力管道、电梯、起重机械等，需要进行强制性安全检查。

80. 答案：ABC

解析：安全条件论证报告的主要内容有：建设项目内在的危险和有害因素及对安全生产的影响；建设项目与周边设施（单位）生产、经营活动和居民生活在安全方面的相互影响；当地自然条件对建设项目安全生产的影响；其他需要论证的内容。

81. 答案：ABC

解析：选项A、B有明确说明；选项C属于作业场地光照不良；选项D属于物的因素中的电离辐射；选项E属于人的因素中的心理、生理性危险和有害因素。

82. 答案：ABCE

解析：事故防范整改措施包括技术整改措施和管理措施：选项A、B、C、E都属于安全管理整改措施；提高工作场所的本质安全性是技术整改措施。

83. 答案：ABD

解析：安全协议的主要内容包括：发包单位对现场实施奖惩的有关规定，承包商不得擅自将工程转包、分包和返包，承包商在施工过程中不得擅自更换工程技术管理人员、安全管理人员以及关系到施工安全及质量的特殊工种人员，特殊情况需要换人时须征得发包单位的同意，并对新参加工作人员进行相应的安全教育、培训和考核，合格后方可使用等。

84. 答案：BCE

解析：专项预案是针对某种具体的、特定类型的紧急情况，如煤矿瓦斯爆炸、危险物质泄漏、火灾、某一物质灾害、危险源和应急保障而制定的计划或方案，是综合应急预案的组成部分，应按照综合应急预案的程序和要求组织制定。专项预案是在综合预案的基础上，充分考虑了某种特定危险的特点，对应急的形势、组织机构、应急活动等进行更具体的阐述，具有较强的针对性。专项应急预案应制定明确的救援程序和具体的应急救援措施。

85. 答案：ABC

解析：物证即以物品痕迹等客观物质实体的外形、形状、质地、规格等证明案件事实的依据。选项D破坏了现场客观存在的物质的痕迹，故不正确；选项E不属于物证。

第三部分

安全生产技术

2018年度全国注册安全工程师执业资格考试模拟试卷（一）

安全生产技术

（考试时间150分钟，满分100分）

必作部分

一、单项选择题（共60题，每题1分。每题的备选项中，只有1个最符合题意）

1. 机械设备防护罩应尽量采用封闭结构，当现场需要采用安全防护网时，应满足网眼开口尺寸和安全距离的需要。某车间机械设备安全防护网采用椭圆形孔，椭圆孔长轴尺寸为20mm，短轴尺寸为13mm，与机械传动装置的安全距离为30mm。该防护网能有效防护人体的部位是（　　）。

   A．手掌（不含第一掌指关节）、手指尖

   B．上肢、手掌（不含第一掌指关节）

   C．手掌（不含第一掌指关节）、手指

   D．手指、手指尖

2. 为了保证厂区内车辆行驶、人员流动、消防灭火和救灾，以及安全运送材料等需要，企业的厂区和车间都必须设置完好的通道，车间内人行通道宽度至少应大于（　　）。

   A．0.5m　　B．0.8m　　C．1.0m　　D．1.2m

3. 机床运转过程中，转速、温度、声音等应保持正常。异常声音，特别是撞击声的出现，往往表明机床已经处于比较严重的不安全状态。下列情况中，能发出撞击声的是（　　）。

   A．零部件松动脱落　　B．润滑油变质

   C．零部件磨损　　D．负载太大

4. 冲压事故可能发生在冲压设备的不同危险部位，且以发生在冲头下行过程中伤害操作工人手部的事故最多。下列危险因素中，与冲手事故无直接关系的是（　　）。

   A．应用刚性离合器　　B．模具设计不合理

   C．机械零件受到强烈振动而损坏　　D．电源开关失灵

5. 冲压作业有多种安全技术措施。其中，机械防护装置结构简单、制造方便，但存在某些不足，如对作业影响较大，应用有一定局限性等。下列装置中，不属于机械防护类

型的是（　　）。

A．推手式保护装置　　B．摆杆护手装置

C．双手按钮式保护装置　　D．拉手安全装置

6．木工平刨刀具主轴转速高，手工送料、木料质地不均匀等给木工平刨操作带来安全风险，为预防事故应采取全面的安全措施。下列关于木工平刨的安全技术措施中，错误的是（　　）。

A．采用安全送料装置替代徒手送料

B．必要位置装设防护套或防护罩、防护挡板

C．刨刀刃口伸出量不超过刀轴外缘 3mm

D．刀具主轴为圆截面轴

7．铸造是一种金属热加工工艺，是将熔融的金属注入、压入或吸入铸模的空腔中使之成型的加工方法。铸造作业过程中存在着多种危险有害因素，下列各组危险有害因素中，全部存在于铸造作业中的是（　　）。

A．火灾爆炸、灼烫、机械伤害、尘毒危害、噪声振动、高温和热辐射

B．火灾爆炸、灼烫、机械伤害、尘毒危害、噪声振动、电离辐射

C．火灾爆炸、灼烫、机械伤害、苯中毒、噪声振动、高温和热辐射

D．粉尘爆炸、灼烫、机械伤害、尘毒危害、噪声振动、电离辐射

8．锻造加工过程中，机械设备、工具或工件的错误选择和使用，人的违章操作等，都可能导致机械伤害。下列伤害类型中，锻造过程不易发生的是（　　）。

A．送料过程中造成的砸伤　　B．辅助工具打飞击伤

C．造型机轧伤　　D．锤杆断裂击伤

9．我国国家标准综合考虑到作业时间和单项动作能量消耗，应用体力劳动强度指数将体力劳动强度分为Ⅰ、Ⅱ、Ⅲ、Ⅳ四级。重体力劳动的体力劳动强度指数为 20～25，级别是（　　）级。

A．Ⅰ　　B．Ⅱ　　C．Ⅲ　　D．Ⅳ

10．疲劳分为肌肉疲劳和精神疲劳。下列措施中，不属于消除精神疲劳的是（　　）。

A．播放音乐克服作业的单调乏味　　B．不断提示工作的危险性

C．科学地安排环境色彩　　D．科学地安排作业场所布局

11．维修性是指对故障产品修复的难易程度。完成某种产品维修任务的难易程度取决于规定的（　　）。

A．条件和时间　　B．时间和范围

C．内容和地点　　D．地点和条件

12．通过对机械设备的危害因素进行全面分析，采用智能设计手段，使机器在整个寿命周期内发挥预定功能，保证误操作时机器和人身均安全。上述概念较完整地反映了现代

机械安全原理关于机械安全特性中的（　　）。

A．系统性　　B．防护性　　C．友善性　　D．整体性

13．人机系统是由人和机器构成并依赖于人机之间相互作用而完成一定功能的系统。按照人机系统可靠性设计的基本原则，为提高可靠性，宜采用的高可靠度结构组合方式为（　　）。

A．信息反馈、技术经济性、自动保险装置

B．冗余设计、整体防护装置、技术经济性

C．信息信号、整体防护装置、故障安全装置

D．冗余设计、故障安全装置、自动保险装置

14．机械本质安全是指机械的设计者，在设计阶段采取措施消除隐患的一种实现机械安全的方法。下列关于机械本质安全的说法中，正确的是（　　）。

A．通过培训提高人们辨识危险的能力　　B．使运动部件处于封闭状态

C．采取必要的行动增强避免伤害的自觉性　　D．对机器使用警示标志

15．因视觉环境的特点，使作业人员的瞳孔短时间缩小，从而降低视网膜上的照度，导致视觉模糊，视物不清楚。这种现象称为（　　）。

A．视错觉　　B．眩光效应　　C．明适应　　D．暗适应

16．下图表示人的室颤电流与电流持续时间的关系。该图表明，当电流持续时间超过心脏搏动周期时，人的室颤电流约为（　　）。

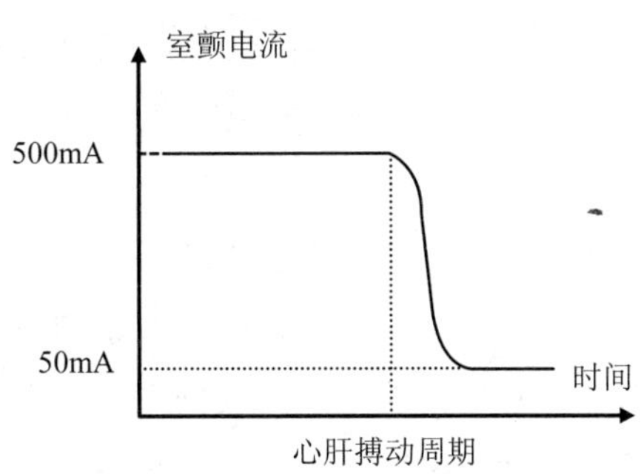

A．550mA　　B．500mA　　C．450mA　　D．50mA

17．雷电放电，特别是积云对地面设施等物件的放电可能导致火灾和爆炸、人身伤亡、设施毁坏、系统停电等严重事故。下列关于雷电危险性的说法中，错误的是（　　）。

A．雷电电压极高、能量极大，每次放电持续时间也很长

B．闪电感应（雷电感应、感应雷）能引起爆炸

C．球形雷（球雷）能引起火灾

D．在装有电视天线的独立住宅内看电视也存在遭受雷击的危险

18．静电危害是由静电电荷和静电场能量引起的。下列关于生产过程所产生静电的危害形式和事故后果的说法中，正确的是（　　）。

A．静电电压可能高达数千伏以上，能量巨大，破坏力强

B．静电放电火花会成为可燃性物质的点火源，引发爆炸和火灾事故

C．静电可直接使人致命

D．静电不会导致电子设备损坏，但会妨碍生产，导致产品质量不良

19．产生静电的方式很多，当带电雾滴或粉尘撞击导体时，会产生静电，这种静电产生的方式属于（　　）。

A．接触—分离起电　　B．破断起电

C．感应起电　　D．电荷迁移

20．安全电压额定值的选用要根据使用环境和使用方式等因素确定。对于金属容器内、特别潮湿处等特别危险环境中使用的手持照明灯应采用的安全电压是（　　）V。

A．12　　B．24　　C．36　　D．42

21．电气装置故障危害是由于电能或控制信息在传递、分配、转换过程中失去控制而产生的。当高压系统发生单相接地故障时，在接地处附近呈现出较高的跨步电压，形成触电的危险条件，上述危险状态产生的直接原因是（　　）。

A．爆炸　　B．异常带电

C．异常停电　　D．安全相关系统失效

22．保护接地的做法是将电气设备故障情况下可能呈现危险电压的金属部位经接地线、接地体同大地紧密地连接起来。下列关于保护接地的说法中，正确的是（　　）。

A．保护接地的安全原理是通过高电阻接地，把故障电压限制在安全范围以内

B．保护接地的防护措施可以消除电气设备漏电状态

C．保护接地不适用于所有不接地配电网

D．保护接地是防止间接接触电击的安全技术措施

23．爆炸性粉尘环境是指在一定条件下，粉尘、纤维或飞絮的可燃物质与空气形成的混合物被点燃后，能够保持燃烧自行传播的环境，根据粉尘、纤维或飞絮的可燃性物质与空气形成的混合物出现的频率和持续时间及粉尘厚度进行分类，将爆炸性危险环境分为（　　）。

A．00 区、01 区、02 区　　B．10 区、11 区、12 区

C．20 区、21 区、22 区　　D．30 区、31 区、32 区

24．绝缘是预防直接接触电击的基本措施之一，必须定期检查电气设备的绝缘状态并测量绝缘电阻，电气设备的绝缘电阻除必须符合专业标准外，还必须保证在任何情况下均不得低于（　　）。

A．每伏工作电压 100Ω　　B．每伏工作电压 1000Ω

C．每伏工作电压 10kΩ　　D．每伏工作电压 1MΩ

25．锅炉蒸发表面（水面）汽水共同升起，产生大量泡沫并上下波动翻腾的现象叫汽水共

腾。汽水共腾会使蒸汽带水，降低蒸汽品质，造成过热器结垢，损坏过热器或影响用汽设备的安全运行。下列处理锅炉汽水共腾的方法中，正确的是（　　）。

A．加大燃烧力度　　B．开大主气阀

C．加强蒸汽管道和过热器的疏水　　D．全开连续排污阀，关闭定期排污阀

26．当反应容器发生超温超压时，下列应急措施中，正确的是（　　）。

A．停止进料，对有毒易燃易爆介质，应打开放空管，将介质通过接管排至安全地点

B．停止进料，关闭放空阀门

C．逐步减少进料，关闭放空阀门

D．逐步减少进料，对有毒易燃易爆介质，应打开放空管，将介质通过接管排至安全地点

27．起重机械重物失落事故主要发生在起重卷扬系统中，如脱绳、脱钩、断绳和断钩。下列状况中，可能造成重物失落事故的是（　　）。

A．钢丝绳在卷筒上的余绳为 1 圈　　B．有下降限位保护

C．吊装绳夹角小于 120°　　D．钢丝绳在卷筒上用压板固定

28．我国对压力容器的使用管理有严格的要求，使用单位应按相关规定向所在地的质量技术监督部门办理使用登记或变更手续。下列关于压力容器使用或变更登记的说法中，错误的是（　　）。

A．压力容器在投入使用前或者投入使用后 30 日内应当申请办理使用登记

B．压力容器长期停用应当申请变更登记

C．压力容器移装，变更使用单位应当申请变更登记

D．压力容器维修后应当申请变更登记

29．在盛装危险介质的压力容器上，经常进行安全阀和爆破片的组合设置。下列关于安全阀和爆破片组合设置的说法中，正确的是（　　）。

A．并联设置时，爆破片的标定爆破压力不得小于容器的设计压力

B．并联设置时，安全阀的开启压力应略高于爆破片的标定爆破压力

C．安全阀出口侧串联安装爆破片时，爆破片的泄放面积不得小于安全阀的进口面积

D．安全阀进口侧串联安装爆破片时，爆破片的泄放面积应不大于安全阀进口面积

30．为防止发生炉膛爆炸事故，锅炉点火应严格遵守安全操作规程。下列关于锅炉点火操作过程的说法中，正确的是（　　）。

A．燃气锅炉点火前应先自然通风 5～10min，送风之后投入点燃火炬，最后送入燃料

B．煤粉锅炉点火前应先开动引风机 5～10min，送入燃料后投入点燃火炬

C．燃油锅炉点火前应先自然通风 5～10min，送入燃料后投入点燃火炬

D．燃气锅炉点火前应先开动引风机 5～10min，送入燃料后迅速投入点燃火炬

31．在压力容器受压元件的内部，常常存在着不易发现的缺陷，需要采用无损检测的方法

进行探查。射线检测和超声波检测是两种常用于检测材料内部缺陷的无损检测方法。下列关于这两种无损检测方法特点的说法中，错误的是（　　）。

A．射线检测对面积型缺陷检出率高，对体积型缺陷有时容易漏检

B．超声波检测易受材质、晶粒度影响

C．射线检测适宜检验对接焊缝，不适宜检验角焊缝

D．超声波检测对位于工件厚度方向上的缺陷定位较准确

32．叉车等车辆的液压系统，一般都使用中高压供油，高压软管的可靠性不仅关系车辆的正常工作，一旦发生破裂还将直接危害人身安全。因此高压软管必须符合相关标准要求，并通过耐压试验、爆破试验、泄漏试验以及（　　）等试验检测。

A．脉冲试验、气密试验　　B．长度变化试验、拉断试验

C．长度变化试验、脉冲试验　　D．拉断试验、脉冲试验

33．压力容器专职操作人员在容器运行期间应经常检查容器的工作状况，以便及时发现设备上的不正常状态，采取相应的措施进行调整或消除，保证容器安全运行。压力容器运行中出现下列异常情况时，应立即停止运行的是（　　）。

A．操作压力达到规定的标称值　　B．运行温度达到规定的标称值

C．安全阀起跳　　D．承压部件鼓包变形

34．起重作业挂钩操作要坚持“五不挂”原则。下列关于“五不挂”的说法中，错误的是（　　）。

A．重心位置不清楚不挂　　B．易滑工件无衬垫不挂

C．吊物质量不明不挂　　D．吊钩位于被吊物重心正上方不挂

35．自燃点是指在规定条件下，不用任何辅助引燃能源而达到燃烧的最低温度。对于柴油、煤油、汽油、蜡油来说，其自燃点由高到低的排序是（　　）。

A．汽油—煤油—蜡油—柴油　　B．汽油—煤油—柴油—蜡油

C．煤油—汽油—柴油—蜡油　　D．煤油—柴油—汽油—蜡油

36．腐蚀是造成压力容器失效的一个重要因素，对于有些工作介质来说，只有在特定的条件下才会对压力容器的材料产生腐蚀。因此，要尽力消除这种能够引起腐蚀的条件，下列关于压力容器日常保养的说法中，错误的是（　　）。

A．盛装一氧化碳的压力容器应采取干燥和过滤的方法

B．盛装压缩天然气的钢制容器只需采取过滤的方法

C．盛装氧气的碳钢容器应采取干燥的方法

D．介质含有稀碱液的容器应消除碱液浓缩的条件

37．压力容器一般泛指工业生产中用于盛装反应、传热、分离等生产工艺过程的气体或溶液，并能承载一定压力的密闭设备。下列关于压力容器压力设计的说法中，正确的是（　　）。

A．设计操作压力应高于设计压力　　B．设计压力应高于最高工作压力

C．设计操作压力应高于最高工作压力　　D．安全阀起跳压力应高于设计压力

38．按照物质的燃烧特性可以把火灾分为 A—F 六个类别。下列关于火灾分类的说法中，正确的是（　　）。

A．家庭炒菜时油锅着火属于 F 类火灾

B．工厂镁铝合金粉末自燃着火属于 E 类火灾

C．家庭的家用电器着火属于 D 类火灾

D．实验室乙醇着火属于 C 类火灾

39．按照爆炸反应相的不同，爆炸可分为气相爆炸、液相爆炸和固相爆炸。下列爆炸情形中，属于液相爆炸的是（　　）。

A．液体被喷成雾状物在剧烈燃烧时引起的爆炸

B．飞扬悬浮于空气中的可燃粉尘引起的爆炸

C．液氧和煤粉混合时引起的爆炸

D．爆炸性混合物及其他爆炸性物质的爆炸

40．甲烷是具有爆炸危险的物质，为防止因甲烷泄漏引起爆炸应采取防止措施。下列措施中，对于防止甲烷泄漏爆炸无效的是（　　）。

A．泄漏报警　　B．防止明火　　C．防止静电　　D．泄压措施

41．图为氢和氧混合物（2∶1）爆炸区间示意图。其中 a 点和 b 点的压力分别是混合物在 500℃时的爆炸下限和爆炸上限，随着温度的增加，爆炸极限的变化趋势是（　　）。

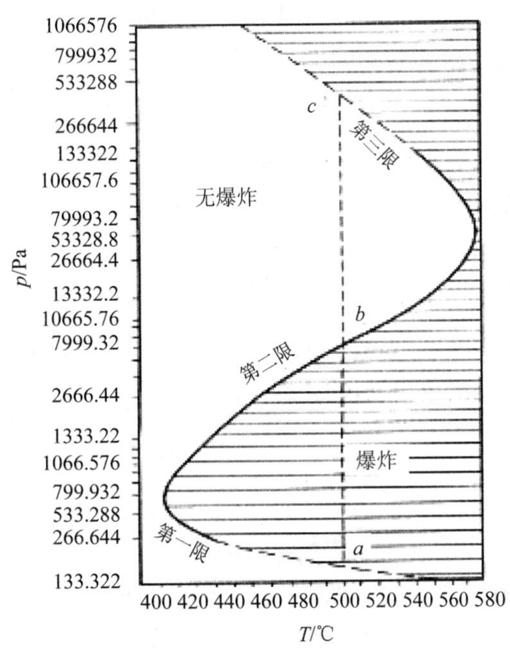

A．变宽　　B．变窄　　C．先变宽后变窄　　D．先变窄后变宽

42．粉尘爆炸是一个瞬间的连锁反应，属于不稳定的气固二相流反应，其爆炸过程比较复杂。下列关于粉尘爆炸特性的说法中，错误的是（　　）。

A．具有发生二次爆炸的可能性　　B．产生的能量大、破坏性作用大

C．爆炸压力上升速度比气体爆炸大　　D．感应期比气体爆炸长得多

43．灭火器由筒体、器头、喷嘴等部件组成，借助驱动压力可将所充装的灭火剂喷出。灭火器结构简单，操作方便，轻便灵活，使用面广，是扑救初起火灾的重要消防器材。下列灭火器中，适用于扑救精密仪器仪表初期火灾的是（　　）。

A．二氧化碳灭火器　　B．泡沫灭火器

C．酸碱灭火器　　D．干粉灭火器

44．火灾爆炸的预防包括防火和防爆两方面。下列措施中，不符合防爆基本原则的是（　　）。

A．防止爆炸性混合物的形成　　B．负压操作

C．严格控制火源　　D．检测报警

45．防火防爆安全装置可以分为阻火防爆装置与防爆泄压装置两大类，下列关于阻火防爆装置性能及使用的说法中，正确的是（　　）。

A．一些具有复合结构的料封阻火器可阻止爆轰火焰的传播

B．工业阻火器常用于阻止爆炸初期火焰的蔓延

C．工业阻火器只有在爆炸发生时才起作用

D．被动式隔爆装置对于纯气体介质才是有效的

46．机动车辆进入存在爆炸性气体的场所，应在尾气排放管上安装（　　）。

A．火星熄灭器（防火罩、防火帽）　　B．安全阀

C．单向阀　　D．阻火阀门

47．烟花爆竹的主要特征有：能量特征、燃烧特性、力学特性、安定性、安全性。其中，燃烧特性标志着火药能量释放的能力，主要取决于火药的（　　）。

A．燃烧速率和燃烧类型　　B．燃烧速率和燃烧表面积

C．燃烧类型和燃烧表面积　　D．燃烧体积和燃烧类型

48．烟火药制作过程中，容易发生爆炸事故。在粉碎和筛选原料环节，应坚持做到“三固定”，即：固定工房、固定设备以及（　　）。

A．固定安装　　B．固定最大粉碎药量

C．固定操作人员　　D．固定作业温度

49．粉状乳化炸药的生产工艺包括油相制备、水相制备、乳化、喷雾制粉、装药包装等步骤，其生产工艺过程中存在着火灾爆炸的风险。下列关于粉状乳化炸药生产、存储和运输过程危险因素的说法中，正确的是（　　）。

A．粉状乳化炸药具有较高的爆轰特性，制造过程中不会形成爆炸性粉尘

B．制造粉状乳化炸药用的硝酸铵存储过程不会发生自然分解

C．油相材料储存时，遇到高温、还原剂等，易发生爆炸

D．包装后的乳化炸药仍具有较高的温度，其中的氧化剂和可燃剂会缓慢反应

50．可燃物质的聚集状态不同其受热后发生的燃烧过程也不同，下列关于可燃物质燃烧类型的说法中，正确的是（　　）。

A．管道泄漏的可燃气体与空气混合后遇火形成稳定火焰的燃烧为扩散燃烧

B．可燃气体和助燃气体在管道内扩散混合，混合气体浓度在爆炸极限范围内，遇到火源发生的燃烧为分解燃烧

C．可燃液体在火源和热源的作用下，蒸发出的蒸汽发生氧化分解而进行的燃烧为分解燃烧

D．可燃物质遇热分解出可燃性气体后与氧进行的燃烧为扩散燃烧

51．广义地讲，爆炸是物质系统的一种极为迅速的物理或化学能量释放或转化的过程，是系统蕴藏的或瞬间形成的大量能量在有限的体积和极短的时间内，骤然释放或转化的现象。爆炸现象的最主要特征是（　　）。

A．爆炸过程持续进行　　B．爆炸点附近压力急剧升高

C．周围介质发生簇动　　D．温度显著升高

52．下图为机械冷加工车间常用的台式砂轮机。安全检查中，一台砂轮直径 200mm 砂轮机的现场检查记录是：（1）砂轮机无专用砂轮机房，但正面装设有高度 1.8m 的固定防护挡板；（2）砂轮托架与砂轮之间相距 30mm；（3）砂轮防护罩与主轴水平线的开口角为 65°；（4）砂轮法兰盘（卡盘）的直径为 100mm。请指出检查记录中不符合安全要求的是（　　）。

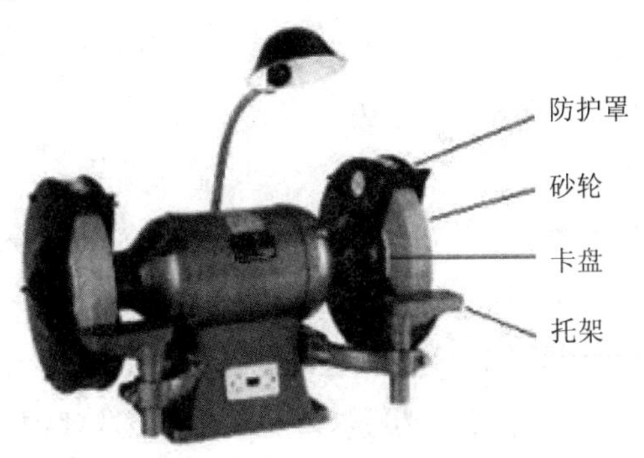

A．（1）　　B．（2）

C．（3）　　D．（4）

53．不同颜色在不同背景对比作用下，可使人对色彩的感觉产生距离上的变化。一般情况下，具有前进、凸出和接近感觉的颜色是（　　）。

A．高明度和冷色系　　B．高明度和暖色系

C．低明度和暖色系　　D．低明度和冷色系

54．高压开关种类很多，其中既能在正常情况下接通和分断负荷电流，又能借助继电保护装置在故障情况下切断短路电流的高压开关是（　　）。

A．高压隔离开关　　B．高压联锁装置
C．高压断路器　　D．高压负荷开关

55．下列防火防爆安全技术措施中，属于从根本上防止火灾与爆炸发生的是（　　）。
A．惰性气体保护　　B．系统密闭正压操作
C．以不燃溶剂代替可燃溶剂　　D．厂房通风

56．火灾发展过程一般包括初起期、发展期、最盛期、减弱期和熄灭期。在发展期，按照T平方特征火灾模型，火灾中热量的释放速率与（　　）的平方成正比。
A．过火面积　　B．可燃物质量
C．时间　　D．可燃物的燃烧热

57．《常用化学危险品储存通则》（GB 15603—1995）规定，危险化学品露天堆放，应符合防火、防爆的安全要求，爆炸物品、一级易燃物品和（　　）物品不得露天堆放。
A．强氧化性　　B．遇湿易溶
C．遇湿燃烧　　D．强腐蚀性

58．为防止锅炉炉膛爆炸，对燃油、燃气和煤粉锅炉，正确的点火程序是（　　）。
A．点火→送风→送入燃料　　B．点火→送入燃料→送风
C．送风→送入燃料→点火　　D．送风→点火→送入燃料

59．某玻璃厂优化整改，厂内锅炉停运一年重新恢复运行，按照质检总局颁布的《锅炉定期检验规则》需要对锅炉进行的检验是（　　）。
A．外部检验　　B．内部检验　　C．水压试验　　D．内、外部检验

60．民用爆破器材适用于非军事目的的各种炸药及其制品和火工品的总称。下列爆破器材中，不属于民用爆破器材的是（　　）。
A．用于采石场的炸药　　B．矿用电雷管
C．民兵训练用手榴弹　　D．地震勘探用震源药柱

二、多项选择题（共15题，每题2分。每题的备选项中，有2个或2个以上符合题意，至少有1个错项。选错，本题不得分；少选，所选的每个选项得0.5分）

61．施工升降机是提升建筑材料和升降人员的重要设施，如果安全防护装置缺失或失效，容易导致坠落事故。下列关于施工升降机联锁安全装置的说法中，正确的有（　　）。
A．只有当安全装置关合时，机器才能运转
B．联锁安全装置出现故障时，应保证人员处于安全状态
C．只有当机器的危险部件停止运行时，安全装置才能开启
D．联锁安全装置不能与机器同时开启但能同时闭合
E．联锁安全装置可采用机械、电气、液压、气动或组合的形式

62．砂轮机是机械工厂最常用的机械设备之一，其主要特点是易碎、转速高、使用频繁和

易伤人。砂轮在使用时有严格的操作程序和规定，违反操作规程将给操作人员造成伤害。下列关于砂轮机操作要求的说法中，正确的有（　　）。

A．不许站在砂轮正面操作

B．允许在砂轮侧前方操作

C．不允许多人共同操作

D．禁止侧面磨削

E．允许砂轮正反转

63．锻造机械结构应保证设备运行中的安全，而且还应保证安装、拆卸和检修等工作的安全。下列关于锻造安全措施的说法中，正确的有（　　）。

A．安全阀的重锤必须封在带锁的锤盒内

B．锻压机械的机架和突出部分不得有棱角和毛刺

C．启动装置的结构应能防止锻压机械意外地开动或自动开动

D．锻压机械的启动装置必须能保证对设备进行迅速开关

E．防护罩应用铰链安装在锻压设备的转动部件上

64．人与机器的功能和特性在很多方面有着显著的不同，为充分发挥各自的优点，需要进行人机功能的合理分配。下列工作中，适合机器完成的有（　　）。

A．快速、高可靠性、高精度的工作

B．单调、操作复杂、简单决策的工作

C．持久、笨重的工作

D．环境条件差、规律性、输出功率大的工作

E．灵活性差、高干扰、信号检测的工作

65．杨某带电修理照明插座时，电工改锥前端造成短路，眼前亮光一闪，改锥掉落地上，杨某手部和面部有灼热感，流泪不止。他遭到的电气伤害有（　　）。

A．直接接触电击

B．间接接触点击

C．电弧烧伤

D．灼伤

E．电光性眼炎

66．电气装置的危险温度以及电气装置上发生的电火花或电弧是两个重要的电气引燃源。电气装置的危险温度指超过其设计运行温度的异常温度。电气装置的下列状态中，能产生危险温度的有（　　）。

A．日光灯镇流器散热不良

B．电气接点接触压力不够

C．电动机电源电压过高

D．电动机空载运行

E．18W 节能灯连续点燃 4h

67．线路电压偏高和电压偏低都可能带来不良后果，下列关于电压偏高引起危险的说法中，正确的是（　　）。

A．电压偏高导致照明线路电流过大

B．电压偏高导致电动机铁芯过热

C．电压偏高导致交流接触不能吸合

D．电压偏高导致电动机停转

E．电压偏高导致变压器铁芯过热

68．漏电保护器是一种防止触电的自动化电器，对于防止直接接触电击和间接接触电击都有作用。下列设备中，必须安装使用漏电保护器的有（　　）。

A．宾馆房间的电源插座　　B．游泳池的电气设备

C．高压电气设备　　D．移动式电焊机

E．幼儿园用电设备

69．起重机械触电事故是指从事起重操作和检修作业的人员，因触电而导致人身伤亡的事故，为防止此类事故，主要应采取的防护措施有（　　）。

A．照明使用安全电压　　B．与带电体保持安全距离

C．保护线可靠连接　　D．电源滑触线断电

E．加强屏护

70．描述火灾的基本概念及参数通常有：闪燃、阴燃、爆燃、自燃、闪点、燃点、自燃点等。下列关于火灾参数的说法中，正确的有（　　）。

A．一般情况下闪点越低，火灾危险性越大

B．固体可燃物粉碎越细，其自燃点越高

C．一般情况下燃点越低，火灾危险性越小

D．液体可燃物受热分解析出的可燃气体越多，其自燃点越低

E．一般情况下，密度越大，闪点越高且自燃点越低

71．防火防爆技术主要包括：控制可燃物、控制助燃物、控制点火源。下列安全措施中，属于控制点火源技术的有（　　）。

A．生产场所采用防爆型电气设备　　B．采用防爆泄压装置

C．生产场所采取防静电措施　　D．关闭容器或管道的阀门

E．提高空气湿度防止静电产生

72．爆炸造成的后果大多非常严重，在化工生产作业中，爆炸不仅会使生产设备遭受损失，而且使建筑物破坏，甚至致人死亡。因此，科学防爆是非常重要的一项工作。防止可燃气体爆炸的一般原则有（　　）。

A．防止可燃气向空气中泄漏

B．控制混合气体中的可燃物含量处在爆炸极限以外

C．减弱爆炸压力和冲击波对人员、设备和建筑的损坏

D．使用惰性气体取代空气

E．用惰性气体冲淡泄漏的可燃气体

73．根据输送介质特性和生产工艺的不同，有害气体可采用不同的方法净化，有害气体净化的主要方法有（　　）。

A．洗涤法　　B．吸附法

C. 离心法　　D. 燃烧法

E. 掩埋法

74. 某钢厂在出钢水过程中，由于钢包内有雨水，熔融的钢水在进入钢包后，发生了剧烈爆炸，造成 8 死 5 伤的严重后果。该爆炸属于（　　）。

A. 物理爆炸　　B. 化学爆炸

C. 气相爆炸　　D. 液相爆炸

E. 气液两相爆炸

75. 爆炸控制的措施分为若干种，用于防止容器或室内爆炸的安全措施有（　　）。

A. 采用爆炸抑制系统　　B. 设计和使用抗爆容器

C. 采取爆炸卸压措施　　D. 采取房间泄压措施

E. 进行设备密闭

选作部分

分为四组，任选一组作答。每组 10 个单项选择题，每题 1 分。每题的备选项中，只有 1 个最符合题意。

（一）矿山安全技术

76. 瓦斯喷出和煤与瓦斯突出煤层的掘进通风方式必须采用（　　）通风。

A. 压入式　　B. 抽出式　　C. 混合式　　D. 全风压

77. 煤矿瓦斯突出灾害事故影响非常大，一般当煤矿发生煤（岩）与瓦斯突出事故时，需要及时采取相应的救护措施。下列煤（岩）与瓦斯突出事故应急措施中，错误的是（　　）。

A. 根据井下情况加强通风，迅速抢救遇险人员

B. 运行的设备停电，防止产生火花引起爆炸

C. 瓦斯突出引起火灾时，要采取综合灭火或惰性气体灭火

D. 不得停风和反风，防止风流紊乱扩大灾情

78. 冲击地压是地下矿山最主要的灾害之一，对矿山安全生产造成较大威胁，需要综合治理与防范。下列关于冲击地压的防治措施中，错误的是（　　）。

A. 预留开采保护层　　B. 避免孤岛开采

C. 采用大断面掘进　　D. 巷道多处交叉

79. 煤矿发生火灾具有严重的危害性，其控制措施之一是封闭火区，阻断其供氧体系。如果需要重新开启，一般需要经过取样化验并同时具备多个条件才能开启。下列关于火区启封的控制指标中，错误的是（　　）。

A．火区内温度降到 30℃以下　　B．火区内的氧气浓度降到 10%以下

C．火区的出水温度低于 25℃　　D．一氧化碳浓度稳定在 0.001%以下

80．某煤矿进行矿山排水系统的设计，经过勘察、计算，得出地下矿山的正常涌水量为 1200 m^3/h，该矿井主要水仓的有效容量至少为（　　）m^3。

A．9600　B．8400　C．4800　D．6000

81．矿山粉尘爆炸必须同时具备 4 个条件。这 4 个条件是粉尘具有爆炸性、粉尘悬浮在空气中并达到一定浓度、有足够能量的点火源和（　　）。

A．助燃剂　B．可燃剂　C．还原剂　D．抑制剂

82．排土场是指露天矿山采矿排弃堆积物集中排放的场所。其滑坡类型分为 3 种，下列关于排土场滑坡类型的说法中，错误的是（　　）。

A．沿排土体与基底接触面滑坡　　B．沿排土体内滑坡

C．沿基岩体内滑坡　　D．沿基底软弱面滑坡

83．尾矿库安全度主要根据尾矿库防洪能力和尾矿坝稳定程度分为危库、险库、病库和正常库。下列关于病库的说法中，正确的是（　　）。

A．排洪设施出现不影响安全使用的裂缝、腐蚀或磨损

B．坝体出现浅层滑动迹象

C．排水井有所倾斜

D．坝体抗滑稳定最小安全系数小于规定值的 0.98

84．埋地输油气管道与通信电缆平行敷设时，其安全距离应符合相关技术规范的规定要求。当两者有交叉时，其净空间距离应不小于（　　）m。

A．0.2　B．0.3　C．0.4　D．0.5

85．某地质钻探公司于 2012 年勘探发现，甲地有大量金属矿产资源存在。经过详勘，矿石和围岩都很稳固，建议此矿山采矿方法选用（　　）。

A．崩落采矿法　　B．空场采矿法

C．充填采矿法　　D．长壁采矿法

（二）建筑工程施工安全技术

86．建筑业是危险性较大的行业。施工现场的操作人员经常处在露天、高处和交叉作业的环境中，易发生的五大伤害事故是（　　）。

A．物体打击、触电、高处坠落、起重伤害、坍塌

B．高处坠落、物体打击、触电、机械伤害、坍塌

C．物体打击、机械伤害、起重伤害、触电、火灾

D．高处坠落、火灾、物体打击、机械伤害、中毒

87．施工安全技术措施是施工组织设计中的重要组成部分，必须认真编制和贯彻执行。施工安全技术措施是工程施工中安全生产的（　　）性文件。

A．指令　　B．指导　　C．规范　　D．强制

88．被建筑工人称为“三宝”之一的安全帽，是保护工人头部，保证生命安全的重要个人防护用品。为了有效吸收能量，减轻对头部的伤害，帽衬顶端与帽壳内顶之间要留有一定空间，这个空间的距离应为（　　）mm。

A．5～20　　B．10～35　　C．25～50　　D．20～60

89．为了防止塌方，保证施工安全，当土方挖到一定深度时，边坡均应具有一定的坡度。土方边坡坡度的大小与土质、开挖深度、排水情况、附近堆积荷载等有关。现有一工程，土质为中密沙土，开挖深度为4m，高于地下水位，附近无任何附加荷载，在不加支撑时最大坡度应为（　　）。

A．1∶0.80　　B．1∶1.00　　C．1∶1.25　　D．1∶1.50

90．卡环是起重作业中使用较广的连接工具，由弯环与销子两部分组成。按销子与弯环的连接形式分，除抽销式卡环及半自动卡环外，还有（　　）卡环。

A．组装式　　B．焊接式　　C．螺栓式　　D．固定式

91．《建筑拆除工程安全技术规范》规定，在拆除建筑物时，应自上而下顺序进行，先拆除非承重结构，再拆除承重的部分，不得（　　）同时拆除。

A．数层　　B．数人　　C．多台机械　　D．多支队伍

92．两台塔吊在同一条轨道作业时，其起重臂端部之间的距离至少应大于（　　）m。

A．1　　B．2　　C．4　　D．6

93．扣件式钢管脚手架大横杆的对接扣件应交错布置，两根相邻大横杆的接头不宜设置在同步或同跨内；不同步不同跨两相邻接头在水平方向错开的距离不应小于（　　）mm。

A．100　　B．200　　C．300　　D．500

94．某建筑工程施工现场有大型用电设备8台，根据《施工现场临时用电安全技术规范》，需编制临时用电施工组织设计。临时用电施工组织设计必须由（　　）编制。

A．值班电工　　B．电工班长

C．电气工程技术人员　　D．项目工程负责人

95．建筑材料的燃烧性能是指其燃烧或遇火时所发生的一切物理和化学变化。《建筑材料及制品燃烧性能分级》标准中，将建筑材料按燃烧性能划分为四级，表示难燃性建筑材料的是（　　）。

A．B3　　B．B2　　C．B1　　D．A

（三）危险化学品安全技术

96．某石化企业氢氟酸烷基化装置检修过程中，因置换不彻底，残存氢氟酸介质喷出，造成现场1名工人呼吸道灼伤，经抢救无效死亡。这体现了氢氟酸的（　　）。

A．毒害性　　B．腐蚀性　　C．放射性　　D．燃烧性

97．某化工有限公司硫酸铵车间，采用硫酸饱和器工艺，硫酸溶液吸收废气中的氨，生产

硫酸铵。鉴于硫酸的强腐蚀特性，为控制车间内腐蚀事故的发生，应采用的防护措施是隔离、通风和（　　）。

A．个人防护　　B．低温操作　　C．中和反应　　D．高温操作

98．根据《常用化学危险品储存通则》（GB 15603—1995），对露天堆放的危险化学品有严格限制。下列各组危险化学品中，均为禁止露天堆放的是（　　）。

A．爆炸物品、剧毒物品、遇湿燃烧物品

B．爆炸物品、易燃固体、压缩气体

C．剧毒物品、一级易燃物品、液化气体

D．遇湿燃烧物品、一级易燃物品、易燃固体

99．化学品火灾必须坚持科学扑救。下列关于化学品火灾扑救的注意事项中，错误的是（　　）。

A．扑救气体火灾时，在漏点封堵前要保持稳定燃烧

B．扑救爆炸物品时，应使用沙土覆盖

C．扑救遇湿易燃固体危险化学品时，应使用水泥等覆盖

D．扑救水溶性易燃液体火灾时，应使用抗溶性泡沫

100．许多危险化学品进入人体后，会扰乱或破坏机体的正常生理功能，引起暂时性或永久性的病理改变，甚至危及生命。同一种毒性危险化学品引起的急性和慢性中毒，其损害的器官及表现也有很大差别。急性苯中毒主要表现为对中枢神经系统的麻醉作用，而慢性苯中毒主要损害人体的（　　）。

A．呼吸系统　　B．消化系统

C．造血系统　　D．循环系统

101．硝化反应常用的硝化剂是由硝酸和硫酸配制的混酸。在制备混酸过程中，应严格控制（　　）。

A．温度和配比　　B．配比和液位

C．配比和压力　　D．温度和压力

102．化工厂内部一般分为工艺装置区、罐区、公用设施区、运输装卸区、辅助生产区和管理区。下列关于各区块布置的说法中，正确的是（　　）。

A．为方便事故状态下的应急救援，工艺装置区应靠近工厂边界

B．储存物料为常温常压的储罐，应布置在工厂的上风区域

C．为防止洪水影响，罐区应设置在地势比工艺装置略高的区域

D．装卸运输区应设置在工厂边缘地区

103．石油、化工生产装置在经过一定的运行周期后都要进行停工检修，停工检修首先要制定检修方案，并按规定程序将生产装置安全平稳停下来。下列关于装置停车作业的说法中，错误的是（　　）。

A．降温应按规定的降温速率进行

B．一般要求设备内介质温度低于 60℃

C．系统卸压要缓慢由高压降至低压，直至压力降为零

D．高温设备不能急骤降温，避免造成设备损伤

104．石油、化工生产装置检修经常需要进行设备内作业，凡是进入石油、化工生产区域的罐、塔、釜、槽、容器、炉膛等以及地坑、下水道或其他封闭场所内进行的作业均称为设备内作业。下列关于设备内作业的安全要求中，错误的是（　　）。

A．进设备内作业前，可以采取关闭阀门的措施进行安全隔离

B．设备内作业必须设有专人监护，并与设备内作业人员保持有效的联系

C．采取适当的通风措施，确保设备内空气良好流通

D．设备内作业必须办理设备内作业许可证，并严格履行审批手续

105．化学品安全技术说明书是关于化学品燃爆、毒性和环境危害以及安全使用、泄漏应急处理、主要理化参数、法律法规等方面信息的综合性文件。下列关于化学品安全技术说明书的说法中，错误的是（　　）。

A．化学品安全技术说明书的内容，从制作之日算起，每 5 年更新 1 次

B．化学品安全技术说明书为危害控制和预防措施的设计提供技术依据

C．化学品安全技术说明书由化学品安全监管部门编印

D．化学品安全技术说明书是企业安全教育的主要内容

（四）综合安全技术

106．在机械行业，主要危险和危害包括物体打击、车辆伤害、机械伤害、起重伤害、触电、灼烫、火灾、高处坠落、坍塌、火药爆炸、化学性爆炸、物理性爆炸、中毒、窒息及其他伤害。下列各种事故中，属于物体打击的伤害是（　　）。

A．建筑构件坍塌砸人　　　　B．车辆对人的撞击

C．起吊重物砸人　　　　　　D．机床上工件飞出伤人

107．电击分为直接接触电击和间接接触电击。下列触电导致人遭到电击的状态中，属于直接接触电击的是（　　）。

A．电风扇漏电，有人碰到电风扇金属罩而遭到电击

B．有人把照明灯电线缠在铁丝上，电线绝缘层磨破，碰到铁丝而遭到电击

C．起重机吊臂碰到 380V 架空线，挂钩工人遭到电击

D．架空线电线折断，电线落在金属货架上，人碰到金属货架而遭到电击

108．下图所示开关箱和插座中，有 4 处不符合安全要求的部位和做法。除已经标明的 3 处外，另外 1 处是（　　）。

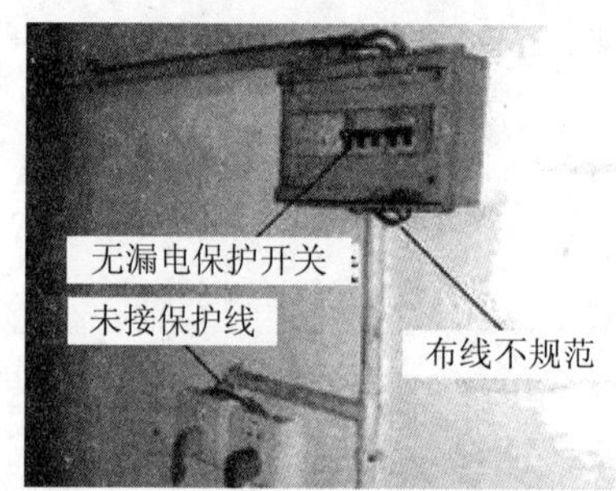

A．无短路保护　　B．开关箱安装方向错误

C．电线穿管不到位　　D．插座安装方向错误

109．漏电保护又称剩余电流保护。漏电保护装置的核心元件是零序电流互感器。将漏电保护装置与开关组装在一起即构成漏电断路器（开关）。漏电断路器的保护功能是有局限的。下列事故状态中，漏电断路器不能发挥保护作用的是（　　）。

A．三相短路　　B．两线触电

C．两相短路　　D．漏电火灾

110．Ⅱ类设备是带有双重绝缘结构和加强绝缘结构的设备。下列图片所示的电气设备中，Ⅱ类设备是（　　）。

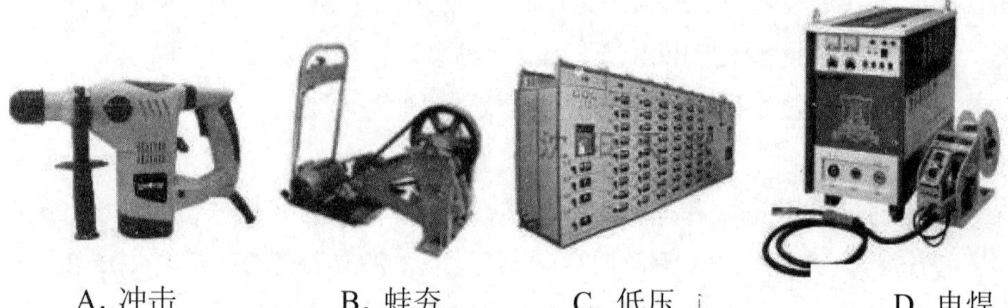

A. 冲击　　B. 蛙夯　　C. 低压　　D. 电焊

111．起重机械超载、不稳固、操作不当都有可能造成机体失稳倾翻的严重事故，应采取措施进行预防。下列关于防止起重机械失稳、倾翻的措施中，正确的是（　　）。

A．桥式起重机应安装力矩限制器　　B．臂架式起重机不安装力矩限制器

C．门座式起重机应安装防风防爬装置　　D．电葫芦允许不安装过卷扬限制器

112．同层多台起重机同时作业的环境中，单凭行程开关、安全尺或者起重机操作员目测等方式已经不能保证安全。因此，在同层多台起重机同时作业环境使用的起重机上要求安装（　　）。

A．位置限制与调整装置　　B．回转锁定装置

C．力矩限制器　　D．防碰撞装置

113．《火灾分类》（GB/T 4968—2008）中按物质的燃烧特性将火灾分为6类，即A类、B类、C类、D类、E类和F类火灾。下列4种物质中，可造成B类火灾的是（　　）。

A．天然气　　B．镁铝合金

C．原油　　　　D．电缆

114．粉尘对人体的危害程度与其理化性质有关。对呈化学毒副作用的粉尘而言，（　　）越高，其对人体危害性越大。

A．分散度　　　　B．溶解度

C．荷电性　　　　D．颗粒度

115．为防止机车车辆冲突脱轨事故，对车辆转向架侧架、摇枕实行寿命管理。上述机车配件应全部报废的使用年限是（　　）年。

A．15　　　　B．20

C．25　　　　D．30

安全生产技术模拟试卷

答案与解析

（满分 100 分）

必作部分

一、单项选择题

1. 答案：B

解析：椭圆形孔短轴尺寸大于 12.5mm 时，防护人体通过部位是手掌（不含第一掌指关节）、上肢、足尖。

2. 答案：C

解析：车间安全通道要求：通行汽车的宽度＞3m，通行电瓶车的宽度＞1.8m，通行手推车、三轮车的宽度＞1.5m，一般人行通道的宽度＞1m。

3. 答案：A

解析：出现撞击声是机床运转中常见的异常现象之一，零部件松动脱落、进入异物、转子不平衡均可能产生撞击声。

4. 答案：C

解析：冲压作业的危险因素有：设备结构具有的危险、动作失控、开关失灵、模具的危险。冲压事故有可能发生在冲压设备的各个危险部位，伤害部位主要是作业者的手部。当操作者的手处于模具行程之间时模块下落，就会造成冲手事故。这是设备缺陷和人的行为错误所造成的事故，选项 C 机械零件受到强烈震动而损坏不一定能够造成冲手事故。

5. 答案：C

解析：机械式防护装置主要有以下 3 种类型：推手式保护装置，是一种与滑块联动的，通过挡板的摆动将手推离开模口的机械式保护装置；摆杆护手装置又称拨手保护装置，是运用杠杆原理将手拨开的装置；拉手安全装置，是一种用滑轮、杠杆、绳索将操作者的手动作与滑块运动联动的装置。

6. 答案：C

解析：为了安全，刨刀刃口伸出量不能超过刀轴外径 1.1mm。

7. 答案：A

解析：铸造作业过程中存在的不安全因素有：火灾及爆炸、灼烫、机械伤害、高处坠落、尘毒危害、噪声振动、高温和热辐射。

8. 答案：C

解析：锻造加工过程中，机械设备、工具或工件的非正常选择和使用，人的违章操作等，都可导致机械伤害。如锻锤锤头击伤，打飞锻件伤人，辅助工具打飞击伤，模具、冲头打崩、损坏伤人，原料、锻件等在运输过程中造成的砸伤，操作杆打伤、锤杆断裂击伤等。

9. 答案：C

解析：《体力劳动强度分级》（GB 3869—1997）规定，体力劳动强度按大小分为 4 级，其中，体力劳动强度指数为 20～25 的级别是Ⅲ级。

10. 答案：B

解析：消除疲劳的途径归纳起来有以下几方面。在进行显示器和控制器设计时应充分考虑人的生理心理因素；通过改变操作内容、播放音乐等手段克服单调乏味的作业；改善工作环境，科学地安排环境色彩、环境装饰及作业场所布局，保证合理的温湿度、充足的光照等；避免超负荷的体力或脑力劳动，合理安排作息时间，注意劳逸结合等。

11. 答案：A

解析：维修性是指对故障产品修复的难易程度，即在规定条件和规定时间内，完成某种产品维修任务的难易程度。

12. 答案：B

解析：现代机械安全的防护性是指通过对机械危险的智能化设计，应使机器在整个寿命周期内发挥预定功能，包括误操作时，机器和人身均是安全的，使人对劳动环境、劳动内容和主动地位的提高得到不断改善。

13. 答案：D

解析：高可靠性方式原则强调，为提高可靠性，宜采用冗余设计、故障安全装置、自动保险装置等高可靠度结构组合方式。

14. 答案：B

解析：实现机械本质安全的方法有：（1）消除产生危险的原因；（2）减少或消除接触机器的危险部件的次数；（3）使人们难以接近机器的危险部位（或提供安全装置，使得接近这些部位不会导致伤害）；（4）提供保护装置或者个人防护装备。本题 B 项属于以上第（3）条内容。

15. 答案：B

解析：眩光造成的有害影响主要有：破坏暗适应，产生视觉后像；降低视网膜上的照度；减弱被观察物体与背景的对比度；观察物体时产生模糊感觉等，这些都将影响操作者的正常作业。

16. 答案：D

解析：室颤电流与电流持续时间关系密切。当电流持续时间超过心脏周期时，室颤电流仅为 50mA 左右；当持续时间短于心脏周期时，室颤电流为数百 mA。

17. 答案：A

解析：直击雷放电的高温电弧、二次放电、巨大的雷电流、球雷侵入可直接引起火灾和爆炸，冲击电压击穿电气设备的绝缘等可间接引起火灾和爆炸。雷电具有雷电流幅值大、雷电流陡度大、冲击性强、冲击过电压高的特点，A 项的持续时间很长不是其特点。

18. 答案：B

解析：静电能量不大，不会直接使人致命。但是，其电压可能高达数十千伏以上，容易发生放电，产生放电火花；在有爆炸和火灾危险的场所，静电放电火花会成为可燃性物质的点火源，造成爆炸和火灾事故；某些生产过程中，静电的物理现象会对生产产生妨碍，导致产品质量不良、电子设备损坏。

19. 答案：D

解析：静电的起电方式：接触—分离起电、破断起电、感应起电、电荷迁移。当一个带电体与一个非带电体接触时，电荷将发生迁移而使带电体带电属于电荷迁移。例如，当带电雾或粉尘撞击导体时，便会产生电荷迁移。

20. 答案：A

解析：根据使用环境、人员和使用方式等因素确定。例如特别危险环境中使用的手持电动工具应采用 42V 特低电压；有电击危险环境中使用的手持照明灯和局部照明灯应采用 36V 或 24V 特低电压；金属容器内、特别潮湿处等特别危险环境中使用的手持照明灯应采用 12V 特低电压；水下作业等场所应采用 6V 特低电压。

21. 答案：B

解析：电气系统中，原本不带电的部分因电路故障而异常带电，可导致触电事故发生。例如电气设备因绝缘不良产生漏电，使其金属外壳带电；高压故障接地时，在接地处附近呈现出较高的跨步电压，形成触电的危险条件。

22. 答案：D

解析：间接接触电击的防护措施有 IT 系统（保护接地）、TT 系统、TN 系统（保护接零）。保护接地的安全原理是通过低电阻接地，把故障电压限制在安全范围以内。但应注意漏电状态并未因保护接地而消失，故选项 A、B 项错误；保护接地适用于各种不接地配电网，故选项 C 错误。

23. 答案：C

解析：根据粉尘、纤维或飞絮的可燃性物质与空气形成的混合物出现的频率和持续时间及粉尘层厚度进行分类，将爆炸性粉尘环境分为 20 区、21 区和 22 区。

24. 答案：B

解析：任何情况下绝缘电阻不得低于每伏工作电压 1000Ω，并应符合专业标准的规定。

25. 答案：C

解析：发现汽水共腾时，应减弱燃烧力度，降低负荷，关小主汽阀；加强蒸汽管道和过热器的疏水；全开连续排污阀，并打开定期排污阀放水，同时上水，以改善锅水品质；待水质改善、水位清晰时，可逐渐恢复正常运行。

26. 答案：A

解析：压力容器发生超压超温时要马上切断进汽阀门；对于反应容器停止进料；对于无毒非易燃介质，要打开放空管排汽；对于有毒易燃易爆介质要打开放空管，将介质通过接管排至安全地点。

27. 答案：A

解析：起重机械失落事故主要是发生在起升机构取物缠绕系统中，如脱绳、脱钩、断绳和断钩。每根起升钢丝绳两端的固定也十分重要，如钢丝绳在卷筒上的极限安全圈是否能保证在 2 圈以上，是否有下降限位保护，钢丝绳在卷筒装置上的压板固定及楔块固定是否安全可靠。另外钢丝绳脱槽（脱离卷筒绳槽）或脱轮（脱离滑轮），也会造成失落事故。吊钩上吊装绳夹角太大（＞120°），会使吊装绳上的拉力超过极限值而拉断。

28. 答案：D

解析：特种设备使用单位应当在特种设备投入使用前或者投入使用后 30 日内，向负责特种设备安全监督管理的部门办理使用登记；压力容器改造、长期停用、移装、变更使用单位或者使用单位更名，相关单位应当向登记机关申请变更登记。特种设备进行改造、修理，按照规定需要变更使用登记的，应当变更登记。不是所有压力容器的维修都需要变更登记。

29. 答案：C

解析：安全阀与爆破片装置并联组合时，爆破片的标定爆破压力不得超过容器的设计压力。安全阀的开启压力应略低于爆破片的标定爆破压力；当安全阀进口和容器之间串联安装爆破片装置时，爆破片破裂后的泄放面积应不小于安全阀进口面积，同时应保证爆破片破裂的碎片不影响安全阀的正常动作；当安全阀出口侧串联安装爆破片装置时，爆破片的泄放面积不得小于安全阀的进口面积。

30. 答案：A

解析：防止炉膛爆炸的措施是：点火前，开动引风机给锅炉通风 5～10min，没有风机的需自然通风 5～10min，以清除炉膛及烟道中的可燃物质。点燃气、油、煤粉炉时，应先通风，之后投入点燃火炬，最后送入燃料。

31. 答案：A

解析：射线检测的对体积型缺陷（气孔、夹渣类）检出率高，对面积型缺陷（裂纹、未熔合类）如果照相角度不适当，容易漏检，故选项 A 错误。射线检测适宜检验对接焊缝，不适宜检验角焊缝以及板材、棒材和锻件等。超声波检测对位于工件厚度方向上的缺陷定位较准确；材质晶粒度对检测有影响。

32. 答案：C

解析：叉车等车辆的液压系统，一般都使用中高压供油，高压油管的可靠性不仅关系车辆的正常工作，而且一旦发生破裂将会危害人身安全。因此高压胶管必须符合相关标准，并通过耐压试验、长度变化试验、爆破试验、脉冲试验、泄漏试验等试验检测。

33. 答案：D

解析：压力容器在运行中出现下列情况时，应立即停止运行：容器的操作压力或壁温超过安全操作规程规定的极限值，而且采取措施仍无法控制，并有继续恶化的趋势；容器的承压部件出现裂纹、鼓包变形、焊缝或可拆连接处泄漏等危及容器安全的迹象；安全装置全部失效，连接管件断裂，紧同件损坏等，难以保证安全操作；操作岗位发生火灾，威胁到容器的安全操作；高压容器的信号孔或警报孔泄漏。

34. 答案：D

解析：挂钩起钩时，挂钩要坚持“五不挂”，即起重或吊物质量不明不挂，重心位置不清楚不挂，尖棱利角和易滑工件无衬垫物不挂，吊具及配套工具不合格或报废不挂，包装松散捆绑不良不挂等。

35. 答案：B

解析：一般情况下，密度越大，闪点越高而自燃点越低。比如密度：汽油＜煤油＜轻柴油＜重柴油＜蜡油＜渣油，而其闪点依次升高，自燃点则依次降低。

36. 答案：B

解析：一氧化碳气体只有在含有水分的情况下才可能对钢制容器产生应力腐蚀，应尽量采取干燥、过滤等措施；碳钢容器的碱脆需要具备温度、拉伸应力和较高的碱液浓度等条件，介质中含有稀碱液的容器，必须采取措施消除使稀液浓缩的条件；盛装氧气的容器，常因底部积水造成水和氧气交界面的严重腐蚀，最好使氧气经过干燥，或在使用中经常排放容器中的积水。

37. 答案：B

解析：最高工作压力，多指在正常操作情况下，容器顶部可能出现的最高压力。设计压力，系指在相应设计温度下用以确定容器壳体厚度及其元件尺寸的压力，即标注在容器铭牌上的设计压力。压力容器的设计压力值不得低于最高工作压力。

38. 答案：A

解析：B项镁铝合金粉末自燃应属于金属火灾（D类火灾）；C项家用电器着火应属于带电火灾（E类火灾）；D项实验室乙醇着火应属于液体火灾（B类火灾）。

39. 答案：C

解析：液相爆炸包括聚合爆炸、蒸发爆炸以及由不同液体混合所引起的爆炸。例如硝酸和油脂，液氧与煤粉等混合时引起的爆炸；熔融的矿渣与水接触或钢水包与水接触时，由于过热发生快速蒸发引起的蒸汽爆炸等。

40. 答案：D

解析：选项 BC 明火和静电是会引起爆炸的；选项 A 报警是为了预防甲烷聚积引起爆炸，当然也是需要的；选项 D 泄压措施，是防止爆炸产生更大范围影响的措施，是爆炸之后的减损措施，并不能防止爆炸的发生。

41. 答案：A

解析：混合爆炸气体的初始温度越高，爆炸极限范围越宽，则爆炸下限越低，上限越高，爆炸危险性增加。

42. 答案：C

解析：粉尘爆炸的特点：粉尘爆炸速度或爆炸压力上升速度比爆炸气体小，但燃烧时间长，产生的能量大，破坏程度大；爆炸感应期较长；有产生二次爆炸的可能性，故选项 C 错误。

43. 答案：A

解析：二氧化碳灭火器是利用其内部充装的液态二氧化碳的蒸气压将二氧化碳喷出灭火的一种灭火器具。由于二氧化碳是一种无色的气体，灭火不留痕迹，并有一定的电绝缘性能等特点，因此，更适宜于扑救 600V 以下带电电器、贵重设备、图书档案、精密仪器仪表的初起火灾，以及一般可燃液体的火灾。

44. 答案：B

解析：根据防爆基本原则，主要采取以下措施：防止爆炸性混合物的形成；严格控制火源；及时泄出燃爆开始时的压力；切断爆炸传播途径；减弱爆炸压力和冲击波对人员、设备和建筑的损坏；检测报警。

45. 答案：B

解析：选项 A 应是一些具有复合结构的机械阻火器，也可阻止爆轰火焰的传播；选项 C 应是主、被动式隔爆装置，只是在爆炸发生时才起作用；选项 D 应是工业阻火器，对于纯气体介质才是有效的。

46. 答案：A

解析：防火罩是对机动车尾气进行冷却，从而达到熄灭废气中夹带的火花的目的。

47. 答案：B

解析：燃烧特性标志火药能量释放的能力，主要取决于火药的燃烧速率和燃烧表面积。

48. 答案：B

解析：粉碎和筛选原料时应坚持做到三固定，即固定工房、固定设备、固定最大粉碎药量。

49. 答案：D

解析：成品粉状乳化炸药具有较高的爆轰和殉爆特性，制造过程中还有形成爆炸性粉尘的可能。硝酸铵储存过程中会发生自然分解，放出热量；油相材料都是易燃危险品，储存时遇到高温、氧化剂等，易发生燃烧而引起燃烧事故；包装后的乳化炸药仍具有较高的温度，炸药中的氧化剂和可燃剂会缓慢反应，当热量得不到及时散发时易发生燃烧而引起爆炸。

50. 答案：A

解析：可燃气体（氢、甲烷、乙炔以及苯、酒精、汽油蒸气等）从管道容器的裂缝流向空气时，可燃气体分子与空气分子互相扩散、混合，混合浓度达到爆炸极限范围内的可燃气体遇到火源即着火并能形成稳定火焰的燃烧，称为扩散燃烧，故选项 A 正确。选项 B 为混合燃烧，选项 C 为蒸发燃烧，选项 D 为分解燃烧。

51. 答案：B

解析：爆炸的最主要特征是压力的急剧上升，并不一定着火（发光、放热）。

52. 答案：B

解析：砂轮机的安全技术要求：砂轮直径在 150mm 以上的砂轮机必须设置可调托架。砂轮与托架之间的距离最大不应超过 3mm。

53. 答案：B

解析：本题考查色彩的距离感。不同颜色在不同背景对比作用下，可使人对色彩的感觉产生距离上的变化，造成人对物体有进、退、凹、凸、远、近的不同感受。一般情况下高明度和暖色系的颜色具有前进、凸出、接近的感觉，而低明度和冷色系颜色有后退、凹陷、远离的感觉。

54. 答案：C

解析：高压断路器是高压开关设备中最重要、最复杂的开关设备。高压断路器有强力灭弧装置，既能在正常情况下接通和分段负荷电流，又能借助继电保护装置在故障情况下切断过载电流和短路电流。

55. 答案：C

解析：以不燃溶剂代替可燃溶剂是防火与防爆的根本性措施。

56. 答案：C

解析：典型火灾的发展分为初起期、发展期、最盛期、减弱器和熄灭期。发展期是火势由小到大发展的阶段，一般采用 T 平方特征火灾模型来简化描述该阶段非稳态火灾热释放速率随时间的变化，即假定火灾热释放速率与时间的平方成正比。

57. 答案：C

解析：危险化学品露天堆放，应符合防火、防爆的安全要求，爆炸物品、一级易燃物品、遇湿燃烧物品和剧毒物品不得露天堆放。

58. 答案：D

解析：防止炉膛爆炸的措施：点火前，开动引风机给锅炉通风 5～10min，没有风机的可自然通风 5～10min，以清除炉膛及烟道中的可燃物质。点燃气、油、煤粉炉时，应先送风，之后投入点燃火炬，最后送入燃料。一次点火未成功需重新点燃火炬时，一定要在点火前给炉膛烟道重新通风，待充分清除可燃物之后再进行点火操作。

59. 答案：D

解析：锅炉有以下情况之一时，应进行外部检验：移装锅炉开始投运时；锅炉停止运行一年以上恢复运行时；锅炉的燃烧方式和安全自控系统有改动后。锅炉有以下情况之一时，应进行内部检验：新安装的锅炉在运行一年后；移装锅炉投运前锅炉停止运行一年以上恢复运行前；受压元件经重大修理或改造后及重新运行一年后。根据上次内部检验结果和锅炉运行情况，对设备安全可靠性有怀疑时；根据外部检验结果和锅炉运行情况，对设备安全可靠性有怀疑时。

60. 答案：C

解析：专用民爆器材包括：油气并用起爆器、射孔弹、符合射孔器、修井爆破器材、点火药盒、地震勘探用震源药柱、震源弹，特种爆破用矿岩破碎器材、中继起爆具、平炉出钢口穿孔弹等。

二、多项选择题

61. 答案：ABCE

解析：联锁安全装置的基本原理：只有安全装置关合时，机器才能运转；而只有机器的危险部件停止运动时，安全装置才能开启。联锁安全装置可采取机械、电气、液压、气动或组合的形式。在设计联锁装置时，必须使其在发生任何故障时，都不使人员暴露在危险之中。

62. 答案：ABCD

解析：砂轮机使用要求：（1）禁止侧面磨削；（2）不准正面操作，使用砂轮机磨削工件时，操作者应站在砂轮的侧面；（3）不准共同操作。

63. 答案：ABCD

解析：选项 A、B、C、D 都是锻造的安全技术措施。选项 E 应为：外露的传动装置（齿轮传动、摩擦传动、曲柄传动或皮带传动等）必须有防护罩。防护罩需用铰链安装在锻压设备的不动部件上。

64. 答案：ABCD

解析：人机功能合理分配的原则应该是：笨重的、快速的、持久的、可靠性高的、精度高的、规律性的、单调的、高价运算的、操作复杂的、环境条件差的工作，适合于机器来做；而研究、创造、决策、指令和程序的编排、检查、维修、故障处理及应付不测等工作，适合于人来承担。

65. 答案：CDE

解析：电击是电流通过人体，刺激机体组织，使肌体产生针刺感、压迫感、打击感、痉挛、疼痛、血压异常、昏迷、心律不齐、心室颤动等造成伤害的形式，故选项A、B错误；当线路发生短路，开启式熔断器熔断时，炽热的金属微粒飞溅出来会造成灼伤，因误操作引起短路也会导致电弧烧伤，本题属于短路引起的电弧烧伤，故选项C、D正确；弧光放电时的红外线、可见光、紫外线都会损伤眼睛，故选项E正确。

66. 答案：ABC

解析：选项A属于电压异常引起的危险温度；选项B属于接触不良；选项C属于电压异常引起的危险温度。

67. 答案：ABE

解析：电压过高时，除使铁心发热增加外，对于恒阻抗设备，还会使电流增大而发热。

68. 答案：ABDE

解析：剩余电流动作保护又称漏电保护，是利用剩余电流动作保护装置来防止电气事故的一种安全技术措施。必须安装剩余电流动作保护装置的设备有：①属于Ⅰ类的移动式电气设备；②生产用的电气设备；③施工工地的电气机械设备；④安装在户外的电气装置；⑤临时用电的电气设备；⑥机关、学校、宾馆、饭店、企事业单位和住宅等除壁挂式空调电源插座外的其他电源插座或插座回路；⑦游泳池、喷水池、浴池的电气设备；⑧医院中可能直接接触人体的电气医用设备；⑨其他需要安装剩余电流动作保护装置的场所。

69. 答案：ABCE

解析：起重机触电事故的安全防护措施有：（1）保证安全电压；（2）保证绝缘的可靠性；（3）加强屏护保护；（4）严格保证配电最小安全净距；（5）保证接地与接零的可靠性；（6）加强漏电触电保护。

70. 答案：ADE

解析：固体可燃物粉碎得越细，其自燃点越低，故选项B错误；一般情况下燃点越低，火灾危险性越大，故C项错误。

71. 答案：ACE

解析：选项A属于电气设备方面的控制；选项C和E属于静电放电方面的控制。

72. 答案：ABDE

解析：防止爆炸的一般原则包括：一是控制混合气体中可燃物含量处在爆炸极限以外；二是使用惰性气体取代空气；三是使氧气浓度处于其极限值以下。在生产过程中，应根据可燃易燃物质的燃烧爆炸特性，以及生产工艺和设备等的条件，采取有效的措施预防形成爆炸性混合物。这类措施主要有设备密闭、厂房通风、惰性介质保护、以不燃溶剂代替可燃溶剂、危险物品隔离储存等。

73. 答案：ABD

解析：有害气体净化方法大致分为：洗涤法、吸附法、袋滤法、静电法、燃烧法和高空排放法。

74. 答案：AD

解析：按照爆炸的能源分类，该爆炸属于物理爆炸；按照爆炸的反应相不同分类，该爆炸属于液相爆炸。

75. 答案：ABCD

解析：防止容器或室内爆炸的安全措施有抗爆容器、爆炸卸压、房间卸压。

选作部分

（一）矿山安全技术

76. 答案：A

解析：瓦斯喷出和煤（岩）与瓦斯（二氧化碳）突出煤层的掘进通风方式必须采用压入式。详见教材第306页。

77. 答案：B

解析：发生煤与瓦斯突出事故时，要根据井下实际情况决定是否停电。如不会因停电造成被水淹的危险，应远距离切断灾区电源；否则应加强通风，特别要加强电气设备处的通风，做到运行的设备不停电，停运的设备不送电，防止产生火花，引起爆炸。详见教材第313页。

78. 答案：D

解析：冲击地压的防范措施主要包括：预留开采保护层；尽量少留煤柱和避免孤岛开采；尽量将主要巷道和硐室布置在底板岩层中；回采巷道采用大断面掘进；尽可能避免巷道多处交叉；加强顶板控制；确定合理的开采程序；煤层预注水，以降低煤体的弹性和强度等。详见教材第316页。

79. 答案：B

解析：只有经取样化验分析证实，同时具备下列条件时，方可认为火区已经熄灭，才准予启封：（1）火区内温度下降到30℃以下，或与火灾发生前该区的空气日常温度相同；（2）火区内的氧气浓度降到5%以下；（3）区内空气中不含有乙烯、乙炔，一氧化碳在封闭期间内逐渐下降，并稳定在0.001%以下；（4）在火区的出水温度低于25℃，或与火灾发生前该区的日常出水温度相同。以上4项指标持续稳定的时间在1个月以上。

80. 答案：B

解析：主要水仓的有效容量应能容纳8h的正常涌水量。正常涌水量大于1000m^3/h的矿井，主要水仓有效容量可按下式计算：$V=2(Q+3000)$。式中：V——主要水仓的有效容积，m^3；Q——矿井每小时正常涌水量，m^3。但主要水仓的总有效容量不得低于4h的矿井正常涌水量。采区水仓的有效容量应能容纳4h的采区正常涌水量。详见教材第323页。

81. 答案：A

解析：矿山粉尘（煤矿煤尘）爆炸必须同时具备以下4个条件：粉尘本身具有爆炸性；粉尘悬浮在空气中并达到一定浓度；有足以点燃粉尘的热源；有可供爆炸的助燃剂。详见教材第327页。

82. 答案：C

解析：排土场滑坡类型分为3种：排土场内部滑坡、沿排土场与基底接触面的滑坡和沿基底软弱面的滑坡。详见教材第333页。

83. 答案：A

解析：病库是指安全设施不符合设计要求，但符合基本安全生产条件的尾矿库。病库应限期整改。排洪设施出现不影响安全使用的裂缝、腐蚀或磨损为病库。详见教材第336页。

84. 答案：D

解析：埋地输油气管道与通信电缆平行敷设时，其安全间距不宜小于10m，特殊地带达不到要求的，应采取相应的保护措施；交叉时，两者净空间距应不小于0.5m。且后建工程应从先建工程下方穿过。详见教材第364页。

85. 答案：B

解析：空场采矿法主要依靠暂留或永久残留的矿柱进行支撑，采空区始终是空着的，一般在矿石和围岩很稳固时采用。详见教材第299页。

（二）建筑工程施工安全技术

86. 答案：B

解析：建筑施工的伤亡事故主要有高处坠落、物体打击、触电和机械伤害4个类别。这4个类别的伤亡事故多年来一直居高不下，被称为四大伤害。随着建筑物的高度从高层到超高层，其地下室亦从地下一层到地下二层或地下三层，土方坍塌事故增多，特别是在城市里拆除工程增多。因此，在四大伤害的基础上增加了坍塌事故。详见教材第370页。

87. 答案：A

解析：施工安全技术措施是工程施工中安全生产的指令性文件，在施工现场管理中具有安全生产法规的作用，必须认真编制和贯彻执行。详见教材第371页。

88. 答案：C

解析：帽衬顶端与帽壳内顶，必须保持25～50mm的空间，有了这个空间．才能够成一个能量吸收系统，才能使冲击分部在头盖骨的整个面积上，减轻对头部的伤害。详见教材第377页。

89. 答案：B

解析：根据施工需要亦可做成踏步式，地下水位低于基坑（槽）或管沟底面标高时，挖方深度在 5m 以内，不加支撑的边坡的最陡坡度应符合表 8-2 的规定。详见教材第 380 页。

90. 答案：C

解析：卡环又名卸甲，用于绳扣（千斤绳、钢丝绳）和绳扣，或绳扣与构件吊环之间的连接。它是在起重作业中用得较广的连接工具。卡环由弯环与销子两部分组成，按弯环的形式分为直形和马蹄形两种；按销子与弯环的连接形式分，有螺栓式和抽销式卡环及半自动卡环。详见教材第 390 页。

01. 答案：A

解析：拆除建（构）筑物，应自上而下对称顺序进行，先拆除非承重结构后再拆除承重的部分。不得数层同时拆除。当拆除一部分时，另与之相关连的其他部位应采取临时加固稳定措施，防止发生坍塌。详见教材第 394 页。

92. 答案：C

解析：两台塔吊在同一条轨道作业时，应保持安全距离。两台同样高度的塔吊，其起重臂端部之间，应大于 4m。两台塔吊同时作业，其吊物间距不得小于 2m。详见教材第 402 页。

93. 答案：D

解析：大横杆的对接扣件应交错布置。两根相邻大横杆的接头不宜设置在同步或同跨内；不同步不同跨两相邻接头在水平方向错开的距离不小于 500mm；各接头中心至最近主节点的距离不宜大于纵距的 1/3。详见教材第 407 页。

94. 答案：C

解析：依据《施工现场临时用电安全技术规范》（JGJ 46—88），编制临时用电工程施工组织设计，必须有施工单位专业电气技术人员编制，技术负责人审核。封面上要注明工程名称、施工单位、编制人员加盖单位公章。

95. 答案：C

解析：《建筑材料燃烧性能分级方法》（GB 8624—1997）将建筑材料按其燃烧性能划分为四级：A 级表示是不燃性建筑材料；B1 级表示是难燃性建筑材料；B2 级表示是可燃性建筑材料；B3 级表示是易燃性建筑材料。详见教材第 416 页。

（三）危险化学品安全技术

96. 答案：B

解析：强酸、强碱等物质能对人体组织、金属等物品造成损坏，接触人的皮肤、眼睛、肺部、食道等时，会引起表皮组织发生破坏作用而造成灼伤。内部器官被灼伤后可引起炎症，甚至会造成死亡。详见教材第 420 页。

97. 答案：A

解析：危险化学品中毒、污染事故预防控制措施目前采取的主要是替代、变更工艺、隔离、通风、个体防护和保持卫生。详见教材第 427 页。

98. 答案：A

解析：危险化学品露天堆放，应符合防火、防爆的安全要求，爆炸物品、一级易燃物品、遇湿燃烧物品、剧毒物品不得露天堆放。详见教材第430页。

99. 答案：B

解析：扑救爆炸物品火灾时，切忌用沙土盖压，以免增强爆炸物品的爆炸威力；另外扑救爆炸物品堆垛火灾时，水流应采用吊射，避免强力水流直接冲击堆垛，以免堆垛倒塌引起再次爆炸。详见教材第434页。

100. 答案：C

解析：同一种毒性危险化学品引起的急性和慢性中毒其损害的器官及表现也有很大差别。例如，苯急性中毒主要表现为对中枢神经系统的麻醉作用，而慢性中毒主要为造血系统的损害。详见教材第437页。

101. 答案：A

解析：制备混酸时，应严格控制温度和酸的配比，并保证充分的搅拌和冷却条件，严防因温度猛升而造成的冲料或爆炸。不能把未经稀释的浓硫酸与硝酸混合。稀释浓硫酸时，不可将水注入酸中。详见教材第442页。

102. 答案：D

解析：工艺装置区应该离工厂边界一定距离，而且应该集中分布，选项A错误；储存容器可能释放出大量的毒性或易燃性物质，务必将其置于工厂的下风区域，选项B错误；罐区应设在地势比工艺装置略低的区域，绝不能设在高坡上，选项C错误。详见教材第450页。

103. 答案：C

解析：系统卸压要缓慢，由高压降至低压，应注意压力不得降至零，更不能造成负压，一般要求系统内保持微弱正压。在未做好卸压前，不得拆动设备。详见教材第465页。

104. 答案：A

解析：进设备内作业前，必须将该设备与其他设备进行安全隔离（加盲板或拆除一段管线，不允许采用其他方法代替），并清洗、置换干净。详见教材第469页。

105. 答案：C

解析：化学品安全技术说明书由化学品生产供应企业编印，在交付商品时提供给用户；化学品的用户在接收、使用化学品时，要认真阅读技术说明书，了解和掌握化学品危险性，并根据使用的情形制定安全操作规程，选用合适的防护器具，培训作业人员。详见教材第423页。

（四）综合安全技术

106. 答案：D

解析：物体打击指物体在重力作用或其他外力的作用下产生运动，打击人体而造成人体伤亡事故。不包括主体机械设备、车辆、起重机械、坍塌等引发的物体打击。选项 A 是坍塌引发伤害，选项 B 是车辆伤害，选项 C 是起重伤害，选项 D 是机械伤害。详见教材第 4 页。

107. 答案：C

解析：直接接触电击是指电气设备在正常运行条件下，人体直接触及了设备或线路的带电部分所形成的电击。详见教材第 68 页。

108. 答案：C

解析：图中开关箱上面部分电线外露，穿管不到位。故选项 C 正确。

109. 答案：B

解析：从剩余电流动作保护的机理可知，其保护并不包括相对相、相与 N 线之间的形成的直接触电电击事故的防护。详见教材第 88 页。

110. 答案：A

解析：选项 A 中的冲击电钻属于手持电动工具，手持电动工具应优先选用Ⅱ类设备。

111. 答案：C

解析：《起重机械安全规程》规定，露天工作于轨道上运行的起重机，如门式起重机、装卸桥、塔式起重机和门座起重机，均应安装防风防爬装置。详见教材第 157 页。

112. 答案：D

解析：在同层多台起重机同时作业环境使用的起重机上要求安装防撞装置，用来防止在上述起重机交会时发生碰撞事故。详见教材第 159 页。

113. 答案：C

解析：《火灾分类》中 B 类火灾指液体和可熔化的固体物质火灾，如汽油、煤油、柴油、原油、甲醇、乙醇、沥青、石蜡火灾等。详见教材第 176 页。

114. 答案：B

解析：对呈化学毒副作用的粉尘而言，溶解度越高，其对人体危害性越大。详见教材第 245 页。

115. 答案：C

解析：对车辆转向架侧架、摇枕实行寿命管理，凡使用年限超过 25 年的配件全部报废。详见教材第 257 页。

2018 年度全国注册安全工程师执业资格考试模拟试卷（二）

安全生产技术

（考试时间 150 分钟，满分 100 分）

必作部分

一、单项选择题（共 60 题，每题 1 分。每题的备选项中，只有 1 个最符合题意）

1．联轴器是用来把两轴连接在一起的常用机械转动部件，下列关于联轴器的安全要求中，错误的是（　　）。

A．联轴器应安装Ω型防护罩

B．安全型联轴器上不应装有凸出的螺钉

C．联轴器应能保证只有机器停车并将其拆开后两轴才能分离

D．任何情况下，联轴器都不允许出现径向位移

2．机械安全防护装置主要用于保护人员免受机械性危害。下列关于机械安全防护装置的说法中，正确的是（　　）。

A．隔离安全装置可以阻止身体任何部位靠近危险区域

B．自动安全装置仅限在高速运动的机器上使用

C．跳闸安全装置依赖于敏感的跳闸机构和机器能迅速启动

D．双手控制安全装置可以对操作者和协作人员提供保护

3．通过设计无法实现本质安全时，应使用安全装置消除危险。在安全装置设计中不必考虑的是（　　）。

A．强度、刚度、稳定性和耐久性

B．对机器可靠性的影响

C．机器危险部位具有良好的可视性

D．工具的使用

4．某公司购置了一台 24m 长的大型龙门铣床，安装时，该设备与墙、柱之间的安全距离至少是（　　）m。

A．0.6　　B．0.9　　C．1.2　　D．1.5

5．某机械加工车间使用普通车床加工细长杆金属材料时，发生长料甩机伤人事故，车间

决定进行整改。下列措施中，对杜绝此类事故最具针对性的是（　　）。

A．安全防护网　　B．安装防弯装置

C．穿戴防护用品　　D．加强监督检查

6．如下图所示，砂轮机的砂轮两侧用法兰压紧，固定在转轴上。法兰与砂轮之间需加垫软垫，砂轮柱面在使用中会逐渐磨损。下列关于砂轮机安装和使用的要求中，正确的是（　　）。

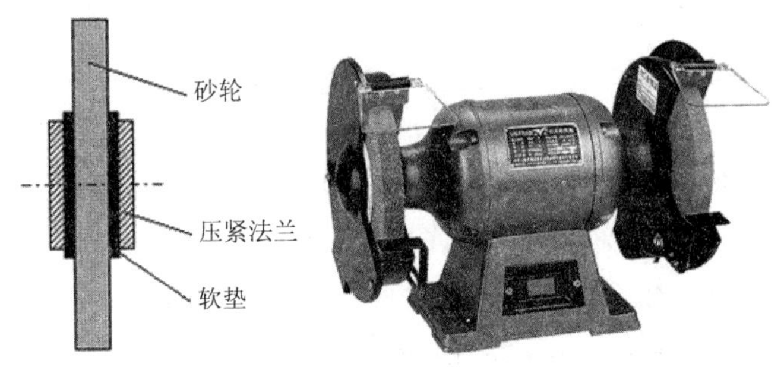

A．软垫厚度应小于 1mm

B．压紧法兰直径不得小于砂轮直径的 1/4

C．砂轮直径不大于压紧法兰直径 10mm 时应更换砂轮

D．砂轮的圆柱面和侧面均可用于磨削，必要时允许两人同时操作

7．剪板机用于各种板材的裁剪，下列关于剪板机操作与防护的要求中，正确的是（　　）。

A．不同材质的板料不得叠料剪切，相同材质不同厚度的板料可以叠料剪切

B．剪板机的皮带、齿轮必须有防护罩，飞轮则不应装防护罩

C．操作者的手指离剪刀口至少保持 100mm 的距离

D．根据被剪板料的厚度调整刀口的间隙

8．木工机械刀轴转速高、噪声大，容易发生事故。下列危险有害因素中，属于木工机械加工过程危险有害因素的是（　　）。

A．高处坠落　　B．热辐射　　C．粉尘　　D．电离辐射

9．在木材加工的诸多危险因素中，木料反弹的危险性大，发生概率高。下列木材加工安全防护的措施中，不适于防止木料反弹的是（　　）。

A．采用安全送料装置　　B．装设锯盘制动控制器

C．设置防反弹安全屏护装置　　D．设置分离刀

10．锻造是一种利用锻压机械对金属坯料施加压力，使其产生塑性变形以获得具有一定机械性能、一定形状和尺寸的锻件的加工方法。锻造生产中存在多种危险有害因素。下列关于锻造生产危险有害因素的说法中，错误的是（　　）。

A．噪声、振动、热辐射带来职业危害，但无中毒危险

B．红热的锻件遇可燃物可能引燃成灾

C．红热的锻件及飞溅的氧化皮可造成人员烫伤

D．锻锤撞击、锻件或工具被打飞、模具或冲头打崩可导致人员受伤

11．在生产、生活中，紫外线对人的皮肤、眼睛等都会造成伤害。300mm 以下的短波紫外线可引起紫外线眼炎，导致眼睛剧痛而不能睁眼的最小照射时间范围为（　　）。

A．4～5h　　B．6～8h

C．8～10h　　D．10～12h

12．人机系统可分为机械化、半机械化的人机系统和全自动化控制的人机系统两类。在机械化、半机械化的人机系统中，人始终起着核心和主导作用，机器起着安全保证作用。下列关于机械化、半机械化的人机系统的说法中，正确的是（　　）。

A．系统的安全性主要取决于人处于低负荷时应急反应

B．系统的安全性取决于机械的冗余系统是否失灵

C．机械的正常运转依赖于该闭环系统机器自身的控制

D．系统的安全性主要取决于该系统人机功能分配的合理性

13．某职工在皮包加工厂负责给皮包上拉链，工作时间从 8：00 到 16：00。工作一段时间后，该职工认为作业单一、乏味、没有兴趣，经常将拉链上错。根据安全人机工程原理，造成该职工经常将拉链上错的主要原因是（　　）。

A．肌肉疲劳　　B．体力疲劳　　C．心理疲劳　　D．行为疲劳

14．随着我国城市建设的快速发展，为保证新建或在役供水和供气管道的安全运行，降低或消除安全事故发生的可能性，应检查检测供水和供气管道内部结构的裂纹、腐蚀等情况。常用的检测技术是（　　）。

A．超声探伤　　B．渗透探伤　　C．涡流探伤　　D．磁粉探伤

15．人机系统的任何活动实质上都是信息及能量的传递和交换。人机之间在进行信息及能量传递和交换中，人在人机系统中的主要功能是（　　）。

A．传感功能、记忆功能、操纵功能

B．传感功能、记忆功能、检测功能

C．传感功能、信息处理功能、检测功能

D．传感功能、信息处理功能、操纵功能

16．机械伤害风险的大小除取决于机械的类型、用途、使用方法和人员的知识、技能、工作状态等因素外，还与人们对危险的了解程度和所采取的避免危险的措施有关。下列措施中，属于实现机械本质安全的是（　　）。

A．通过培训，提高人们辨别危险的能力

B．通过培训，提高避免伤害的能力

C．减少接触机器危险部件的次数

D．通过对机器的重新设计，使危险部位更加醒目

17. 工作场所作业面的照度会受到人工照明、自然采光条件以及设备的布置、光线反射条件等多方面因素的影响，此外还与工作人员的体位有关。对于站立工作的场合，测定照度时，测点的位置应选取在其地面上方（　　）cm 处。

A．40　　B．60　　C．85　　D．150

18. 右图是某工地一起重大触电事故的现场图片，20 余名工人抬瞭望塔经过 10kV 架空线下方时发生强烈放点，导致多人触电死亡。按照触电事故的类型，该起触电事故属于（　　）。

A．低压直接接触电击

B．高压直接接触电击

C．高压间接接触电击

D．低压间接接触电击

19. 电气装置内部短路时可能引起爆炸，有的还可能本身直接引发空间爆炸，下图所示的 4 种电气设备中，爆炸危险性最大，而且可能酿成空间爆炸的是（　　）。

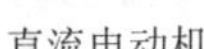

直流电动机　　低压断路器　　油浸式变压器　　干式变压器

A．直流电动机

B．低压断路器

C．油浸式变压器

D．干式变压器

20. 雷电是大气中的一种放电现象，具有雷电流幅值大、雷电流陡度大、冲击性强、冲击过电压高等特点。下列关于雷电破坏作用的说法中，正确的是（　　）。

A．破坏电力设备的绝缘

B．引起电气设备过负荷

C．造成电力系统过负荷

D．引起电动机转速异常

21. 对地电压指带电体与零电位大地之间的电位差。下图为 TT 系统〔即配电变压器低压中性点（N 点）直接接地，用电设备（M）的外壳也直接接地的系统〕示意图。已知低压中性点接地电阻 R_N=2.2Ω，设备外壳接地电阻 R_M=2.8Ω、配电线路电压 U=220V。当用电设备发生金属性漏电（即接触电阻接近于零）时，该设备对地电压为（　　）V。

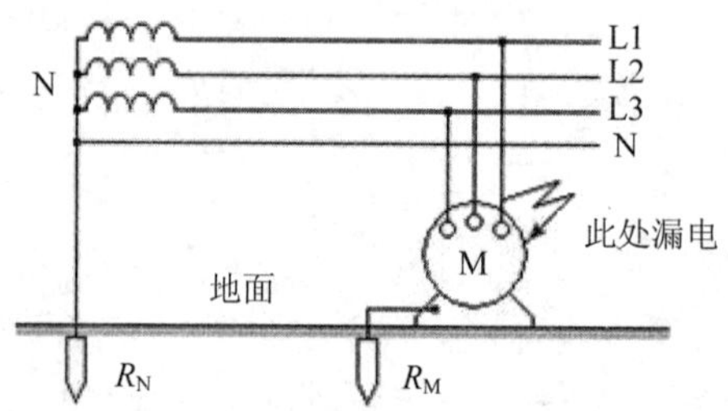

A．220　　B．123.2　　C．96.8　　D．36

22．直击雷、闪电感应（雷电感应、感应雷）、球形雷（球雷）、雷击电磁脉冲都可能造成严重事故。下列关于避雷针安全作业的描述中，正确的是（　　）。

A．避雷针能防闪电静电感应

B．避雷针能防直接雷

C．避雷针能防闪电电磁感应

D．避雷针能防雷击电磁脉冲

23．为防止静电危害，在装、卸油现场，应将所有正常时不带电的导体连通成整体并接地。下图是装油鹤管的示意图，下列装油操作步骤中，正确的是（　　）。

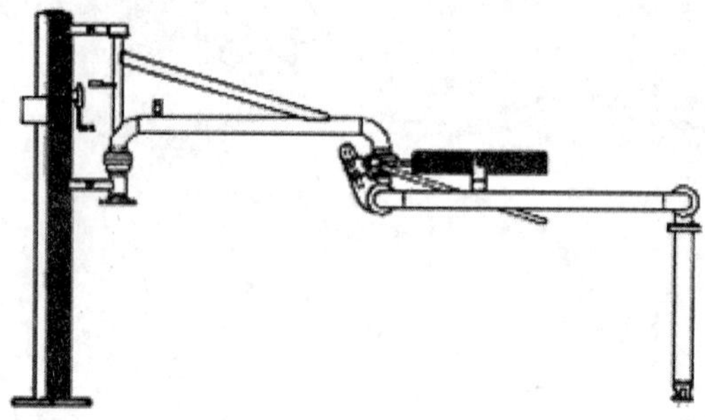

A．先接地后开始装油，结束时先断开接地线后停止装油

B．先接地后开始装油，结束时先停止装油后断开接地线

C．先开始装油后接地，结束时先停止装油后断开接地线

D．先开始装油后接地，结束时先断开接地线后停止装油

24．绝缘是防止直接接地触电击的基本措施之一，电气设备的绝缘电阻应经常检测，绝缘电阻用兆欧表测定。下列关于绝缘电阻测定的做法中，正确的是（　　）。

A．在电动机满负荷运行情况下进行测量

B．在电动机空载运行情况下进行测量

C．在电动机断开电源情况下进行测量

D．在电动机超负荷运行情况下进行测量

25．漏电保护又称剩余电流保护，在保障用电安全方面起着重要作用，运行中的漏电保护装置必须保持完好状态。下图为一微型漏电保护断路器，图中圆圈内的按钮是（　　）。

A．复位按钮

B．试验按钮

C．分闸按钮

D．合闸按钮

26．特种设备中，压力管道是指公称直径＞25mm并利用一定的压力输送气体或者液体的管道。下列介质中，必须应用压力管道输送的是（　　）。

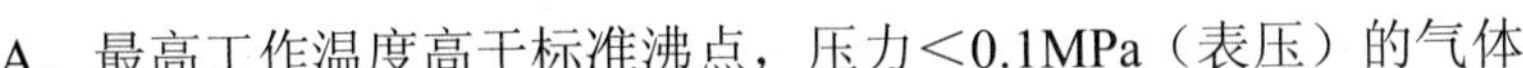

A．最高工作温度高于标准沸点，压力＜0.1MPa（表压）的气体

B．有腐蚀性、最高工作温度低于标准沸点的液化气体

C．最高工作温度低于标准沸点的液体

D．有腐蚀性、最高工作温度高于或者等于标准沸点的液体

27．锅炉是一种密闭的压力容器，在高温高压下工作时，可能引发锅炉爆炸的原因包括水循环遭破坏、水质不良、长时间低水位运行、超温运行和（　　）等。

A．超时运行　　　　B．超压运行

C．低压运行　　　　D．排气管自动排放

28．水在锅炉管道内流动，因速度突然发生变化导致压力突然发生变化，形成压力波在管道内传播的现象叫水击。水击现象常发生在给水管道、省煤器、过滤器、锅筒等部位，会造成管道、法兰、阀门等的损坏。下列关于预防水击事故的措施中，正确的是（　　）。

A．快速开闭阀门

B．使可分式省煤器的出口水温高于同压力下饱和温度40℃

C．暖管前彻底疏水

D．上锅炉快速进水，下锅炉慢速进汽

29．压力容器的原件开裂、穿孔、密封失效等会造成容器内的介质泄漏，当压力容器发生泄漏时，下列处理方法中，错误的是（　　）。

A．切断泄漏处相关联的阀门

B．堵漏

C．打开放空管排气

D．控制周围明火

30．安全附件是为了使压力容器安全运行而安装在设备上的一种安全装置，应根据压力容器自身的特点安装不同的安全附件。在盛装液化气体的钢瓶上，应用最广泛的安全附件是（　　）。

A．爆破片

B．易熔塞

C．紧急切断阀

D．减压阀

31．某单位司炉班长巡视时发现一台运行锅炉的水位低于水位表最低水位刻度，同时有人报告锅炉水泵故障，已停止运转多时，司炉班长判断锅炉已缺水，立即按紧急停炉程序进行处置。下列紧急停炉处置方法中，正确的是（　　）。

A．立即停止添加燃料和送风，减弱引风，同时设法熄灭炉膛内的燃料，灭火后即把炉门、灰门及烟道挡板打开，启动备用泵给锅炉上水

B．立即停止添加燃料和送风，减弱引风，同时设法熄灭炉膛内的燃料，灭火后即把炉门、灰门及烟道挡板打开，开启空气阀及安全阀快速降压

C．立即停止添加燃料和送风，减弱引风，同时设法熄灭炉膛内的燃料，灭火后即把炉门、灰门及烟道挡板打开，启动备用泵给锅炉上水，并开启空气阀及安全阀快速降压

D．立即停止添加燃料和送风，减弱引风，同时设法熄灭炉膛内的燃料，灭火后即把炉门、灰门及烟道挡板打开

32．对一台在用压力容器的全面检验中，检验人员发现容器制造时焊缝存在超标的体积性缺陷，根据检验报告，未发现缺陷发展或扩大。根据压力容器安全状况等级划分规则，该容器的安全状况等级为（　　）。

A．2　　B．3　　C．4　　D．5

33．起重机械定期检验包括审查技术文件、检查安全保护装置等项目，下列项目中，不属于起重机械定期检验内容的是（　　）。

A．力矩限制器检查

B．液压系统检查

C．额定载荷试验

D．静载荷试验

34．起重机司机安全操作要求：吊载接近或达到额定值，或起吊液态金属、易燃易爆物时，吊运前应认真检查制动器，并（　　）。

A．用小高度、长行程试吊，确认没有问题后再吊运

B．用小高度、短行程试吊，确认没有问题后再吊运

C．缓慢起重，一次性吊运到位

D．一次性吊运到位

35．做好压力容器的日常维护保养工作，可以使压力容器保持完好状态，提高工作效率，延长压力容器使用寿命，下列项目中，属于压力容器日常维护保养项目的是（　　）。

A．容器及其连接管道的振动检测

B．保持完好的防腐层

C．进行容器耐压试验

D．检测容器受压元件缺陷扩展情况

36．锅炉蒸发表面（水面）汽水共同升起，产生大量泡沫并上下波动翻腾的现象叫汽水共腾，汽水共腾会使蒸汽带水，降低蒸汽品质，造成过热器结垢，损坏过热器或影响用汽设备的安全运行，下列锅炉运行异常状况中，可导致汽水共腾的是（　　）。

A．蒸汽管道内发生水冲击

B．过热蒸汽温度急剧下降

C．锅水含盐量太低

D．负荷增加和压力降低过快

37．火灾可按照一次火灾事故造成的人员伤亡、受灾户数和财产直接损失金额进行分类，也可按照物质的燃烧特性进行分类，根据《火灾分类》（GB/T 4968—2008），下列关于火灾分类的说法中，正确的是（　　）。

A．B 类火灾是指固体物质火灾和可熔化的固体物质火灾

B．C 类火灾是指气体火灾

C．E 类火灾是指烹饪器具内烹饪物火灾

D．F 类火灾是指带电火灾，是物体带电燃烧火灾

38．根据燃烧发生时出现的不同现象，可将燃烧现场分为闪燃、自燃和着火。油脂滴落于高温部件上发生燃烧的现象属于（　　）。

A．阴燃　　B．闪燃　　C．自热自燃　　D．受热自燃

39．根据《消防法》中关于消防设施的含义，消防设施不包括（　　）。

A．消防车　　B．自动灭火系统　　C．消火栓系统　　D．应急广播

40．爆炸是物质系统的一种极为迅速的物理的或化学的能量释放或转换过程，是系统蕴藏或瞬间形成的大量能量在有限的体积和极端的时间内，突然释放或转换的现象，爆炸现象最主要的特征是（　　）。

A．周围介质发生持续震动或邻近物质遭到破坏

B．爆炸瞬间爆炸点及其周围压力急剧升高

C．爆炸点附近产生浓烟

D．爆炸瞬间附近温度急剧升高

41．天然气的组分有甲烷、乙烷、丙烷和丁烷等。与纯甲烷气体比较，天然气的爆炸可能性（　　）。

A．低于甲烷　　B．高于甲烷

C．与甲烷一样　　D．随甲烷比例减小而降低

42．当可燃性固体呈粉体状态，粒度足够细，飞扬悬浮于空气中，并达到一定浓度时，在相对密闭的空间内，遇到足够的点火能量就可以发生粉尘爆炸。粉尘爆炸机理比气体爆炸复杂得多，下列关于粉尘爆炸特点的说法中，正确的是（　　）。

A．粉尘爆炸速度比气体爆炸大

B．有产生二次爆炸的可能性

C．粉尘爆炸的感应期比气体爆炸短

D．爆炸压力上升速度比气体爆炸大

43．火灾报警控制器是火灾自动报警系统中的主要设备，其主要功能包括多方面。下列关于火灾报警控制器功能的说法中，正确的是（　　）。

A．具有记忆和识别功能

B．具有火灾应急照明功能

C．具有防排烟、通风空调功能

D．具有自动检测和灭火功能

44．二氧化碳灭火器是利用其内部充装的液态二氧化碳的蒸气压将二氧化碳喷出灭火的一种灭火器具，二氧化碳灭火器的作用机理是利用降低氧气含量，造成燃烧区域缺氧而灭火。下列关于二氧化碳灭火器的说法中，正确的是（　　）。

A．1kg 二氧化碳液体可在常温常压下生成 1000L 左右的气体，足以使 $1m^3$ 空间范围内的火焰熄灭

B．使用二氧化碳灭火器灭火，氧气含量低于 15%时燃烧终止

C．二氧化碳灭火器适宜于扑救 600V 以下的带电电器火灾

D．二氧化碳灭火器对硝酸盐等氧化剂火灾的扑灭效果好

45．某加工玉米淀粉的生产企业在对振动筛进行清理和维修过程中，发生淀粉爆炸事故，造成大量人员伤亡。经初步调查，该起事故的主要原因是工具使用不当，造成该起爆炸事故的原因是使用了（　　）工具。

A．铁质　　B．铁铜合金　　C．木质　　D．铝质

46．在工业生产中应根据可燃易爆物质的燃爆特性，采取相应措施，防止形成爆炸性混合物，从而避免爆炸事故。下列关于爆炸控制的说法中，错误的是（　　）。

A．乙炔管连接处尽量采用焊接

B．用四氯化碳代替溶解沥青所用的丙酮溶剂

C．天然气系统投用前，采用一氧化碳吹扫系统中的残余杂物

D．汽油储罐内的气相空间充入氮气保护

47．为了保证烟花爆竹在生产、使用和运输过程中安全可靠，烟火药组分除了氧化剂和可燃剂之外，还有（　　）。

A．还原剂和黏结剂　　B．黏结剂和阻化剂

C．安定剂和还原剂　　D．黏结剂和安定剂

48．烟花爆竹所用火药的物质组成决定了其所具有的燃烧和爆炸特性，包括能量特征、燃烧特性、力学特性、安定性和安全性等。其中，标志火药能量释放能力的特征是（　　）。

A．能量特征　　B．燃烧特性

C．力学特性　　D．安定性

49．粉状乳化炸药是将水相和油相在高速的运转和强剪切力作用下，借助乳化剂的乳化作用而形成乳化基质，再经过敏化剂敏化得到的一种油包水型的爆炸性物质。粉状乳化炸药生产中，火灾爆炸主要来自（　　）的危险性。

A．物质　　B．环境　　C．气候　　D．管理

50．为保证爆炸事故发生后冲击波对建（构）筑物等的破坏不超过预定的破坏标准，危险品生产区、总仓库区、销毁场等与该区域外的村庄、居民建筑、工厂、城镇、运输线路、输电线路等必须保持足够的安全距离。这个安全距离称作（　　）。

A．内部安全距离　　B．外部安全距离

C．扩展安全距离　　D．适当安全距离

51．爆炸过程表现为两个阶段：在第一阶段，物质的（或系统的）潜在能以一定的方式转化为强烈的压缩能；在第二阶段，压缩物质急剧膨胀，对外做功，从而引起周围介质的变化和破坏。下列关于破坏作用的说法中，正确的是（　　）。

A．爆炸形成的高温、高压、低能量密度的气体产物，以极高的速度向周围膨胀，强烈压缩周围的静止空气，使其压力、密度和温度突跃升高

B．爆炸的机械破坏效应会使容器、设备、装置以及建筑材料等的碎片，在相当大的范围内飞散而造成伤害

C．爆炸发生时，特别是较猛烈的爆炸往往会引起反复较长时间的地震波

D．粉尘作业场所轻微的爆炸冲击波导致地面上的粉尘扬起引起火灾

52．露天矿在开采过程中，由于使用各种大型移动式机械设备和大爆破，导致作业现场尘毒污染，为控制尘毒，新建露天矿应优先采取的措施是（　　）。

A．采用先进的生产工艺和设备

B．采用有效的个人防护措施

C．采用局部排风除尘措施

D．采用文式除尘器

53．在火灾和爆炸事故中，电器火灾爆炸事故占有很大比例。下列关于电气引燃源说法错误的是（　　）。

A．电气设备及装置在运行中产生的危险温度、电火花和电弧是电气火灾爆炸的原因

B．电火花是电极间的击穿放点，电弧是大量大火花汇集而成的

C．危险温度不包括电器的正常工作温度

D．可燃物吸收电磁辐射能量可能形成危险温度

54．锅炉在运行中受到高温、压力和腐蚀等的影响容易发生事故。发生锅炉重大事故后下列措施正确的是（　　）。

A．停止供给燃料和送风

B．向炉膛内浇水熄灭燃料

C．利用蒸汽总管降压

D．严重缺水时立刻向锅炉进水

55．某工厂因工人操作不慎造成氢气管道破裂，氢气泄漏而引发火灾，该事故中氢气的燃烧形式是（　　）。

A．扩散燃烧　　B．混合燃烧

C．蒸汽燃烧　　C．分解燃烧

56．在爆炸性混合气体中加入隋性气体，当隋性气体的浓度增加到某一数值时（　　）。

A．爆炸上、下限差值为常数　　B．爆炸上、下限趋于一致

C．爆炸上限不变，下限增加　　D．爆炸下限不变，上限减小

57．性质相互抵触的危险化学物品如果储存不当，往往会酿成重大的事故。不同的危险化学品性质不同，因此，它们的储存条件也不相同，以下物品可以在一起储存的是（　　）。

A．汽油和煤油　　B．乙炔和二氧化碳

C．钾和钠　　D．铝粉和锌粉

58．灭火剂是能够有效地破坏燃烧条件、中止燃烧的物质。目前在手提式灭火器和固定式灭火系统上得到广泛应用的灭火剂是（　　）。

A．水灭火剂　　B．气体灭火剂

C．泡沫灭火剂　　D．干粉灭火剂

59．摆脱电流指能自主摆脱带电体的最大电流。超过摆脱电流时，由于受刺激肌肉收缩或中枢神经失去对手的正常指挥作用，导致无法自主摆脱带电体。就平均值（概率 50%）而言，男性约为（　　）mA。

A．10　　B．16

C．18　　D．20

60．不同场合不同类型的炸药其要求所具有的性质不同。起爆药、工业炸药、烟花爆竹药剂按照其感度来进行排序，由高到低应该是（　　）。

A．起爆药、烟花爆竹药剂、工业炸药

B．烟花爆竹药剂、起爆药、工业炸药

C．起爆药、工业炸药、烟花爆竹药剂

D．烟花爆竹药剂、工业炸药、起爆药

二、多项选择题（共 15 题，每题 2 分。每题的备选项中，有 2 个或 2 个以上符合题意，至少有 1 个错项。错选，本题不得分；少选，所选的每个选项得 0.5 分）

61．机械伤害的危险性与机器的类型、用途和操作人员的技能、工作态度密切相关。预防

机械伤害包括两方面对策：一是实现机械本质安全，二是保护操作者及有关人员安全。下列措施中，属于保护操作者及有关人员安全的措施是（　　）。

A．通过对机器的重新设计，使危险部位更加醒目

B．通过培训，提高避免伤害的能力

C．采用多人轮班作业的劳动方式

D．采取必要的行动增强避免伤害的自觉性

E．通过培训，提高人们辨别危险的能力

62．冲压（剪）作业是靠压力机械和磨具对管材、带材等施加外力，使之变形或分离获得所需冲压件的加工方法。冲压（剪）事故可能发生在冲压（剪）机械的各个部位。冲压（剪）作业的主要危险因素有（　　）。

A．操作者使用弹性夹钳送进工件

B．关键零件磨损、变形导致机器动作失控

C．控制开关失灵导致机器错误动作

D．模具缺陷导致意外状态

E．刚性离合器一旦接合运行，将完成冲压（剪）的一个循环

63．金属铸造是将熔融的金属注入、压入或吸入铸模的空腔中使之成型的加工方法。铸造作业中存在着火灾及爆炸、灼烫、高温和热辐射等多种危险有害因素。因此，铸造作业应该有完善的安全技术措施。下列关于浇注作业的安全措施中，正确的有（　　）。

A．浇注前检查浇包、升降机构、自锁机构、抬架是否完好

B．所有与铁有接触的工具使用前烘干

C．浇包盛铁水不得超过容积的 90%

D．操作工穿戴好防护用品

E．现场有人统一指挥

64．铸造是一种利用锻压机械对金属胚料施加压力，使其产生塑性变形以获得具有一定机械性能、一定形状和尺寸的锻件的加工方法。锻造的主要设备有锻锤、压力机、加热炉等。下列关于锻造设备安全技术措施的说法中，正确的有（　　）。

A．锻压机械的机架和突出部位不得有棱角

B．蓄力器应装有安全阀，且安全阀的重锤应位于明处

C．控制按钮有按钮盒，启动按钮为红色按钮，停车按钮为绿色按钮

D．启动装置的结构和安全应能防止锻造设备意外开启或自动开启

E．外露的齿轮传动、摩擦传动、曲柄传递、皮带传动机构有防护罩

65．机械安全是指机器在预定使用条件下执行其功能和在对其进行运输、安装、调试、运行、维修、拆卸和处理时，不致对操作者造成损伤或危害其健康的能力。机械安全的特性包括（　　）。

A．系统性　　B．友善性　　C．防护性　　D．局部性　　E．整体性

66．根据能量转移论的观点，电气危险因素是由于电能非正常状态形成的。触电是电气危险因素之一，触电分为电击和电伤两种伤害形式。下列关于电击、电伤的说法中，错误的是（　　）。

A．大部分触电死亡既有电击的原因也有电伤的原因

B．电击是电流直接作用于人体或电流转换为其他形态的能量作用于人体造成的伤害

C．电伤是电流直接作用于人体造成的伤害

D．电击都发生在低压电气设备上，电伤都发生在高压设备上

E．单纯的电伤不会致人死亡

67．电气装置的危险温度以及电气装置上发生的电火花或电弧是两个重要的电气引燃源。电气装置的危险温度指超过其设计运行温度的异常温度。下图所示 5 种电气装置中，正常运行于操作时会在空气中产生电火花的有（　　）。

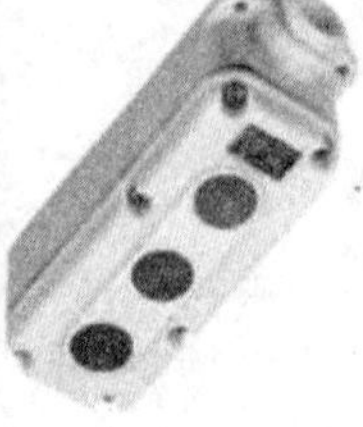

节能灯　　控制按钮　　插座　　接触器　　绝缘电线

A．节能灯　　B．控制按钮　　C．插座　　D．接触器　　E．绝缘电线

68．正确划分爆炸危险区域的级别和范围是电气防爆设计的基本依据之一，下列关于爆炸危险区域划分的说法中，正确的有（　　）。

A．固定顶式油管内上方的空间应划为爆炸性气体环境 0 区

B．正常运行时偶然释放爆炸性气体的空间可划分为爆炸性气体环境 1 区

C．正常运行时偶尔且只能短时间释放爆炸性气体的空间不划为爆炸性气体环境

D．良好、有效的通风可降低爆炸性环境的危险等级

E．爆炸性气体密度大于空间密度时，应提高地沟、凹坑内爆炸性环境的危险等级

69．按照爆炸反应相的不同，爆炸可以分为气相爆炸、液相爆炸和固相爆炸。下列属于气相爆炸的有（　　）。

A．空气和氢气混合气发生的爆炸

B．空气中飞散的玉米淀粉引起的爆炸

C．钢水与水混合产生蒸气发生的爆炸

D．液氧和煤粉混合时引起的爆炸

E．喷漆作业引起的爆炸

70．防爆的基本原则是根据对爆炸过程特点的分析采取相应的控制措施。下列关于爆炸预

防的措施中，正确的有（　　）。

A．防止爆炸性混合物的形成

B．严格控制火源

C．密闭和负压操作

D．及时泄出燃爆开始时的压力

E．检测报警

71．生产系统内一旦发生爆炸或压力骤增时，可通过防爆泄压装置将超高压力释放出去，以减小巨大压力对设备、系统的破坏或者减少事故损失。防爆泄压装置主要有（　　）。

A．单向阀　　B．安全阀　　C．防爆门　　D．爆破片　　E．防爆窗

72．在烟花爆竹生产中，制药、装药、筑药等工序所使用的工具，应采用不产生火花和静电的材质制造。下列材质的工具中，不能使用的有（　　）工具。

A．铁质　　B．铝质　　C．塑料　　D．木质　　E．铜质

73．化学品安全技术说明书，国际上称作化学品安全信息卡，简称 CSDS 或 MSDS，其包含的信息有（　　）。

A．化学品燃爆、毒性　　B．法律法规　　C．泄漏应急处置

D．主要理化参数　　E．销售信息

74．下列针对危险化学品中毒、污染事故目前采取的主要防控措施中，正确的有（　　）。

A．用甲苯替代喷漆和涂漆中用的苯　　B．惰性气体保护

C．把生产设备与操作室隔离开　　D．通风

E．个体防护

75．毒性危险化学品通过一定途径进入人体，在体内积蓄到一定剂量后，就会表现出慢性中毒症状。毒性危险化学品侵入人体的途径有（　　）。

A．各个器官　　B．呼吸道　　C．皮肤

D．消化道　　E．血液

选作部分

分为四组，任选一组作答。每组 10 个单项选择题，每题 1 分。每题的备选项中，只有 1 个最符合题意。

（一）矿山安全技术

76．矿井通风系统是向矿井各作业地点供给新鲜空气，排除污浊空气的通风网络、通风动力及其装置和通风控制设施（通风构筑物）的总称。根据主要通风机的工作方式，地下矿上通风方式可分为（　　）。

A．中央式，混合式，压轴混合式

B．压入式，抽出式，压轴混合式

C．混合式，对角式，中央式

D．对角式，压入式，抽出式

77．防治煤与瓦斯突出的技术措施主要分为区域性措施和局部性措施。区域性措施是针对大面积范围消除突出危险性的措施，局部性措施主要在采掘工作面执行。下列做法中，属于局部性措施的是（　　）。

A．预留开采保护层

B．地面钻孔瓦斯预抽放

C．浅孔松动爆破

D．地面煤层注水压裂

78．矿（地）压灾害的防治技术有井巷支护及维护、采场地压事故防治措施、地质调查工作等方法，下列方法中，适于煤矿开采压力控制的是（　　）。

A．直接顶稳定性和老顶来压强度控制

B．空场采矿法地压控制

C．崩落采矿法地压控制

D．全面采矿法地压控制

79．矿山火灾的发生具有严重的危害性，可能造成人员伤亡、矿山生产接续紧张、巨大的经济损失、严重的环境污染等。根据引火源的不同，矿上火灾可分为外因火灾和内因火灾。下列矿山火灾中，属于内因火灾的是（　　）。

A．机械摩擦和撞击产生火花而形成的火灾

B．煤自燃形成的火灾

C．瓦斯、煤尘爆炸形成的火灾

D．电器设备损坏、电流短路形成的火灾

80．煤矿矿山排水系统要求必须有工作水泵、备用水泵和检修水泵。工作水泵的能力应在20h内排出地下矿山24h的正常涌水量。备用水泵的能力应不小于工作水泵的（　　）。

A．50%　　B．60%　　C．70%　　D．80%

81．为预防粉尘的职业危害，地下矿山作业场所空气中粉尘的浓度不能超标。引起尘肺病的主要粉尘类型是（　　）。

A．呼吸性粉尘　　B．混合型粉尘　　C．沉积性粉尘　　D．可溶性粉尘

82．露天矿边坡滑坡是指边坡坡体在较大的范围内沿某一特定的剪切面滑动，从而引起滑坡灾害。合理的采矿方法是控制滑坡事故的主要控制措施之一，下列技术方法中，属于采矿方法控制滑坡事故的是（　　）。

A．采用从上到下的开采顺序，选用从上盘到下盘的采剥推进方向

B. 采用打锚杆孔、混合料转运、拌料和上料、喷射混凝土等生产工序和设备

C. 有变形和滑动迹象的矿山，必须设立专门观测点，定期观测记录变化情况，并采取长锚杆、锚索、抗滑桩等加固措施

D. 露天边坡滑坡灾害采用位移监测和声发射技术等手段进行监测

83. 井控制装置是指实施油气井压力控制技术的所有设备、专用工具和管汇的总称。当井内泥浆液柱压力与地层压力之间的平衡被破坏时，井控装置能及时发现，正确控制和处理溢流，尽快重建井底压力平衡。下列装备中，属于井控装置的是（　　）。

A. 闸板防喷器、压井装置、放喷管线

B. 防喷器、油脂打压泵装置

C. 注脂泵车、手压泵、高压管线

D. 防喷器、喷浆器

84. 埋地输油气管道与高压线平行或交叉敷设时，其安全距离应符合《66kV 及以下空架电力线路设计规范》（GB 50061—2010）中相关技术规定的要求，其中，阀室及可能泄漏油气的装置距输电线的最小安全距离不应小于（　　）m。

A. 10　　B. 15　　C. 20　　D. 25

85. 根据炮眼深度与直径的不同，矿山钻眼爆破法分为浅孔爆破法、中深孔爆破法和深孔爆破法。一般浅孔爆破的炮眼直径小于 50mm、深度小于（　　）m。

A. 1　　B. 2　　C. 4　　D. 5

（二）建筑工程施工安全技术

86. 建筑业由于其自身特点，往往容易发生事故，对是施工现场的从业人员造成伤害。下列事故类型中，不属于建筑业易发多发的事故类型是（　　）。

A. 高处坠落　　B. 触电　　C. 中毒窒息　　D. 物体打击

87. 为有效遏制施工现场群死群伤生产安全事故，企业要严格按照相关要求，做好危险性较大分部分项工程安全技术工作。对所涉及的危险性较大分部分项工程，除需编制安全专项施工方案外，超过一定规模的还需要对方案进行专家论证。下列分部分项工程中，需要对专项施工方案进行专家论证的是（　　）。

A. 住宅楼工程，其基坑开挖深度为 4m

B. 住宅楼工程，采用人工扩孔桩，开挖深度为 14m

C. 餐厅工程，建筑高度为 21m，计划搭设高 23m 的落地式钢管脚手架作为机构施工期间的防护架体

D. 住宅楼工程，建筑高度 45m，底层搭设高度 20m 的落地式钢管脚手架，20m 以上搭设悬挑式脚手架至封底

88. 为保障建筑施工现场的安全，需要对不安全区域加强安全防护。下列针对施工现场的井、洞、沟、坎等临边危险区域的安全防护措施中，错误的是（　　）。

A．设置围挡　　B．设置盖板
C．设置夜间警示灯　　D．设置禁入标志

89．模板的机构设计，必须保证能承受作用于模板结构上的所有垂直载荷和水平载荷，在可能产生的载荷中，应选择最不利的组合验算模板整体结构，以及构件、配件的强度、刚度和（　　）。

A．高度　　B．宽度　　C．组合性　　D．稳定性

90．当用扒杆与多台卷扬机联合吊装大型设备时，要保证设备上各吊点受力大致均匀，避免设备变形，多台卷扬机联合吊装大型设备时，主要应保证各卷扬机的（　　）。

A．距离　　B．形式　　C．速度　　D．固定方式

91．当采用控制爆破拆除建筑物时，必须经过爆破设计，除对爆破物、用药量、爆破程序进行严格计算外，还需要进行计算的是（　　）。

A．建筑平面　　B．起爆点　　C．建筑面积　　D．周围环境

92．建筑施工中钢丝绳的使用频率较高。《建筑机械使用安全技术规范》对同一根钢丝绳上的绳卡数量、方向、间距、绳头长度等作了明确规定。针对直径为9.3mm的钢丝绳，下列绳卡固接方式中，错误的是（　　）。

A．绳卡数量3个　　B．绳卡间距75mm
C．绳卡方向正反交错布置　　D．绳头长度140mm

93．某酒店综合改造工程，需要从2层顶板布设工字钢梁用于搭设悬挑式钢管扣件脚手架，施工单位编制了悬挑脚手架方案。下列关于脚手架方案应计算内容的说法中，正确的是（　　）。

A．应对悬挑钢梁的抗弯强度、整体稳定性和挠度进行计算
B．应对悬挑钢梁的抗弯强度、整体稳定性和强度进行计算
C．应对悬挑钢梁的抗拉强度、整体稳定性和挠度进行计算
D．应对悬挑钢梁的抗拉强度、整体稳定性和强度进行计算

94．在建筑施工中，高处作业主要有临边、洞口、悬空、攀登作业等，进行高处作业必须做好安全防护。临边作业的防护主要是安装防护栏杆，栏杆由上下两道横杆及栏杆柱构成。横杆离地高度，规定上杆为1.0～1.2m，下杆为0.5～0.6m，横杆长度大于（　　）m时，必须加设栏杆柱。

A．2　　B．3　　C．4　　D．6

95．为确保用电安全，施工现场临时用电所用线缆采用一定的颜色标记来区分，针对相线L1、L2、L3、N线、PE线，与其相对应的线缆颜色，排列正确的是（　　）。

A．黄，红，绿，淡蓝，绿/黄双色
B．黄，绿，红，淡蓝，绿/黄双色
C．黄，绿，红，绿/黄双色，淡蓝

D．绿，红，黄，绿/黄双色，淡蓝

（三）危险化学品安全技术

96．2013年8月，某硫酸厂生产过程中三氧化硫管线上的视镜超压破裂，气态三氧化硫泄漏，现场2人被灼伤。三氧化硫致人伤害，体现了危险化学品的（　　）。

A．腐蚀性　　B．燃烧性　　C．毒害性　　D．放射性

97．油品罐区火灾爆炸风险非常高，进入油品罐区的车辆尾气排放管必须装设的安全装置是（　　）。

A．阻火装置　　B．防爆装置　　C．泄压装置　　D．隔离装置

98．危险化学品运输过程中事故多发，不同种类危险化学品对运输工具、运输方法有不同要求，下列各种危险化学品的运输方法中，正确的是（　　）。

A．用电瓶车运输爆炸物品　　B．用翻斗车搬运液化石油气钢瓶

C．用小型机帆船运输有毒物品　　D．用汽车槽车运输甲醇

99．2012年4月23日，某发电公司脱硝系统液氨储罐发生泄漏，现场操作工人立即向公司汇报，并启动液氨泄漏现场处置方案。现场处置的正确步骤是（　　）。

A．佩戴空气呼吸器—关闭相关阀门—打开消防水枪

B．打开消防水枪—观察现场方向标—佩戴空气呼吸器

C．观察方向标—打开消防水枪—关闭相关阀门

D．关闭相关阀门—佩戴空气呼吸器—打开消防水枪

100．工业生产中有毒危险化学品一旦泄漏，可通过呼吸道等途径进入人体对人造成伤害。进入现场的人员应佩戴合适的呼吸道防毒劳动保护用具。按作用机理，呼吸道防毒面具分为（　　）。

A．全面罩式和半面罩式　　B．过滤式和隔离式

C．自给式和隔离式　　D．电动式和人工式

101．由低分子单体合成聚合物的反应称为聚合反应，聚合反应合成的聚合物分子量高、黏度大，聚合反应热不易导出，遇到搅拌故障时容易挂壁和堵塞，从而造成局部过热或反应釜升温，反应釜的搅拌和温度应有检测和连锁装置。发现异常能够自动（　　）。

A．停止进料　　B．停止反应　　C．停止搅拌　　D．停止升温

102．化工装置停车过程复杂、危险较大，应认真制定停车方案并严格执行，下列关于停车过程注意事项的说法中，正确的是（　　）。

A．系统泄压要缓慢进行直至压力降至零　　B．高温设备应快速降温

C．装置内残存物料不能随意放空　　D．采用关闭阀门来实现系统隔绝

103．化工装置检修涉及大量动火作业，为确保动火作业安全，应落实有关安全措施。下列关于动火作业安全措施的说法中，错误的是（　　）。

A．动火低点变更时应重新办理审批手续

B．高处动火要落实防止火花飞溅的措施

C．停止动火不超过 1h 不需要重新取样分析

D．特殊动火分析的样品要留到动火作业结束

104．化工厂厂区一般可划分为 6 个区域：工艺装置区、罐区、公用设施区、运输装卸区、辅助生产区和管理区。下列关于各区域布局安排的说法中，正确的是（　　）。

A．为方便事故应急救援，工艺装置区应靠近工厂边界

B．运输装卸区应设置在工厂的下风区域或边缘地区

C．为防止储罐在洪水中受损，将罐区设置在高坡上

D．公用设施区的锅炉、配电设备应设置在罐区的下风区

105．泵是化工装置的主要流体机械，泵的选型主要考虑流体的物理化学特性。下列关于泵选型的说法中，错误的是（　　）。

A．采用屏蔽泵输送苯类物质

B．采用防爆电机驱动的离心泵输送易燃液体

C．采用隔离式往复泵输送悬浮液

D．采用普通离心泵输送胶状溶液

（四）综合安全技术

106．金属切削机床是用切削方法把毛坯加工成需要零件的设备，加工过程中，各运动部件、各种飞出物质等都会带来危害。下列关于防止金属切削机床常见事故的做法中，错误的是（　　）。

A．加工细长件时尾部安装托架

B．将被加工件装卡牢固

C．应用电压 24V 的床头照明灯

D．戴线手套操作机床

107．某黏合剂厂曾发生一起由静电引起的爆炸事故。下图是事故现场简图。汽油桶中装满甲苯，开动空压机后，压缩空气经橡胶软管将甲苯经塑料软管顶入反应釜。开始灌装十几分钟后反应釜内发生燃爆，导致 6 人死亡，1 人重伤。橡胶软管内空气流速和塑料软管内甲苯流速都很高。这起事故中，产生危险静电的主要过程是（　　）。

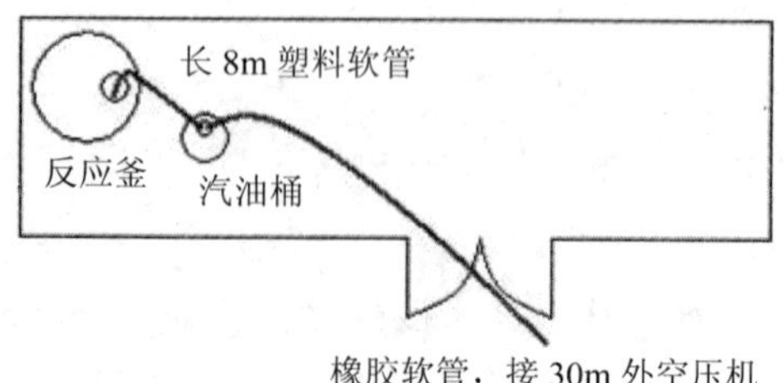

A．压缩空气在橡胶软管内高速流动　　B．甲苯在塑料软管内高速流动

C．工作人员在现场走动　　D．空压机合闸送电

108．下图所示开关板存在多处安全隐患。例如，胶盖刀开关缺下盖致使带电体裸露，接线不规范且多为临时线，积尘厚，熔丝与馈电线直接连接又没有压牢，开关板为木板，未连接保护线，电源线穿墙未穿管等。此开关板已经停用。对该开关板应当采取的处理措施是（　　）。

A．全面清扫　　B．加箱体保护

C．连同电源线全部拆除　　D．更换开关箱

109．低压架空线允许跨越建筑物，但必须符合相关安全要求。下列关于低压架空线跨越建筑物的要求中，错误的是（　　）。

A．低压架空线路跨越建筑物必须取得相关部门同意

B．被架空线路跨越的建筑物的屋顶必须用非燃性材料制作

C．被架空线路跨越的建筑物内不得存在爆炸危险区域

D．架空线路导线离屋顶的最小垂直距离不得小于 1m

110．起重机械包括塔式起重机、门式起重机、桥式起重机等，一般具有高大和比较复杂的机构，事故的类型也多样化。上述起重机都容易发生的事故是（　　）。

A．倾翻事故　　B．折臂事故

C．断绳事故　　D．重物坠落

111．锅炉停炉以后，空气中的氧有充分的条件与潮湿的金属接触或者更多地溶解于水，使金属的电化学腐蚀加剧。实践表明，锅炉停炉期的腐蚀往往比运行中的腐蚀更为严重，为此必须进行停炉保养。下列锅炉保养方法中，不适于锅炉停炉保养的是（　　）。

A．压力保养　　B．湿法保养

C．充气保养　　D．真空保养

112．场（厂）内专用机动车辆的液压系统中，由于超载或者油缸到达终点油路仍未切断，以及油堵塞引起压力突然升高。造成液压系统损坏。为控制场（厂）内专用机动车辆液压系统的最高压力，系统中必须设置（　　）。

A．安全阀　　B．切断阀

C．止回阀　　D．调节阀

113．起重机起吊液态金属、有害物、易燃易爆物等危险品时，起重机司机应当在吊运前检查制动器，并进行试吊。确认没有问题后再吊运。正确的试吊方法是以（　　）进行。

A．小高度、长行程　　B．大高度、短行程

C．大高度、长行程　　D．小高度、短行程

114．可燃物的聚焦状态不同，其受热后所发生的燃烧过程也不同，大多数可燃物质的燃烧并非物质本身在燃烧，而是物质受热分解出的气体或液体蒸气在气相中的燃烧。下列关于液体可燃物燃烧过程的说法中，正确的是（　　）。

A．氧化分解→气化→燃烧　　B．燃烧→气化→氧化分解

C．气化→燃烧→氧化分解　　D．气化→氧化分解→燃烧

115．高温作业是指在高气温或高温高湿或强热辐射条件下进行的作业。不论是高温还是强热辐射，都会对机体产生热作用，影响机体的热平衡。下列关于高温作业防护措施的说法中，错误的是（　　）。

A．采用自动化操作，使工人远离热源

B．高温热源应尽可能布置在夏季主导风向上风侧

C．采用自然通风进行降温

D．提供含盐清凉饮料

安全生产技术模拟试卷

答案与解析

（满分 100 分）

必作部分

一、单项选择题

1．答案：D

解析：有些联轴器在使用中可以有径向位移，如挠性联轴器。

2．答案：A

解析：选项 B 中的自动安全装置仅限于在低速运动的机器上使用；选项 C 中的跳闸安全装置依赖于敏感的跳闸机构和机器能够迅速停止；选项 D 中的双手控制安全装置仅能对操作者提供保护。

3．答案：D

解析：在无法用设计来做到本质安全时，为了消除危险，应使用安全装置。设置安全装置应考虑的因素主要有：（1）强度、刚度、稳定性和耐久性；（2）对机器可靠性的影响，例如固定的安全装置有可能使机器过热；（3）可视性（从操作者的角度来看，需要机器的危险部位有良好的可见性）；（4）对其他危险的控制，如选择特殊的材料来控制噪声的强度。

4．答案：B

解析：大型设备与墙、柱距离≥0.9m。

5．答案：B

解析：防弯装置能防止长料甩击伤人事故。

6．答案：C

解析：选项 A 中的软垫厚度为 1～2mm，选项 B 中的压紧法兰直径不得小于被安装砂轮直径的 1/3，选项 D 中的砂轮禁止侧面磨削、不准共同操作。

7．答案：D

解析：选项 A 中的不准同时剪切两种不同规格、不同材质的板材，选项 B 中的剪板机的皮带、飞轮、齿轮以及轴等运动部位必须安装防护罩，选项 C 中的剪板机操作者送料手指离刀口距离至少保持 200mm。

8. 答案：C

解析：木工机械的危险有害因素有：机械伤害、火灾和爆炸、生物化学危害、木粉尘危害、噪声和振动危害。

9. 答案：B

解析：锯盘制动控制器是使带锯机迅速停止。

10. 答案：A

解析：铸造作业有尘毒危害，一氧化碳可引起中毒。

11. 答案：D

解析：在生产过程中，除切屑颗粒、火花、飞沫、热气流、烟雾、化学物质等有形物质会造成对眼的伤害外，300mm 以下的短波紫外线会引发眼炎；紫外线照射 4～5h 后眼睛便充血，10～12h 后会使眼睛剧痛而不能睁眼。

12. 答案：D

解析：机械化、半机械化控制的人机系统的安全性主要取决于人机功能的合理性、机器的本质安全性及人为失误状况。

13. 答案：C

解析：单调作业易引起心理疲劳。

14. 答案：A

解析：超声探伤能检测内部缺陷，选项 B、C、D 为表面缺陷探伤技术。

15. 答案：D

解析：人在人机系统中的重要功能有：传感功能、信息处理功能、操纵功能。

16. 答案：C

解析：机械的本质安全是指在设计阶段采取措施来消除隐患的一种实现机械安全的方法。

17. 答案：C

解析：一般站位工作的场所取地面上方 85cm，坐位工位时取 40cm 处进行测定。

18. 答案：B

解析：高压放电引起的直接接触电击。

19. 答案：C

解析：油浸式变压器易发生火灾爆炸。还可引起空间爆炸。

20. 答案：A

解析：雷电破坏高压输电系统，毁坏发电机、电力变压器等电气设备的绝缘。

21. 答案：B

解析：两电阻串联，220×2.8/（2.2+2.8）=123.2。

22. 答案：B

解析：避雷针属于外部防雷装置的一部分，能防止直击雷。

23. 答案：B

解析：汽车槽车、铁路槽车在装油之前，应与储油设备跨接并接地；装、卸完毕先拆除油管，后拆除跨接线和接地线。

24. 答案：C

解析：测量时实际上是给被测物加上直流电压，测量其通过的泄漏电流，在表的盘上读到的是经过换算的绝缘电阻值。

25. 答案：B

解析：试验装置由一只限流电阻和检查按钮相串联的支路构成，模拟漏电的路径，以检验装置是否能够正常工作。

26. 答案：D

解析：有腐蚀性、最高工作温度高于或者等于标准沸点的液体必须用压力管道输送。

27. 答案：B

解析：锅炉事故发生的原因有：超压运行、超温运行、锅炉水位过低会引起严重缺水事故；锅炉水位过高会引起满水事故、水质管理不善、水循环被破坏、违章操作。

28. 答案：C

解释：暖管之前彻底疏水可预防水击事故，选项 ABD 均可引起水击事故。

29. 答案：C

解析：压力容器泄漏时不应打开放空管排气。

30. 答案：B

解析：易熔塞主要用于中、低压的小型压力容器，在盛装液化气体的钢瓶中应用更为广泛。

31. 答案：D

解析：因缺水紧急停炉时，严禁上水，并不得开启空气阀及安全阀快速降压。

32. 答案：B

解析：体积型缺陷属于 3 级。

33. 答案：D

解析：起重机的定期检验包括空载试验，不包括静载荷试验和动载荷试验，它们属于首次检验的内容。

34. 答案：B

解析：起重机司机吊载接近或达到额定值，或起吊危险器物（液态金属、有害物、易燃易爆物）时，吊运前应认真检查制动器，并用小高度、短行程试吊，确认没有问题后再吊运。

35. 答案：B

解析：压力容器的维护保养包括：保持完好的防腐层；消除产生腐蚀的因素；消灭容器的“跑、冒、滴、漏”；加强容器在停用期间的维护；经常保持容器的完好状态。

36. 答案：D

解析：汽水共腾的原因包括：锅水品质太差、负荷增加和压力降低过快。

37. 答案：B

解析：C类火灾是气体火灾；B类火灾是液体火灾或可熔化的固体物质火灾；E类火灾是带电火灾，是物体带电燃烧的火灾；F类火灾是烹饪器具内烹饪物火灾。

38. 答案：D

解析：油脂滴落于高温部件上受热发生自燃。

39. 答案：A

解析：《消防法》规定，消防设施是指火灾自动报警系统、自动灭火系统、消火栓系统、可提式灭火器系统、灭火器防烟排烟系统以及应急广播和应急照明、安全疏散设施等。消防车不属于消防设施。

40. 答案：B

解析：爆炸最主要的特征是爆炸点以及周围压力急剧升高。

41. 答案：B

解析：乙烷、丙烷、丁烷的爆炸下限均低于甲烷。

42. 答案：B

解析：粉尘爆炸的特点：（1）爆炸速度或升压速度比爆炸气体小，但燃烧时间长，产生的能量大，破坏程度大；（2）爆炸感应期较长；（3）有产生二次爆炸的可能性。

43. 答案：A

解析：火灾报警控制器除了具有控制、记忆、识别和报警功能外，还具有自动检测、联动控制、打印输出、图形显示、通信广播等功能。

44. 答案：C

解析：二氧化碳灭火器适宜于扑救600V以下带电电器、贵重设备、图书档案、精密仪器仪表的初起火灾，以及一般可燃液体的火灾。

45. 答案：A

解析：铁质工具会与设备碰撞产生火花，引起粉尘爆炸。

46. 答案：C

解析：天然气系统投入使用前，不能用一氧化碳有毒气体吹扫系统中的残余杂物，应该使用惰性气体吹扫。

47. 答案：D

解析：烟花爆竹的组成包括：氧化剂、可燃剂、黏结剂、功能添加剂（染焰剂、调速剂、安定剂等）。

48. 答案：B

解析：烟花爆竹的性质：（1）能量特征。它标志火药能量释放的能力。（2）燃烧特性。它标志火药做功能力的参量。（3）力学特性。它是指火药要具有相应的强度。（4）安定性；它是指火药必须在长期储存中保持其物理化学性质的相对稳定。（5）安全性。由于火药在特定的条件下能发生爆轰，所以要求在设计时必须考虑火药在生产、使用和运输过程中安全可靠。

49. 答案：A

解析：粉状乳化炸药生产的火灾危险因素主要来自物质的危险性，如生产过程中的高温、撞击摩擦、电气和静电火花、雷电引起的危险。

50. 答案：B

解析：烟花爆竹、爆破器材的安全距离包括外部安全距离和内部安全距离。危险品生产区、总仓库区、销毁场等与该区域外的村庄、居民建筑、工厂、城镇、运输线路、输电线路等必须保持足够的安全防护距离，称为外部安全距离；危险品生产区、总仓库区、销毁场等区域内的建筑物应留有足够的安全距离，称为内部安全距离。

51. 答案：B

解析：选项 A 爆炸形成高温、高压、高能量密度的气体产物；选项 C 爆炸会引起短暂的地震波；选项 D 地面粉尘扬起会造成更大范围的二次爆炸。

52. 答案：A

解析：防尘、防毒的基本原则是优先采用先进的生产工艺、技术和无毒（害）或低毒（害）的原材料，消除或减少尘、毒职业性有害因素。

53. 答案：C

解析：电热器具和照明器具在正常情况下的工作温度就可能形成危险温度。如电路电阻丝工作温度为 800℃，白炽灯灯丝为 2000～3000℃，所以选项 C 错误。

54. 答案：A

解析：发生锅炉重大事故时，要停止供给燃料和送风，减弱引风；熄灭和清除炉膛内的燃料，注意不能用向炉膛浇水的方法灭火，而要用黄沙或湿煤灰将红火压灭；打开炉门、灰门、烟风道闸门等，以冷却炉子；切断锅炉同蒸汽总管的联系，打开锅筒上放空排放或安全闸以及过热器出口集箱和疏水阀；向锅炉内进水、放水，以加速锅炉的冷却；但是发生严重缺水事故时，切勿向锅炉内进水。

55. 答案：A

解析：可燃气体从管道、容器的裂缝流向空气时，可燃气体分子与空气分子相互扩散、混合，混合浓度达到爆炸极限范围内的可燃气体遇到火源即着火并能形成稳定火焰燃烧，称为扩散燃烧。

56. 答案：B

解析：在混合气体中加入惰性气体，随着惰性气体含量的增加，爆炸极限范围缩小。当惰性气体的浓度增加到某一数值时，爆炸上下限趋于一致。

57. 答案：B

解析：汽油与煤油都是易燃液体，都不能与其他物品共同存储；乙炔是易燃气体，二氧化碳是惰性气体，易燃气体和惰性气体可以共储，所以B正确；铝粉和锌粉遇水或空气能自燃，不能与其他物品共储；钾和钠遇水或空气能自燃，且须浸入石油中，须分别单独储存，所以选B。

58. 答案：D

解析：干粉灭火剂与水、泡沫、二氧化碳等相比，在灭火速率、灭火面积、等效单位灭火成本效果三个方面有一定优越性，因其灭火速率快，制作工艺过程不复杂，使用温度范围宽广，对环境无特殊要求，以及使用方便，不需外界动力、水源，无毒、无污染、安全等特点。

59. 答案：B

解析：摆脱电流，指能自主摆脱带电体的最大电流。超过摆脱电流时，由于受刺激肌肉收缩或中枢神经失去对手的正常指挥作用，导致无法自主摆脱带电体。就平均值（概率50%）而言，男性摆脱电流约为16mA；女性约为10.5mA；就最小值（可摆脱概率99.5%）而言，男性约为9mA；女性约为6mA。

60. 答案：A

解析：火炸药在外界作用下引起燃烧和爆炸的难易程度称为火炸药的敏感程度，简称火炸药的感度。火炸药有各种不同的感度，一般有火焰感度、热感度、机械感度（撞击感度、摩擦感度、针刺感度）、电感度（交直流电感度、静电感度、射频感度）、光感度（可见光感度、激光感度）、冲击波感度、爆轰感度。起爆药最容易受外界微小的能量激发而发生燃烧或爆炸，并能极迅速形成爆轰。工业炸药属猛炸药，这类炸药在一定的外界激发冲量作用下能引起自持爆轰。烟花爆竹药料受热、撞击、摩擦等易发生燃烧，一定条件下转化为爆轰。由于这类药料主要是由有机和无机可燃剂、氧化剂组成，适当条件下就能发生反应，在某种程度上，比炸药更易燃烧和爆炸。

二、多项选择题

61. 答案：ABDE

解析：保护操作者和有关人员安全的措施包括：（1）通过培训，提高人们辨识危险的能力；（2）通过对机器的重新设计，使危险部位更加醒目，或者使用警示标志；（3）通过培训，提高避免伤害的能力；（4）采取必要的行动增强避免伤害的自觉性。

62. 答案：BCDE

解析：冲压（剪）作业的危险因素主要有：设备结构具有的危险、动作失控、开关失灵、模具的危险，选项 A 是安全技术措施。

63. 答案：ABDE

解析：选项 C 中浇包盛铁水不得超过容积的 80%。

64. 答案：ADE

解析：选项 B 中安全阀的重锤必须封在带锁的锤盒内，选项 C 中停车按钮为红色。

65. 答案：ABCE

解析：机械安全的特性包括：系统性、防护性、友善性、整体性。

66. 答案：BCDE

解析：电击是电流通过人体，刺激机体组织造成的伤害，电伤是电流的热效应、化学效应、机械效应等对人体所造成的伤害，电伤在低压和高压设备中都有可能发生，电伤能致人死亡。

67. 答案：BCD

解析：刀开关、断路器、接触器、控制器接通和断开线路时会产生电火花；插销拔出或插入时会产生电火花；直流电动机的电刷与换向器的滑动接触处、绕线式异步电动机的电刷与滑环的滑动接触处也会产生电火花等。

68. 答案：ABDE

解析：选项 C 所指空间应划分为爆炸性气体环境 2 区。

69. 答案：ABE

解析：气相爆炸包括可燃性气体和助燃气体混合物的爆炸，选项 A 属于气相爆炸；液体被喷成雾状物在剧烈燃烧时引起的爆炸（即喷雾爆炸），选项 E 属于气相爆炸；飞扬悬浮于空气中的可燃粉尘引起的爆炸（即粉尘爆炸），选项 B 也属于气相爆炸。钢水与水混合产生蒸汽爆炸属于液相爆炸，液氧与煤粉混合引起的爆炸也属于液相爆炸。详见教材第 180～181 页。

70. 答案：ABDE

解析：选项 C 应密闭和正压操作。

71. 答案：BCDE

解析：防爆泄压措施包括：安全阀、爆破片、防爆门（窗），选项 A 是阻火及隔爆措施。

72. 答案：AC

解析：烟花爆竹生产中不得使用铁质、塑料等产生火花和静电的工具。

73. 答案：ABCD

解析：化学品安全技术说明书，是一份关于化学品燃爆、毒性和环境危害以及安全使用、泄漏应急处置、主要理化参数、法律法规等方面信息的综合性文件。

74. 答案：ACDE

解析：目前采取的主要防控措施是替代、变更工艺、隔离、通风、个体防护和保持卫生。惰性气体保护是预防危险化学品火灾和爆炸的措施。

75. 答案：BCD

解析：毒性危险化学品可经呼吸道、消化道和皮肤进入人体。

选作部分

（一）矿山安全技术

76. 答案：B

解析：根据主要通风机的工作方法，地下矿山通风方式分为抽出式、压入式和抽压混合式 3 种。详见教材第 304 页。

77. 答案：C

解析：ABD 是区域性措施；局部性措施包括：泄压排放钻孔、深孔或浅孔松动爆破、卸压槽、固化剂、水力冲孔等。详见教材第 310 页。

78. 答案：A

解析：BCD 是金属非金属矿山采场地压控制方法。详见教材第 315 页。

79. 答案：B

解析：内因火灾是指煤（岩）层或含硫矿场在一定的条件下和环境下自身发生物理化学变化积聚能量导致着火而形成的火灾。详见教材第 318 页。

80. 答案：C

解析：备用水泵的能力应不小于工作水泵的 70%，检修水泵的能力应不小于工作水泵能力的 25%。详见教材第 323 页。

81. 答案：A

解析：呼吸性粉尘是指能被吸入人体肺部并滞留于肺泡区的浮游粉尘，是引起尘肺病的主要粉尘。详见教材第 325 页。

82. 答案：A

解析：选择合理的开采顺序和推进方向时开采技术措施。详见教材第 333 页。

83. 答案：A

解析：井控装置包括闸板防喷器、环形防喷器、节流压井装置、防喷管线。详见教材第 349 页。

84. 答案：C

解析：与高压输电线交叉敷设时，据输电线 20m 范围内不应设置阀室及可能发生油气泄漏的装置。详见教材第 364 页。

85. 答案：B

解析：炮眼直径小于 50mm，深度小于 2m 时称为浅孔爆破，多用于井巷工程。详见教材第 299 页。

（二）建筑工程施工安全技术

86. 答案：C

解析：建筑施工的伤亡事故主要有高处坠落、触电、物体打击、机械伤害和坍塌。详见教材第 370 页。

87. 答案：D

解析：架体高度 20m 以上悬挑式脚手架工程为超过一定规模的危险性较大的分部分项工程。A 应该是 5m，B 应该是 16m，C 应该是 50m。详见教材第 375 页。

88. 答案：D

解析：施工现场的孔、洞、口、沟、砍、井以及建筑物临边，应当设置围挡、盖板和警示标志，夜间应当设置警示灯。详见教材第 376 页。

89. 答案：D

解析：模板及其支架的设计应具有足够的承载能力、刚度和稳定性。详见教材第 385 页。

90. 答案：C

解析：用扒杆吊装大型设备时多台卷扬机联合操作时，各卷扬机的卷扬速度应相同。

91. 答案：B

解析：采用控制爆破拆除工程时必须经过爆破设计，对点爆破、引爆物、用药量和爆破程序进行严格计算。

92. 答案：C

解析：绳卡之间的排列间距一般为钢丝绳直径的 6～8 倍，绳卡要一顺排列，应将 U 形环部分卡在绳头的一面，压板放在主绳的一面。

93. 答案：A

解析：应对悬挑钢梁的抗弯强度、整体稳定性和挠度进行计算。

94. 答案：A

解析：横杆长度大于 2m 时，必须加设栏杆柱。

95. 答案：B

解析：考查线缆的颜色要求。

（三）危险化学品安全技术

96. 答案：A

解析：强酸、强碱等物质能对人体组织、金属等物品造成损坏，接触人的皮肤、眼睛或脸部、食道等时，会引起表皮组织发生破坏作用而造成灼伤。内部器官被灼伤后可引起炎症，甚至会造成死亡。详见教材第 420 页。

97. 答案：A

解析：阻火装置防止火花引起火灾爆炸。

98. 答案：D

解析：禁止用电瓶车、翻斗车、铲车、自行车等运输爆炸物品，禁止用叉车、铲车、翻斗车搬运易燃、易爆液化气体等危险物品，遇水燃烧物品及有毒物品，禁止用小型机帆船、小木船和水泥船承运。详见教材第429～430页。

99. 答案：A

解析：现场处置的人员必须先做好自身防护。

100. 答案：B

解析：按作用机理，呼吸道防毒面具分为过滤式和隔离式。详见教材439～440页。

101. 答案：A

解析：反应釜的搅拌和温度应有检测和连锁装置，发生异常能自动停止进料。详见教材第443页。

102. 答案：C

解析：A泄压时压力不得降至零，B高温设备不能急骤降温，D使用盲板实现系统隔绝。详见教材第465～466页。

103. 答案：C

解析：停止动火作业超过30min必须重新取样分析。详见教材第468～469页。

104. 答案：B

解析：A工艺装置区应该离开工厂边界一定的距离，而且应该集中分布。C罐区绝不能设在高坡上，D锅炉设备和配电设备可能会成为引火源，应该设置在易燃液体设备的上风区域。详见教材第450～451页。

105. 答案：D

解析：黏度大的液体、胶状溶液、膏状物和糊状物时可选用齿轮泵、螺杆泵或高黏度泵。详见教材第455页。

（四）综合安全技术

106. 答案：D

解析：戴线手套操作机床容易发生绞手事故。详见教材第11～12页。

107. 答案：B

解析：甲苯在塑料软管内高速流动会摩擦产生静电。

108. 答案：C

109. 答案：D

解析：在未经相关管理部门许可的情况下，架空线路不得跨越建筑物。架空线路与有爆炸、火灾危险的厂房之间应保持必要的防火间距，且不应跨越具有可燃材料屋顶的建筑物。

110．答案：D

解析：参考教材第 128 页。

111．答案：D

解析：停炉保养主要指锅内保养，即汽水系统内部为避免或减轻腐蚀而进行的防护保养。常用的保养方式有：压力保养、湿法保养、干法保养和充气保养等。

112．答案：A

解析：液压系统中，可能由于超载或者油缸到达终点油路仍未切断，以及油路堵塞引起压力突然升高，造成液压系统破坏。因此系统中必须设置安全阀，用于控制系统最高压力。最常用的溢流安全阀。详见教材第 167 页。

113．答案：D

解析：吊载接近或达到额定值，或起吊危险器（液体金属、有害物、易燃易爆物）时，吊运前认真检查制动器，并用小高度、短行程试吊，确认没问题后再吊运。详见教材第 160 页。

114．答案：D

解析：可燃液体首先蒸发成蒸气，其蒸气进行氧化分解后达到自燃点而燃烧。详见教材第 175 页。

115．答案：B

解析：对于高温作业，首先应合理设计工艺流程，还进生产设备和操作方法，这是改善高温作业的根本措施。如钢水连珠、轧钢及铸造等生产自动化可使工人远离热源；采用开放或半开放式作业，利用自然通风，尽量在夏季主导风向下风侧对热源隔离等。详见教材第 252 页。

2018年度全国注册安全工程师执业资格考试模拟试卷（三）

安全生产技术

（考试时间150分钟，满分100分）

必作部分

一、单项选择题（共60题，每题1分。每题的备选项中，只有1个最符合题意）

1．齿轮、齿条、皮带、联轴结、涡轮、涡杆等都是常用的机械传动机构。各种机械传动机构的特点不同。其中，皮带传动的特点是（　　）。

A．过载保护能力强　　B．传动精度高

C．维护不方便　　D．静电危险性小

2．机械本质安全设计是在设计阶段采取措施来消除隐患的设计方法。下列关于机械安全设计的方法中，不属于机械本质安全设计范畴的是（　　）。

A．设计安全的控制系统　　B．设计合理的人行通道

C．设计符合人机工程学的原则　　D．设计安全的传动系统

3．机械伤害是木工机械作业的常见事故。下列关于造成机械伤害的说法中，正确的是（　　）。

A．操作人员用手推压木料送进时，刀刃割伤手臂

B．刨刀刀刃过低，切削量太小，被加工木料弹起伤人

C．加工质地均匀的软质旧木料时，刀具飞出伤人

D．刀轴与电源间的联锁装置失效，更换刀具时突然启动伤人

4．机械设备中运动机械的故障往往是易损件的故障。因此，在设计制造中应保证易损件的质量，在运行过程中应该对零部件进行检测。下列机床的零部件中，需要重点检测的是（　　）。

A．轴承、齿轮、叶轮、床身　　B．床身、传动轴、轴承、齿轮

C．传动轴、轴承、齿轮、叶轮　　D．刀具、轴承、齿轮、叶轮

5．砂轮机是机械工厂最常用的机器设备之一。砂轮质脆易碎、转速高、使用频繁，容易发生伤人事故。某单位对下图所示砂轮机进行了一次例行安全检查，下列检查记录中，不符合安全要求的是（　　）。

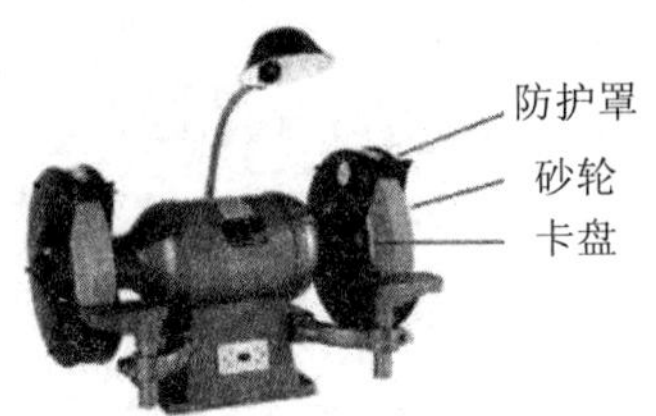

A．砂轮机无专用砂轮机房，砂轮机正面装设有高度 2m 的固定防护挡板

B．砂轮法兰盘（卡盘）的直径为 100mm、砂轮直径为 200mm

C．左右砂轮各有一名工人在磨削刀具

D．砂轮防护罩与主轴水平线的开口角为 60°

6．冲压（剪）是指靠压力机和模具对板材、带材和型材等施加外力使之产生分离获得预定尺寸和形状的工件的加工方法。冲压（剪）作业的危险因素较多，使用时应严格执行操作规程，否则容易造成伤害。下列危险因素中，不属于冲压（剪）作业的是（　　）。

A．模具危险　　B．动作失控

C．开关失灵　　D．尘毒危害

7．金属铸造是将熔融的金属注入、压入或吸入铸模的空腔中使之成型的加工方法。铸造作业中存在着火灾及爆炸、灼烫、高温和热辐射等多种危险有害因素。下列铸造作业事故的直接原因中，不属于引起火灾及爆炸的原因是（　　）。

A．铁水飞溅到易燃物上　　B．红热的铸件遇到易燃物

C．热辐射照射在人体上　　D．水落在铁水表面

8．锻造是金属压力加工方法之一，在其加工过程中，机械设备、工具或工件的非正常选择和使用、人的违章作业等都可能导致机械伤害。下列伤害类型中，不属于机械伤害的是（　　）。

A．锤头击伤　　B．高空坠落

C．操作杆打伤　　D．冲头打崩伤人

9．机械失效安全和定位安全都属于机械本质安全设计的范畴。下列做法中，不属于机械失效安全设计的是（　　）。

A．设计操作限制开关

B．将机械的危险部件安置到不可触及的地点

C．预设限制不应该发生的冲击及运动的制动装置

D．设置预防下落的装置

10．产品的维修性设计是设计人员从维修的角度考虑，当运行中的产品发生故障时，能够在早期容易、准确地发现故障，并且易于拆卸、检修和安装。在进行维修性设计中不需要重点考虑的是（　　）。

A．产品整体运输的快速性　　B．可达性

C．零部件的标准化及互换性　　　　D．维修人员的安全性

11．随着我国城市建设的快速发展，为保证新建或在役供水和供气管道这两个生命线子系统的安全运行，降低或消除安全事故发生的可能性，需要检查供水和供气管道内部结构的裂纹、腐蚀和管道中流体的流量、流速及泄漏情况。常用的故障诊断技术是（　　）。

A．超声探伤　　B．渗透探伤　　C．涡流探伤　　D．油液分析

12．微气候环境对人体的影响与多种因素有关，综合评价微气候环境的指标除卡他度外，还有（　　）。

A．有效湿度、舒适指数、干球温度指数

B．有效湿度、不适指数、黑球温度指数

C．有效温度、不适指数、三球温度指数

D．有效温度、不适指数、湿球温度指数

13．某司机驾驶一辆具有自动报警装置的小汽车，开始时汽车内仪表板上显示各系统安全正常。运行一段时间后，汽车内仪表板上发动机机油指示灯发出报警声音，但汽车还能继续行驶。根据人机系统可靠性设计的基本原则，此项功能设计属于（　　）原则。

A．系统的整体可靠性　　B．高可靠性

C．具有安全系数的设计　　D．人机工程学

14．安全防护罩是预防机械伤害的常用装置，现场应用十分普遍。设计安全防护罩必须全面考虑各项技术要求。下列技术要求中，错误的是（　　）。

A．只有防护罩闭合后，传动部件才能运转

B．对于固定安装的防护罩，操作人员身体的任何部位都不能触及运动部件

C．防护罩与运动部件之间有足够的间隙

D．为了便于调整，应安装开启防护罩的按键式机构

15．电气装置运行时产生的危险温度、电火花（含电弧）是引发电气火灾的两大类原因。电火花的温度高达数千摄氏度，是十分危险的引火源。下图所示的常用低压电器中，正常运行和正常操作时不会在空气中产生电火花的电器是（　　）。

螺塞式熔断器　　交流接触器　　低压断路器　　控制按钮

A．螺塞式熔断器　　B．交流接触器

C．低压断路器　　D．控制按钮

16. 下列关于雷电破坏性的说法中，错误的是（　　）。

A. 直击雷具有机械效应、热效应

B. 闪电感应不会在金属管道上产生雷电波

C. 雷电劈裂树木系雷电流使树木中的气体急剧膨胀或水汽化所致

D. 雷击时电视和通信受到干扰，源于雷击产生的静电场突变和电磁辐射

17. 保护接零的安全原理是当电气设备漏电时形成单相短路，促使线路上的短路保护元件迅速动作，切断漏电设备的电源。因此，保护零线必须有足够的截面。当相线截面为 $10mm^2$ 时，保护零线的截面不应小于（　　）mm^2。

A. 2.5　　B. 4　　C. 6　　D. 10

18. 漏电保护又称为剩余电流保护。漏电保护是一种防止电击导致严重后果的重要技术手段。但是，漏电保护不是万能的。下列触电状态中，漏电保护不能起保护作用的是（　　）。

A. 人站在木桌上同时触及相线和中性线

B. 人站在地上触及一根带电导线

C. 人站在地上触及漏电设备的金属外壳

D. 人坐在接地的金属台上触及一根带电导线

19. 接地保护和接零保护是防止间接接触电击的基本技术措施。其类型有 IT 系统（不接地配电网、接地保护）、TT 系统（接地配电网、接地保护）、TN 系统（接地配电网、接零保护）。存在火灾爆炸危险的生产场所，必须采用（　　）系统。

A. TN-C　　B. TN-C-S　　C. TN-S-C　　D. TN-S

20. 安全电压是在一定条件下、一定时间内不危及生命安全的电压。我国标准规定的工频安全电压等级有 42V、36V、24V、12V 和 6V（有效值）。不同的用电环境、不同种类的用电设备应选用不同的安全电压。在有触电危险的环境中所使用的手持照明灯电压不得超过（　　）V。

A. 12　　B. 24　　C. 36　　D. 42

21. 下图是探照灯柱的图示。为了防雷，在原有探照灯柱上加设了一支避雷针（接闪杆），后来又安装了监控设备。现状态不符合安全要求的装置是（　　）。

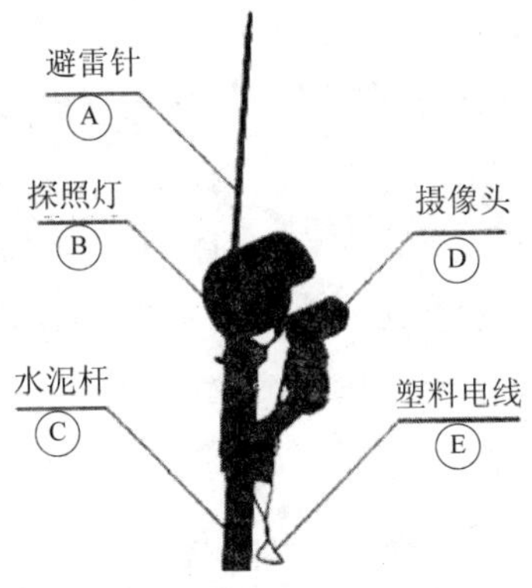

A．D 和 E　　　B．C 和 A　　　C．B 和 D　　　D．B 和 C

22．接地是防止静电事故最常用、最基本的安全技术措施。由于静电本身的特点，静电接地与电气设备接地的技术要求有所不同。下列做法中，不符合静电接地技术要求的是（　　）。

A．将现场所有不带电的金属件连接成整体

B．装卸工作开始前先连接接地线，装卸工作结束后才能拆除接地线

C．防静电接地电阻越小越好

D．防静电接地在一定情况下可与电气设备的接地共用

23．下列关于直接接触电击防护的说法中，正确的是（　　）。

A．耐热分级为 A 级的绝缘材料，其使用极限温度高于 B 级绝缘材料

B．屏护遮栏下边缘离地不大于 0.5m 即可

C．低压电路检修时所携带的工具与带电体之间间隔不小于 0.1m 即可

D．起重机械金属部分离 380V 电力线的间距大于 1m 即可

24．电气设备的防触电保护可分成 5 类，各类设备使用时对附加安全措施的装接要求不同。下列关于电气设备装接保护接地的说法中，正确的是（　　）。

A．0 Ⅰ类设备必须装接保护接地

B．Ⅰ类设备可以装接也允许不装接保护接地

C．Ⅱ类设备必须装接保护接地

D．Ⅲ类设备应装接保护接地

25．按照《特种设备安全监察条例》的定义，特种设备包括锅炉、压力容器、压力管道等 8 类设备。下列设备中，不属于特种设备的是（　　）。

A．旅游景区观光车辆　　　B．建筑工地升降机

C．场（厂）内专用机动车辆　　　D．浮顶式原油储罐

26．盛装易燃易爆介质的压力容器发生超压超温情况时，应采取应急措施予以处置。下列措施中，错误的是（　　）。

A．对于反应容器应立即停止进料　　　B．打开放空管，紧急就地放空

C．通过水喷淋冷却降温　　　D．马上切断进气阀门

27．建筑施工工地有可能发生吊笼坠落事故。发生吊笼坠落事故的主要原因是（　　）。

A．起升机构的制动器性能失效　　　B．未安装起重量限制器

C．缓冲器失效　　　D．未安装力矩限制器

28．蒸汽锅炉满水和缺水都可能造成锅炉爆炸。水位计是用于显示锅炉内水位高低的安全附件。下列关于水位计的说法中，错误的是（　　）。

A．水位计的安装应便于观察

B．锅炉额定蒸发量为 1t/h 的可装 1 只水位计

C．玻璃管式水位计应有防护装置

D．水位计应设置放水管并接至安全地点

29．下列关于锅炉水压试验程序的做法中，正确的是（　　）。

A．缓慢升压至试验压力，至少保持 20min，检查是否有泄漏和异常现象

B．缓慢升压至试验压力，至少保持 20min，再缓慢降压至工作压力进行检查

C．缓慢升压至工作压力，检查是否有泄漏和异常现象，继续升压至试验压力，至少保持 20min，再缓慢降压至工作压力进行检查

D．缓慢升压至工作压力，检查是否有泄漏和异常现象，继续升压至试验压力进行检查，至少保持 20min

30．叉车护顶架是为保护司机免受重物落下造成伤害而设置的安全装置。下列关于叉车护顶架的说法中，错误的是（　　）。

A．起升高度超过 1.8m，必须设置护顶架

B．护顶架一般都是由型钢焊接而成

C．护顶架必须能够遮掩司机的上方

D．护顶架应进行疲劳载荷试验检测

31．压力容器专职操作人员在容器运行期间应经常检查容器的工作状况，以便及时发现设备的不正常状态。下列检查项目中，属于运行期间检查的是（　　）。

A．容器及其连接管道的振动情况　　B．容器材质劣化情况

C．容器耐压试验　　D．容器受压元件缺陷扩展情况

32．下列关于用两台或多台起重机吊运同一重物的说法中，正确的是（　　）。

A．吊运过程中保持两台或多台起重机运行同步

B．若单台超载 5%以内，两台或多台起重机的额定起重载荷需超过起重量的 10%以上

C．吊运过程中应当保持钢丝绳倾斜，减小钢丝绳受力

D．吊运时，除起重机司机和司索工外，其他人员不得在场

33．做好压力容器的维护保养工作，可以使容器经常保持完好状态，延长容器使用寿命。下列关于压力容器维护保养内容的说法中，正确的是（　　）。

A．压力容器加载应缓慢进行　　B．防止压力容器过载

C．对运行中的容器进行检查　　D．保持完好的防腐层

34．在规定条件下，不用任何辅助引燃能源而达到引燃的最低温度称为自燃点。下列油品中，自燃点最低的是（　　）。

A．煤油　　B．轻柴油

C．汽油　　D．重柴油

35．某些气体即使在没有氧气的条件下，也能被点燃爆炸，其实质是一种分解爆炸。下列气体中，属于分解爆炸性气体的是（　　）。

A．一氧化碳　　B．乙烯

C．氢气　　D．氨气

36．当可燃性固体呈粉体状态，粒度足够细，飞扬悬浮于空气中，并达到一定浓度时，在相对密闭的空间内，遇到足够的点火能量，就能发生粉尘爆炸。预防粉尘爆炸的主要措施之一是消除粉尘源。如果某车间产生的是镁粉尘，消除粉尘源时，不能采用（　　）除尘器。

A．袋式　　B．过滤

C．旋风　　D．湿式

37．泡沫灭火系统按发泡倍数分为低倍数、中倍数和高倍数泡沫灭火系统。高倍数泡沫灭火剂的发泡倍数为（　　）。

A．101～1000倍　　B．201～1000倍

C．301～1000倍　　D．401～1000倍

38．干粉灭火剂的主要成分是碳酸氢钠和少量的防潮剂硬脂酸镁及滑石粉等。其中，起主要灭火作用的基本原理是（　　）。

A．窒息作用　　B．冷却作用

C．辐射作用　　D．化学抑制作用

39．爆炸危险场所电气设备的类型必须与所在区域的危险等级相适应。因此，必须正确划分区域的危险等级。对于气体、蒸气爆炸危险场所，正常运行时预计周期性出现或偶然出现爆炸性气体、蒸气或薄雾的区域应将其危险等级划为（　　）区。

A．0　　B．1

C．2　　D．20

40．防爆的基本原则是根据对爆炸过程特点的分析采取相应的措施，包括防止爆炸发生、控制爆炸发展、削弱爆炸危害。下列措施中，属于防止爆炸发生的是（　　）。

A．严格控制火源，防止爆炸性混合物的形成，检测报警

B．及时泄出燃爆开始时的压力

C．切断爆炸传播途径

D．减弱爆炸压力和冲击波对人员、设备和建筑物的损坏

41．防火防爆安全装置可以分为阻火隔爆装置与防爆泄压装置两大类。下列装置中，属于防爆泄压装置的是（　　）。

A．单向阀　　B．爆破片

C．火星熄灭器　　D．化学抑制防爆装置

42．烟花爆竹的组成决定了它具有燃烧和爆炸的特性。燃烧是可燃物质发生强烈的氧化还原反应，同时发出热和光的现象，其主要特性有：能量特征、燃烧特性、力学特性、安定性和安全性。能量特征一般是指（　　）。

A．1kg 火药燃烧时发出的爆破力

B．1kg 火药燃烧时发出的光能量

C．1kg 火药燃烧时放出的热量

D．1kg 火药燃烧时气体产物所做的功

43．民用爆破器材是用于非军事目的的各种炸药及其制品和火工品的总称，主要包括工业炸药、起爆器材、专用民爆器材。下列器材中，属于专用民爆器材的是（　　）。

A．电雷管　　B．火雷管

C．导火索　　D．特种爆破用中继起爆器

44．《民用爆炸物品安全管理条例》规定，储存的民用爆炸物品数量不得超过储存设计容量，性质相抵触的民用爆炸物品必须（　　）。

A．分开储存　　B．分库储存

C．分隔储存　　D．分层储存

45．北京 2008 年奥运会火炬长 72cm，重 985g，燃料为气态丙烷，燃烧时间 15min，在零风速下火焰高 25～30cm，在强光和日光情况下均可识别和拍摄。这种能形成稳定火焰的燃烧属于（　　）。

A．混合燃烧　　B．扩散燃烧

C．蒸发燃烧　　D．分解燃烧

46．典型火灾事故的发展分为初起期、发展期、最盛期、减弱期和熄灭期。所谓的“轰燃”发生在（　　）阶段。

A．初起期　　B．发展期

C．最盛期　　D．减弱期

47．某亚麻厂发生麻尘爆炸，有连续三次爆炸，结果在该市地震检测仪上，记录了在 7s 之内的曲线上出现三次高峰。根据爆炸破坏作用原理，地震检测仪检测到的数据是由（　　）引起的。

A．冲击波　　B．碎片冲击

C．震荡作用　　D．空气压缩作用

48．生产作业环境的空气温度、空气相对湿度、热辐射、风速等都属于微气候环境的条件参数。就湿度而言，感觉舒适的空气相对湿度是（　　）。

A．大于 80%　　B．70%～80%

C．30%～70%　　D．20%～40%

49．电磁辐射是以波的形式传送电磁能量，广泛应用于各种无线电技术。在一定的情况下，电磁辐射也会带来多种危险和危害。下列危害中，不属于电磁辐射危害的是（　　）。

A．产生很大的感应电流，使电气设备烧坏

B．产生感应电动势，引起感应放电

C. 产生电磁干扰，妨碍无线电设备正常工作

D. 损伤人的健康

50. 防爆电气设备 Ex dIIB T3 Gb 标志中，“d”表示该设备为隔爆型，“IIB”和“T3”表示是可用于IIB类T3组爆炸性气体环境的防爆电气设备，“Gb”表示设备的（　　）。

A. 电压等级　　B. 危险环境分区

C. 密闭等级　　D. 保护等级

51. 建筑物的防雷分类是按照建筑物的重要性、生产性质、遭受雷击的可能性以及后果的严重程度进行划分的。下列建筑物中，属于第二类防雷建筑物的是（　　）。

A. 电石库　　B. 国家体育馆

C. 某省级档案馆　　D. 乙炔站

52. 为防止工艺过程中静电的危害，可采取环境危险程度控制、工艺控制、静电接地、应用抗静电添加剂、安装静电中和器等防静电措施。下列措施中，不属于工艺控制的是（　　）。

A. 增大环境的相对湿度　　B. 选用适当的材料

C. 限制工艺速度　　D. 增强静电的消散过程

53. 倾翻事故是自行式起重机的常见事故。下列危险因素中，容易造成自行式起重机倾翻事故的是（　　）。

A. 起重量限制器动作失灵　　B. 吊钩缺少护钩装置

C. 起升限位开关失灵　　D. 悬臂制造装配有缺陷

54. 闪点和自燃点是衡量物质火灾危险性的重要参数。油品的闪点是指在规定条件下，发生闪燃的最低温度；自燃点是指在规定的条件下，不用任何辅助引燃能源而达到引燃的最低温度。已知四种油品的密度由小到大依次为：汽油＜煤油＜蜡油＜渣油，则下列对四种油品闪点和自燃点的说法中，正确的是（　　）。

A. 其闪点依次升高，自燃点依次升高　　B. 其闪点依次升高，自燃点依次降低

C. 其闪点依次降低，自燃点依次升高　　D. 其闪点依次降低，自燃点依次降低

55. 民用爆破器材是用于非军事目的的各种炸药（起爆药、猛炸药、火药、烟火药）及其制品和火工品的总称。各种炸药的爆炸是一种化学过程，但与一般的化学反应过程相比，具有三个特征。下列属于炸药爆炸特征的是（　　）。

A. 力学性　　B. 放热性

C. 安定性　　D. 相容性

56. 烟花爆竹生产过程中，必须做好防火防爆措施，在钻孔和切割带药的半成品时，应在专用工房内进行，且（　　）。

A. 每间工房定员1人，人均使用面积不得少于2m^2

B. 每间工房定员6人，人均使用面积不得少于2m^2

C．每间工房定员 4 人，人均使用面积不得少于 3.5m^2

D．每间工房定员 2 人，人均使用面积不得少于 3.5m^2

57．压力容器的压力可以来自两个方面，一是在容器外产生（增大）的，二是在容器内产生（增大）的，压力容器最高工作压力是指（　　）。

A．在正常操作情况下，容器顶部可能出现的最高压力

B．在正常操作情况下，容器四周可能出现的最高压力

C．在正常操作情况下，容器底部可能出现的最高压力

D．在正常操作情况下，容器出口可能出现的最高压力

58．感光式探测器可以在离起火点较远的位置进行探测，适宜探测（　　）的火灾。

A．没有阴燃　　B．发展较慢

C．发生回燃　　D．发生阴燃

59．在卫生学上，常用的粉尘理化性质包括粉尘的化学成分、分散度、溶解度、密度、形状、硬度、荷电性和爆炸性等。下列对粉尘理化性质的说法中，不正确的是（　　）。

A．在通风除尘设计中，应该考虑密度因素

B．选择除尘设备应该考虑粉尘的荷电性

C．粉尘具有爆炸性的主要理化特点是其高分散度

D．溶解度是导致粉尘爆炸的主要因素

60．化学品火灾的扑救要特别注意灭火剂的选择。扑救遇湿物品火灾时，禁止用水、酸碱等湿性灭火剂扑救。对于钠、镁等金属火灾的扑救，应选择的灭火剂是（　　）。

A．二氧化碳　　B．泡沫　　C．干粉　　D．卤代烷

二、多项选择题（共 15 题，每题 2 分。每题的备选项中，有 2 个或 2 个以上符合题意，至少有 1 个错项。错选，本题不得分；少选，所选的每个选项得 0.5 分）

61．机械制造场所的通道包括厂区干道和车间安全通道。通道的规划、设置与厂内车辆安全行驶、人员安全通行、物料安全运送、灭火救灾等有密切关系。下列关于机械制造场所通道的说法中，正确的有（　　）。

A．车辆双向行驶的干道的宽度不应小于 5m

B．厂区干道的危险地段应设有限速、限高等类型的警示标志

C．电瓶车通道宽度应大于 1.5m

D．通道边沿标记应醒目，拐弯处应画成直角边沿线

E．人行通道的宽度应大于 0.5m

62．冲压（剪）作业应有完善的安全措施。下列安全措施中，属于冲压（剪）作业的有（　　）。

A．应用真空吸盘等专用工具代替手工操作　　B．通过改进模具以减小危险面积

C．安装黄颜色闪烁信号灯　　D．安装拉手式安全装置

E．就近安装录像监控装置

63．木工平刨刀具主轴转速高、手工送料、工件置地不均匀等因素可构成安全隐患。下列关于木工平刨设计和操作的说法中，正确的有（　　）。

A．应有紧急停机装置

B．刀具主轴为方截面轴

C．刨削时压力片与刀具刨削点在同一垂直线上

D．刨床不带电金属部位应连接保护线

E．刨削深度不得超过刨床产品规定的数值

64．锻造是一种利用锻压机械对金属坯料施加压力，使其产生塑性变形以获得具有一定机械性能、一定形状和尺寸锻件的加工方法。锻造的主要设备有锻锤、压力机、加热炉等。下列危险有害因素中，属于锻造作业过程中产生的有（　　）。

A．电磁辐射

B．低频噪声和振动

C．空气中存在的烟尘

D．工件的热辐射

E．苯浓度超标

65．安全心理学是研究人在劳动过程中伴随生产工具、机器设备、工作环境、作业人员之间关系而产生的安全需要、安全意识及其反应行动等心理活动的一门科学。气质是安全心理学主要研究内容之一，下列气质特征中，倾向于性情急躁、主观任性的典型特征有（　　）。

A．精力旺盛

B．行动迟缓

C．热情直率

D．沉着冷静

E．耐心谨慎

66．维修性是衡量产品在发生故障或失效时，实施维修难易程度和经济性的固有质量特性，提高产品的维修性可改善其系统效能，减少产品寿命周期费用。为了使机械产品具有良好的维修性，需要进行有效的维修性设计。维修性设计中应考虑的主要问题有（　　）。

A．可达性

B．可靠性

C．维修人员的安全

D．维修人员的操作技能

E．零组部件的标准化与互换性

67．电流的热效应、化学效应、机械效应对人体的伤害有电烧伤、电烙印、皮肤金属化等多种。下列关于电流伤害的说法中，正确的有（　　）。

A．不到 10A 的电流也可能造成灼伤

B．电弧烧伤也可能发生在低压系统

C．短路时开启式熔断器熔断，炽热的金属微粒飞溅出来不至于造成灼伤

D．电光性眼炎表现为角膜炎、结膜炎

E. 电流作用于人体使肌肉非自主地剧烈收缩可能产生伤害

68. 电气装置运行中产生的危险温度、电火花和电弧是导致电气火灾爆炸的重要因素。下列关于电气引燃源的说法中，正确的有（　　）。

A. 变压器、电动机等电气设备铁心涡流损耗异常增加，将造成铁心温度升高，产生危险温度

B. 短路电流流过电气设备时，主要产生很大的电动力，造成设备损坏，而不会产生危险温度

C. 三相四线制电路中，节能灯、微波炉、电焊机等电气设备产生的三次谐波容易造成中性线过载，带来火灾隐患

D. 铜、铝接头经过长期带电运行，接触状态会逐渐恶化，导致接头过热，形成引燃源

E. 雷电过电压、操作过电压会击穿电气设备绝缘，并产生电弧

69. 不同爆炸危险环境应选用相应等级的防爆设备。爆炸危险场所分级的主要依据有（　　）。

A. 爆炸危险物出现的频繁程度　　B. 爆炸危险物出现的持续时间

C. 爆炸危险物释放源的等级　　D. 电气设备的防爆等级

E. 现场通风等级

70. 按照爆炸反应相的不同，爆炸可分为气相爆炸、液相爆炸和固相爆炸。下列各种爆炸中，属于气相爆炸的有（　　）。

A. 熔融的钢水与水混合产生蒸汽爆炸

B. 空气和氢气、丙烷、乙醚等混合气的爆炸

C. 油压器喷出的油雾、喷漆作业引起的爆炸

D. 空气中飞散的铝粉、镁粉、亚麻、玉米淀粉等引起的爆炸

E. 金属导线迅速气化引起的爆炸

71. 工业生产过程中，存在多种引起火灾和爆炸的着火源。化工企业中常见的着火源有（　　）。

A. 化学反应热、原料分解自燃、热辐射

B. 高温表面、摩擦和撞击、绝热压缩

C. 电气设备及线路的过热和火花、静电放电

D. 明火、雷击和日光照射

E. 粉尘自燃、电磁感应放电

72. 在生产过程中，应根据可燃易燃物质的爆炸特性，以及生产工艺和设备等条件，采取有效措施，预防在设备和系统中或在其周围形成爆炸性混合物。这些措施主要有（　　）。

A. 设备密闭　　B. 厂房通风

C. 惰性介质保护　　D. 危险品隔离储存

E．装设报警装置

73．在烟花爆竹生产中，制药、装药、筑药等工序所使用的工具应采用不产生火花和静电的材质制品。下列材质制品中，可以使用的有（　　）。

A．铁质
B．铝质
C．普通塑料
D．木质
E．铜质

74．预防危险化学品火灾爆炸事故的发生的基本原则有三点，一是防止燃烧、爆炸系统的形成，二是消除点火源，三是限制火灾、爆炸蔓延扩散。下列选项中，属于防止燃烧、爆炸系统形成的措施是（　　）。

A．控制明火和高温表面
B．惰性气体保护
C．通风置换
D．安全监测及连锁
E．密闭

75．下列选项中，关于特殊化学品火灾应急救援的做法，正确的是（　　）。

A．扑救爆炸物品火灾时，切记用沙土盖压
B．扑救易燃液体火灾时，比水轻又不溶于水的液体用直流水、雾状水灭火
C．扑救毒害和腐蚀品火灾时，使用低压水流或雾状水灭火
D．扑救气体类火灾时，应立即扑灭火焰
E．扑救遇湿易燃物品火灾时，不能用水、泡沫、酸碱等湿性灭火剂扑救

选作部分

分为四组，任选一组作答，每组10个单项选择题，每题1分，每题的备选项中，只有1个符合题意。

（一）矿山安全技术

76．矿井机械通风是为了向井下输送足够的新鲜空气，稀释有毒有害气体，排除矿尘，保持良好的工作环境，根据主要的通风机的工作方法，通风方式可分为（　　）。

A．中央式、对角式、混合式
B．抽出式、压入式、压抽混合式
C．主扇通风、辅扇通风、局扇通风
D．绕道式、引流式、隔离式

77．煤矿发生煤（岩）与瓦斯突出事故时，需要及时采取相应的防护措施，下列关于瓦斯突出事故防护措施的说法中，错误的是（　　）。

A．应加强电气设备处的通风

B．不得停风和反风，防止风流紊乱扩大灾情

C．瓦斯突出引起火灾时，要采取综合灭火或惰性气体灭火

D．运行的设备要停电，防止产生火花引起爆炸

78．关于金属非金属矿山主要排水设施的说法中，正确的是（　　）。

A．根据核算，二台泵能在 20h 内排出一昼夜的正常涌水量，因此井下主要排水设备由同类型的二台泵组成

B．经核算一条排水管能满足所有泵同时工作要求，因此在井筒内装设一条排水管

C．主要排水泵房建设一个安全出口，其出口装设防水门

D．水仓由两个独立的巷道系统组成，矿井主要水仓总容积能容纳 6～8h 的正常涌水量

79．地下矿山发生火灾时，有多种控制措施与救护方法，下列控制措施与救护方法中，不符合地下矿山火灾事故防护的基本技术原则的是（　　）。

A．控制烟雾蔓延，不危及井下人员的安全

B．防止火灾扩大，避免引起瓦斯和煤尘爆炸

C．停止全矿通风，避免火灾蔓延造成灾害

D．防止火风压引起风流逆转而造成危害

80．水害是金属非金属地下矿山最主要的灾害之一，因此，矿井需要具备足够的排水能力，井下主要排水设备至少应有同类型的 3 台泵组成，工作泵排出一昼夜的正常涌水量所需时间不得大于（　　）。

A．12h　　B．20h　　C．24h　　D．48h

81．露天边坡的主要事故类型是滑坡事故，下列关于预防滑坡事故措施的说法中，错误的是（　　）。

A．在生产过程中采取从上而下的开采顺序，选用从下盘到上盘的采剥推行方向

B．确保台阶高度，坡面角、安全平台宽度和最终边坡角等参数符合设计要求

C．定期对边坡进行安全检查，对坡体位移等主要参数进行监测

D．采用合理的爆破技术，减少爆破作业对边坡稳定性的影响

82．尾矿库安全度主要根据尾矿库防洪能力和尾矿坝稳定程度分为危库、险库、病库和正常库四级。下列关于尾矿库工况的描述中，属于危库工况的是（　　）。

A．排洪系统严重堵塞或坍塌

B．排洪系统部分堵塞或坍塌，排水能力达不到设计要求

C．排洪设施出现不影响正常使用的裂缝、腐蚀或磨损

D．坝体抗滑稳定最小安全系数小于规定值的 98%

83．井控装置是指实施油气井压力控制技术的设备、工具和管汇。其作用是当井内液柱压力与地层压力之间平衡被打破时，及时发现、控制和处理溢液，尽快重建井底压力平

衡，下列关于井控装置的说法中，正确的是（　　）。

A．打开防喷器，泄掉井内压力，防止井喷

B．闸板防喷器应处于常闭状态

C．液动防喷阀处于常闭状态

D．特殊情况下，可用普通压力表代替返回压力表

84．井喷发生后的救援工作是在高含油、气危险区进行，随时可能发生爆炸、火灾及人员中毒等事故。下列关于现场应急救援措施的说法中，错误的是（　　）。

A．抢险人员要戴好防毒面具、防震安全帽，系好安全带和安全帽等

B．消防车及消防设施要严阵以待，随时应对突发事故发生

C．医务抢救人员到现场守候，做好急救工作的一切准备

D．在高含油、气区必须持续抢险，直至抢险工作顺利完成为止

85．输油气管道的选择，应结合沿线城市，村庄、工矿企业，交通、电力、水利等建设的现状，以及沿线地区的地形、地貌、水文、气象、地震等自然条件，并考虑到施工和日后管道管理维护的方便，确定线路合理走向，下列关于输油气管道线路布置的说法中，正确的是（　　）。

A．埋地输油气管道与高压输电线铁塔避雷接地体的安全距离不应小于 15m

B．埋地输油气管道与高压输电线交叉敷设时，距输电线 20m 范围内不应设置阀室及可能发生油气装置泄漏的装置

C．埋地输油气管道与通信电缆平行敷设时，其安全间距不宜小于 8m

D．埋地输油气管道与其他管道平行敷设时，其安全距离不宜小于 5m

（二）建筑工程施工安全技术

86．住房和城乡建设部印发的《危险性较大的分部分项工程安全管理办法》中，对超过一定规模的危险性较大的分部分项工程规定须组织专家论证。下列分部分项工程安全专项施工方案中，应组织专家论证的是（　　）。

A．搭设高度 24m 落地式钢管脚手架工程

B．搭设高度 5m 的混凝土模板工程

C．架体高度 20m 的悬挑式脚手架

D．开挖深度为 10m 人工挖孔桩工程

87．安全带是防止高处作业人员发生坠落的个人防护装备。安全带的种类较多，因各行业的特点不同，选用的安全带也不同，目前建筑业多选用（　　）。

A．坠落悬挂安全带　　B．围杆作业安全带

C．区域限制安全带　　D．安全绳

88．开挖深度大于 10m 的大型基坑时，不允许支护有较大变形，若采用机械挖土，不允许内部设支撑，应采用的支护方法是（　　）。

A．连续式水平支护　　B．混凝土或钢筋混凝土支护

C．地下连续墙锚杆支护　　D．短柱隔断支护

89．为保障施工作业人员安全，确保工程实体质量，梁、板模板拆除应遵照一定的顺序进行，下列关于梁、板模板拆除顺序的说法中，正确的是（　　）。

A．先拆梁侧模，再拆板底模，最后拆除梁底模

B．先拆板底模，再拆梁侧模，最后拆除梁底模

C．先拆梁侧模，再拆梁底模，最后拆除板底模

D．先拆梁底模，再拆梁侧模，最后拆除板底模

90．钢丝绳的绳卡主要用于钢丝绳的临时连接和钢丝绳穿绕滑轮组时尾绳的固结，以及扒杆上缆风绳头的固结等。下列钢丝绳绳卡中，应用最广的是（　　）。

A．骑马式卡　　B．拳握式卡

C．压板式卡　　D．钢丝绳十字卡

91．拆除工程开工前必须进行安全技术交底，下列关于安全技术交底的做法中，正确的是（　　）。

A．项目经理向各工总施工负责人进行安全技术交底

B．作业班组长向施工技术负责人进行安全技术交底

C．项目专项技术负责人向作业人员进行安全技术交底

D．项目专职安全管理人员向作业人员进行安全技术交底

92．工人进入物料提升机的吊笼后，卷扬机抱闸失灵，防止吊笼坠落的装置是（　　）。

A．停靠装置　　B．断绳保护装置

C．通信装置　　D．缓冲装置

93．扣件式钢管脚手架的立杆，纵向水平杆、横向水平杆均用扣件连接，它们之间传递荷载利用的是（　　）。

A．静力　　B．阻力

C．作用力　　D．摩擦力

94．进行交叉作业时，不得在同一垂直方向上同时操作，下方作业的位置必须处于上方物体可能坠落的半径之外，当无法满足上述要求时，上、下方作业之间应设置（　　）。

A．水平安全网　　B．密目安全网

C．安全防护网　　D．操作平台

95．建筑施工编制施工组织设计时，应综合考虑防火要求、建筑物性质，施工现场周围环境等因素，在进行平面布置设计时，易燃材料库（场）与构筑物和防护目标的最小距离不得小于（　　）。

A．15m　　B．20m

C．25m　　D．30m

（三）危险化学品安全技术

96．某发电厂因生产需要购入一批危险化学品，主要包括：氨气、液氨、盐酸、氢氧化钠溶液等，上述危险化学品的危害特性为（　　）。

A．爆炸、易燃、毒害、放射性　　B．爆炸、粉尘、腐蚀、放射性

C．爆炸、粉尘、毒害、腐蚀　　D．爆炸、易燃、毒害、腐蚀

97．甲化工厂设有 3 座循环水池，采用液氯杀菌。该工厂决定用二氧化氯泡腾片杀菌，消除了液氯的安全隐患。这种控制危险化学品危害的措施属于（　　）。

A．替换　　B．变更工艺

C．改善操作条件　　D．保持卫生

98．《常用化学危险品贮存通则》（GB 15603—1995）对危险化学品的储存做了明确的规定。下列储存方式中，不符合为危险化学品储存规定的是（　　）。

A．隔离储存　　B．隔开储存

C．分离储存　　D．混合储存

99．某石油化工厂气体分离装置丙烷管线泄漏发生火灾，消防人员接警后迅速赶赴现场扑救，下列关于该火灾扑救措施的说法中，正确的是（　　）。

A．切断泄漏源之前要保持稳定燃烧　　B．为防止更大损失迅速扑灭火焰

C．扑救过程尽量使用低压水流　　D．扑救前应首先采用沙土覆盖

100．危险化学品泄漏事故救援和抢修中，使用呼吸防护用品可防止有害物质由呼吸道侵入人体，依据危险化学品的物质特性，可选用的呼吸道防毒面具分为（　　）。

A．稀释式、隔离式　　B．过滤式、隔离式

C．过滤式、稀释式　　D．降解式、隔离式

101．当液体、粉尘等在管路中流动时会产生静电，这些静电如不及时消除，很容易产生电火花而引起火灾爆炸事故，下列措施中，能够有效防止静电危害的是（　　）。

A．管路可靠接地　　B．法兰间采用非金属垫片

C．管路架空敷设　　D．设置补偿器

102．某化工公司粗苯产品装车采用压缩气体压送。压缩气源应选用（　　）。

A．氮气　　B．氧气

C．氨气　　D．空气

103．某煤化公司脱硫液循环内的加热盘管泄漏，决定更换，在对循环槽倒空、吹扫后准备进入槽内准备进入槽内作业。其中氧含量指标应为（　　）。

A．10%、12%　　B．13%、14%

C．16%、17%　　D．18%、22%

104．化工企业的储罐是巨大能量或毒性物质的储存器，在人员、操作单元与储罐之间应保持一定的距离，罐区的布局要考虑罐与罐、罐与其他生产装置的间距。同时还要

优先考虑（　　）。

A．储罐与仪表室的距离　　B．设置接闪杆

C．设置隔油池位置　　D．设置围堰所需要的面积

105．泵是化工厂主要流体输送机械。泵的选型通常要依据流体的物理化学特性进行。下列关于泵的选型要求的说法中，正确的是（　　）。

A．毒性或腐蚀性较强的介质可选用屏蔽泵

B．悬浮液优先选用齿轮泵

C．黏度大的液体优先选用离心泵

D．膏状物优先选用屏蔽泵

（四）综合安全技术

106．金属切削机床是加工机器零件的设备，其工作原理是利用刀具与工件的相对运动加工出符合要求的机器零件。导致金属切削机床操作人员绞手事故的主要原因是（　　）。

A．零件装卡不牢　　B．操作旋转机床戴手套

C．旋转部位有埋头螺栓　　D．清除铁屑无专用工具

107．电气设备的绝缘材料长时间在较高温度作用下，容易导致的危险状况是（　　）。

A．局部断路　　B．热击穿短路

C．导线烧断　　D．接触不良

108．带有缺陷的电气装置在一定的条件下可能发生爆炸，下列四种电气装置中，发生爆炸危险最大的是（　　）。

A．防爆型电动机　　B．高压架空线路

C．高压电缆终端头　　D．干式变压器

109．在触电危险性较大的环境中，应使用 TN-S 系统（保护接零系统），其用电设备的金属外壳除须连接保护导体（PE 线）外，还应与（　　）妥善连接。

A．低压系统接地（低压工作接地）　　B．防雷接地

C．等电位导体　　D．防静电接地

110．一台储存有毒易燃易爆介质的压力容器由于焊接质量存在问题，受压元件强度不够，导致元件开裂，造成容器内介质发生泄漏。操作人员处置时，错误的做法是（　　）。

A．马上切断进料阀门和泄漏处前端阀门

B．使用专用堵漏技术和堵漏工具封堵

C．打开放空管就地排空

D．对周边明火进行控制，切断电源

111．锅炉正常停炉时，为避免锅炉部件因高温收缩不均匀产生过大的热应力，必须控制降温速度。下列关于停炉操作的说法中，正确的是（　　）。

A．对燃油燃气锅炉，炉膛停火后，引风机应停止引风

B．对无旁通烟道的可分式省煤器

C．在正常停炉的4～6h内，应紧闭炉门和烟道挡板

D．当锅炉温度降到90℃时，方可全部放水

112．同层多台起重机同时作业情况比较普遍，也存在两层，甚至三层起重机共同作业的情况。能保证起重机交叉作业安全的是（　　）。

A．位置限制与调整装置　　B．力矩限制器

C．回转锁定装置　　D．防碰撞装置

113．在工业生产中，很多爆炸事故都是有可燃气体与空气爆炸性混合物引起的。由于条件不同，有时发生燃烧，有时发生爆炸，在一定条件下两者也可能转化。燃烧反应过程一般可分为扩散阶段、感应阶段和化学反应阶段，下列关于燃烧反应过程的说法中，正确的是（　　）。

A．燃烧反应过程的扩散阶段是指可燃气分子和氧气分子分别从释放源通过扩散达到相互接触

B．燃烧反应过程中的扩散阶段是指可燃气分子和氧气分子接收点火源能量，离解成自由基或活性粒子

C．燃烧反应过程的化学反应阶段是指自由基与反应物分子相互作用，生成惰性分子和稳定自由基，完成燃烧反应

D．决定可燃气体燃烧或爆炸的主要条件是反应过程中是否产生了巨大的能量

114．具有爆炸危险的粉尘较为普遍，下属粉尘中，不具有爆炸危险的是（　　）。

A．木粉　　B．淀粉

C．纸粉　　D．水泥粉

115．异常气象条件作业包括高温作业、高温强热辐射作业、高温高湿作业等。下列生产场所中，有高温强热辐射作业的场所的是（　　）。

A．化学工业的化学反应釜车间　　B．冶金工业的炼钢、炼铁车间

C．矿山井下采掘工作面　　D．锅炉房

安全生产技术模拟试卷

答案与解析

（满分 100 分）

必作部分

一、单选选择题

1. 答案：A

解析：皮带传动的传动比精确度较齿轮啮合的传动比差，但是当过载时，皮带打滑，起到了过载保护作用。皮带传送机构传动平稳、噪声小、结构简单、维护方便，因此广泛应用于机械传动中。

2. 答案：B

解析：本质安全是通过机械的设计者，在设计阶段采取措施来消除隐患的一种实现机械安全的方法。包括采用本质安全技术、限制机械应力、提高材料和物质的安全性、履行安全人机工程学原则、设计控制系统的安全原则、防止气动和液压系统的危险、预防电气危害。

3. 答案：D

解析：机械伤害是指机械设备运动或静止部件、工具、加工件直接与人体接触引起的挤压、碰撞、冲击、剪切、卷入、绞绕、甩出、切割、切断、刺扎等伤害，不包括车辆、起重机械引起的伤害。选项中只有 D 是人体与刀具直接接触造成的伤害。

4. 答案：C

解析：运动机械中易损件的故障检测的重点包括传动轴、轴承、齿轮、叶轮，其中滚动轴承和齿轮的损坏更为普遍。

5. 答案：C

解析：本题考查砂轮机的使用，2 人共用 1 台砂轮机同时操作，是一种严重的违章操作，应严格禁止。

6. 答案：D

解析：冲压作业的危害因素包括设备机构具有的危险、动作失控、开关失灵、模具的危险。

7. 答案：C

解析：热辐射照射人体属于职业危害。

8. 答案：B

解析：锻造加工过程中，机械设备、工具或工件的非正常选择和使用，人的违章操作等，都可导致机械伤害。如锻锤锤头击伤，打飞锻件伤人，辅助工具打飞击伤，模具、冲头打崩、损坏伤人，原料、锻件等在运输过程中造成的砸伤，操作杆打伤、锤杆断裂击伤等。

9. 答案：B

解析：机械失效安全是指机械设计者应该在设计中考虑到当发生故障时不出现危险。这一类设置包括操作限制开关，限制不应该发生的冲击及运动的预设制动装置，设置把手和预防下落的装置，失效安全的限电开关等。

10. 答案：A

解析：维修性设计中应考虑的主要问题是：可达性、零组部件的标准化与互换性、维修人员的安全。

11. 答案：A

解析：超声探伤技术是利用超声波可以对所有固体材料进行探伤和检测，它经常用来检查内部结构的裂纹、搭接、夹杂物、焊接不良的焊缝、锻造裂纹、腐蚀坑以及加工不适当的塑料夹层等。还可以检查管道中流体的流量、流速以及泄漏等。

12. 答案：C

解析：评价微气候环境有四种方法和指标：有效温度（感觉温度）、不适指数、三球温度指数和卡他度。

13. 答案：B

解析：高可靠性方式原则，从系统控制的功能方面来看，故障安全结构有以下几种：消极被动式，组成单元发生故障时，机器变为停止状态；积极主动式，组成单元发生故障时，机器一面报警，一面还能短时运转；运行操作式，即使组成单元发生故障，机器也能运行到下次定期检查时。通常在产业系统中，大多数为消极被动式结构。

14. 答案：D

解析：机械设备安全防护罩的技术要求：（1）只要操作人员可能触及传动部件，在防护罩没闭合前，传动部件就不能运转。（2）采用固定防护罩时，操作人员触及不到运转中的活动部件。（3）防护罩与活动部件有足够的间隙，避免防护罩和活动部件的任何接触。（4）防护罩应牢固地固定在设备或基础上，拆卸、调节时必须使用工具。（5）开启式防护罩打开时或一部分失灵时，应使活动部件不能运转或者运转中的部件停止运动。（6）使用的防护罩不允许给生产场所带来新的危险。（7）不影响操作，在正常操作或维护保养时不许拆卸防护罩。（8）防护罩必须坚固可靠，以避免与活动部件接触造成损坏和工件飞脱造成伤害。(9)防护罩一般不准脚踏和站立，必须做平台或阶梯时，平台和阶梯应能承受1500N的垂直力，并采取防滑措施。

15. 答案：A

解析：管式熔断器和螺塞式熔断器都是封闭式结构，电弧不容易与外界接触，适用范围较广。管式熔断器多用于大容量的线路。螺塞式熔断器和插式熔断器用于中、小容量线路。

16. 答案：B

解析：直击雷和闪电感应都能在架空线路、电缆线路或金属管道上产生沿线路或管道的两个方向迅速传播的闪电电涌（即雷电波）侵入。

17. 答案：D

解析：当相线截面 $S_L \leqslant 16mm^2$ 时，保护零线最小截面为 S_L。

18. 答案：A

解析：相线和中性线是一个回路，与漏电保护无关。

19. 答案：D

解析：TN-S 系统的安全性能最好，正常工作条件下，外露导电部分和保护导体均呈零电位，被称为最“干净”的系统。在有爆炸危险、火灾危险性大及其他安全要求高的场所应采用 TN-S 系统；厂内低压配电的场所及民用楼房应采用 TN-C-S 系统；触电危险性小、用电设备简单的场合可采用 TN-C 系统。

20. 答案：C

解析：根据使用环境、人员和使用方式等因素选用安全电压额定值。特别危险环境中使用手持电动工具应采用 42V 特低电压；有电击危险环境中使用的手持照明灯和局部照明灯应采用 36V 或 24V 特低电压；金属容器内、特别潮湿处等特别危险环境中使用的手持照明灯应采用 12V 特低电压；水下作业等场所应采用 6V 特低电压。

21. 答案：A

解析：选项 C（含探照灯和摄像头）、选项 D（含探照灯和电杆）仅从图片也不能确定为不符合安全要求，不能成为问题的选项。选项 A 中的摄像头虽然不能从图片上准确判定是否符合安全要求，但塑料电线明显不符合设计规范，可确定为“不符合”的唯一选项。

22. 答案：C

解析：因为静电泄漏电流很小，所有单纯为了消除导体上静电的接地，其放静电接地电阻原则上不得超过 1MΩ即可；但是出于检测方便等考虑，规程要求接地电阻不应大于100Ω。

23. 答案：C

解析：B 级绝缘材料极限温度高于 A 级绝缘材料的极限温度，故选项 A 错误；屏护装置应有足够的尺寸，与带电体之间应保持必要的距离。遮栏高度不应低于 1.7m，下部边缘离地不应超过 0.1m。栅遮栏的高度户内不应小于 1.2m、户外不应低于 1.5m，栏条间距离不应大于 0.2m；对于低压设备，遮栏与裸导体之间的距离不应小于 0.8m。户外变配电装置围墙的高度一般不应小于 2.5m，故选项 B 错误；低压操作时，人体及其所携带工具与带电体之间的距离不得小于 0.1m，故选项 C 正确；起重机具至线路导线间的最小距离，1kV 及 1kV 以下不应小于 1.5m，10kV 不应小于 2m。

24. 答案：A

解析：0 I 类和 I 类设备的防触电保护不仅靠基本绝缘，还包括一种附加的安全措施，即将能触及的可导电部分与设施固定布线中的保护线相连接。II类设备不采用保护接地措施，也不依赖于安装条件。III类设备不得具有保护接地手段。

25. 答案：D

解析：特种设备是指涉及生命安全、危险性较大的锅炉、压力容器、压力管道、电梯、起重机械、客运索道、大型游乐设施和场（厂）内专用机动车辆 8 类。选项 A 属于场内专用机动车辆，选项 B 属于起重机械。只有选项 D 不符合。

26. 答案：B

解析：压力容器发生超压超温时要马上切断进气闸门；对于反应容器停止进料；对于无毒非易燃介质，要打开放空管排汽；对于有毒易燃易爆介质要打开放空管，将介质通过接管排至安全地点。如果属超温引起的超压，除采取上述措施外，还要通过水喷淋冷却以降温。

27. 答案：A

解析：选项 D 属于臂架式起重机范畴，与吊笼坠落没有关系；选项 C 的后果是机械碰撞，与吊笼坠落也没有直接关系；选项 B 的直接后果是断绳、打滑、倒塌等，并由此导致吊笼坠落，作为吊笼坠落的“主要原因”有些勉强；选项 A 是吊笼坠落的直接原因，而且可能发生在起重设备启动、运行、停车的所有过程中，可以认定为吊笼坠落的主要原因。

28. 答案：B

解析：水位计用于显示锅炉内水位的高低。水位计应安装合理，便于观察，且灵敏可靠。每台锅炉至少应安装两只独立的水位计，额定蒸发量小于等于 0.2t/h 的锅炉可只装一只。

29. 答案：C

解析：水压试验，缓慢升压至工作压力，检查是否有泄漏或异常现象；继续升压至试验压力，至少保持 20min，再缓慢降压至工作压力，检查所有参加水压试验的承压部件表面、焊缝、胀口等处是否有渗漏、变形，以及管道、阀门、仪表等连接部位是否有渗漏。

30. 答案：D

解析：对于叉车等起升高度超过 1.8m 的工业车辆，必须设置护顶架，以保护司机免受重物落下造成伤害。护顶架一般都是由型钢焊接而成，必须能够遮掩司机的上方，还应保证司机有良好的视野。护顶架应进行静态和动态两种载荷试验检测。

31. 答案：A

解析：压力容器专职操作人员在容器运行期间应经常检查容器的工作状况，以便及时发现设备上的不正常状态，采取相应的措施进行调整或消除，防止异常情况的扩大或延续，保证容器安全运行。对运行中容器进行检查，包括工艺条件、设备状况以及安全装置等方面。在设备状况方面，主要检查各连接部位有无泄漏、渗漏现象，容器的部件和附件有无塑性变形、腐蚀以及其他缺陷或可疑迹象，容器及其连接道有无振动、磨损等现象。

32. 答案：A

解析：用两台或多台起重机吊运同一重物时，每台起重机都不得超载。吊运过程应保持钢丝绳垂直，保持运行同步。吊运时，有关负责人员和安全技术人员应在场指导。

33. 答案：D

解析：容器的维护保养主要包括以下几方面的内容：保持完好的防腐层、消除产生腐蚀的因素、消灭容器的“跑、冒、滴、漏”，经常保持容器的完好状态、加强容器在停用期间的维护。

34. 答案：D

解析：一般情况下，密度越大，闪点越高而自燃点越低。自燃点：汽油＞煤油＞轻柴油＞重柴油＞蜡油＞渣油。

35. 答案：B

解析：某些气体如乙炔、乙烯、环氧乙烷等，即使在没有氧气的条件下，也能被点燃爆炸，其实质是一种分解爆炸。

36. 答案：D

解析：镁粉能和热水反应生成氢气，因此不能采用湿式除尘器。

37. 答案：B

解析：空气泡沫灭火器种类繁多，根据发泡倍数的不同可以分为低倍数泡沫、中倍数泡沫和高倍数泡沫灭火剂。高倍数泡沫灭火系统替代低倍数泡沫灭火系统是当今的发展趋势。高倍数泡沫灭火剂的发泡倍数高（201～1000 倍）。

38. 答案：D

解析：干粉灭火器由一种或多种具有灭火能力的细微无机粉末组成，主要包括活性灭火组分、疏水成分、惰性填料，粉末的颗粒大小及其分布对灭火效果有很大的影响。窒息、冷却、辐射及对有焰燃烧的化学抑制作用是干粉灭火效能的集中体现。

39. 答案：B

解析：本题考查爆炸性气体环境危险场所分区，其中 1 区指正常运行时可能出现（预计周期性出现或偶然性出现）爆炸性气体、蒸气或薄雾的区域。如油罐顶上呼吸阀附近。

40. 答案：A

解析：防爆基本原则中严格控制火源、防止爆炸性混合物的形成、检测报警是为了防止第一过程的出现，属于防止爆炸发生的措施。

41. 答案：B

解析：防爆泄压装置主要有安全阀、爆破片、防爆门等。

42. 答案：D

解析：火药燃烧特性的能量特征标志火药做功能力的参量，一般是指 1kg 火药燃烧时气体产物所做的功。

43. 答案：D

解析：民用爆破器材包括：（1）工业炸药。如硝化甘油炸药、铵梯炸药、铵油炸药、乳化炸药、水胶炸药及其他工业炸药。（2）起爆器材。起爆器材分为起爆材料和传爆材料两大类。火雷管、电雷管、磁电雷管、导爆管雷管、继爆管及其他雷管属起爆材料；导火索、导爆索、导爆管等属传爆材料。（3）专用民爆器材。如油气井用起爆器、射孔弹、复合射孔器、修井爆破器材、点火药盒，地震勘探用震源药柱、震源弹，特种爆破用矿岩破碎器材、中继起爆具、平炉出钢口穿弹孔、果林增效爆破具等。

44. 答案：B

解析：《民用爆炸物品安全管理条例》第四十一条规定，储存的民用爆炸物品数量不得超过储存设计容量，对性质相抵触的民用爆炸物品必须分库储存，严禁在库房内存放其他物品。

45. 答案：B

解析：扩散燃烧指可燃气体（氢、甲烷、乙炔以及苯、酒精、汽油蒸气等）从管道、容器的裂缝流向空气时，可燃气体分子与空气分子互相扩散、混合，混合浓度达到爆炸极限范围内的可燃气体遇到火源即着火并能形成稳定火焰的燃烧。

46. 答案：B

解析：通过对大量的火灾事故的研究分析得出，典型火灾事故的发展分为初起期、发展期、最盛期、减弱期和熄灭期。发展期是火势由小到大发展的阶段，一般采用 T 平方特征火灾模型来简化描述该阶段非稳态火灾热释放速率随时间的变化，即假定火灾热释放速率与时间的平方成正比，轰燃就发生在这一阶段。

47. 答案：C

解析：爆炸发生时，特别是较猛烈的爆炸往往会引起短暂的地震波。详见教材第 181 页。

48. 答案：C

解析：一般情况下，相对湿度在 30%～70%时人体会感到舒适。

49. 答案：A

解析：在射频电磁场的作用下，人体因吸收辐射能量会受到不同程度的伤害，在高强度的射频电磁场作用下，可能产生感应放电，会造成电引爆器件发生意外引爆。

50. 答案：D

解析：“Gb”表示设备的保护等级。

51. 答案：B

解析：火药制造车间、乙炔站、电石库、汽油提炼车间属于第一类防雷建筑物；省级重点文物保护的建筑物及省级档案馆属于第三类防雷建筑物；国家级重点文物保护的建筑物、体育馆属于第二类防雷建筑物。

52. 答案：A

解析：工艺控制是消除静电危害的重要方法，主要是从工艺上采取适当的措施，限制和避免静电的产生和积累。包括材料的选用、限制物料的运动速度和加大静电消散过程。

53. 答案：A

解析：倾翻事故是自行式起重机的常见事故。自行式起重机倾翻事故大多是由起重机作业前支承不当引发，如野外作业场地支承地基松软，起重机支腿未能全部伸出等。起重量限制器或起重力矩限制器等安全装置动作失灵、悬臂伸长与规定起重量不符、超载起吊等因素也都造成自行式起重机倾翻事故。

54. 答案：B

解析：一般情况下，密度越大，闪点越高而自燃点越低。下列油品的密度：汽油＜煤油＜蜡油＜渣油，而其闪点依次升高，自燃点则依次降低。

55. 答案：B

解析：炸药爆炸三个特征：反应过程中的放热性、反应过程中的高速性、反应生成物必定含有大量的气态物质。

56. 答案：D

解析：装、筑药应在单独工房操作。装、筑不含高感度烟火药时，每间工房定员 2 人；装、筑高感度烟火药时，每间工房定员 1 人；钻孔与切割有药半成品时，应在专用工房内进行，每间工房定员 2 人，人均使用工房面积不得少于 3.5m^2，严禁使用不合格工具和长时间使用同一件工具。

57. 答案：A

解析：压力容器的最高工作压力多指在正常操作情况下，容器顶部可能出现的最高压力。

58. 答案：A

解析：感光探测器适用于监视有易燃物质区域的火灾发生，如仓库、燃料库、变电所、计算机房等场所，特别适用于没有阴燃阶段的燃烧火灾（如醇类、汽油、煤气等易燃液、气体火灾）的早期检测报警。

59. 答案：D

解析：粉尘颗粒密度的大小与其在空气中的稳定程度有关。尘粒大小相同，密度大者沉降速度快、稳定程度低。在通风除尘设计中，要考虑密度这一因素，故选项A正确；尘粒带有相异电荷时，可促进凝集、加速沉降。粉尘的这一性质对选择除尘设备的重要意义，故选项B正确；高分散度的煤炭、糖、面粉、硫黄、铝、锌等粉尘具有爆炸性，故选项C正确；发生爆炸的条件是高温和粉尘在空气中达到足够的浓度，故选项D错误。

60. 答案：C

解析：化学品火灾一般可使用干粉、二氧化碳、卤代烷扑救，但钾、钠、铝、镁等物品用二氧化碳、卤代烷无效。

二、多项选择题

61. 答案：AB

解析：通道包括厂区主干道和车间安全通道。（1）厂区干道的路面要求：车辆双向行驶的干道宽度不小于5m，有单向行驶标志的主干道宽度不小于3m。进入厂区门口，危险地段需设置限速高牌、指示牌和警示牌。（2）车间安全通道要求。通行汽车的宽度＞3m，通行电瓶车的宽度＞1.8m，通行手推车、三轮车的宽度＞1.5m，一般人行通道的宽度＞1m。

62. 答案：ABD

解析：冲压（剪）安全技术措施包括：（1）使用安全工具一般根据本企业的作业特点自行设计制造。大致归纳为以下 5 类：弹性夹钳、专用夹钳（卡钳）、磁性吸盘、真空吸盘、气动夹盘。（2）模具作业区防护措施：模具防护的内容包括：在模具周围设置防护板（罩）；通过改进模具减少危险面积，扩大安全空间；设置机械进出料装置，以此代替手工进出料方式，将操作者的双手隔离在冲模危险区之外，实行作业保护。模具安全防护装置不应增大劳动强度。（3）冲压设备的安全装置形式较多，按结构分为机械式、按钮式、光电式、感应式等。机械式防护装置主要有推手式保护装置、摆杆护手装置、拉手安全装置3种类型。

63. 答案：ACDE

解析：手压平刨刀轴必须使用圆柱形刀轴，绝对禁止使用方刀轴。

64. 答案：BCD

解析：锻造的危害有害因素：机械伤害、火灾爆炸、灼烫、噪声和振动、尘毒危害、热辐射。

65. 答案：AC

解析：精力旺盛、热情直率、刚毅不屈，往往倾向于性情急躁、主观任性。

66. 答案：ACE

解析：产品结构的维修性设计中应考虑的主要问题包括：可达性、零组部件的标准化与互换性、维修人员的安全。

67. 答案：ABDE

解析：电流灼伤一般发生在低压电器设备上。数百毫安的电流即可造成灼伤，数安的电流则会形成严重的灼伤。选项 A 正确；电弧烧伤也可以发生在低压系统，故选项 B 正确；在低压系统，带负荷（尤其是感性负荷）拉开裸露的闸刀开关时，产生的电弧会烧伤操作者的手部和面部，因此 C 选项错误；电光性眼炎其表现为角膜和结膜发炎，故选项 D 正确；机械损伤多数是由于电流作用于人体，使肌肉产生非自主的剧烈收缩所造成的。其损伤包括肌腱、皮肤、血管、神经组织断裂以及关节脱位乃至骨折等。

68. 答案：ACDE

解析：对于电动机、变压器、接触器等带有铁心的电气设备，如果铁心短路（片间绝缘破坏）或线圈电压过高，由于涡流损耗和磁滞损耗增加，使铁损增大，将造成铁心过热并产生危险温度，选项 A 正确；短路指不同的电位的导电部分之间包括导电部分对地之间的低阻性短接。发生短路时，线路中电流增大为正常时的数倍乃至数十倍，由于载流导体来不及散热，温度急剧上升，除对电气线路和电气设备产生危害外，还形成危险温度。短路的暂态过程会产生很大的冲击电流，在流过设备的瞬间产生很大的电动力，造成电气设备损坏，选项 B 错误；电气回路谐波能使线路电流增大而过载，如三相四线制电路三次及其奇数倍谐波电流会引起中性线过载危险。选项 C 正确；电气接头连接不牢、焊接不良或接头处有杂物，都会增加接触电阻而导致接头过热。对于铜、铝接头，由于铜和铝的理化性能不同，接触状态会逐渐恶化，导致接头过热，选项 D 正确；由于雷击等过电压、操作过电压的作用，电器设备的绝缘可能遭到击穿而短路，选项 E 正确。

69. 答案：ABCE

解析：根据爆炸性气体混合物出现的频繁程度和持续时间对爆炸性气体环境危险场所分区，释放源的等级和通风条件对分区有直接影响；根据粉尘、纤维或飞絮的可燃性物质与空气形成的混合物出现的频率和持续时间及粉尘厚度对爆炸性粉尘环境进行分类。

70. 答案：BCD

解析：气相爆炸包括可燃性气体和助燃性气体混合物的爆炸；气体的分解爆炸；液体被喷成雾状物在剧烈燃烧时引起的爆炸，称喷雾爆炸；飞扬悬浮于空气中的可燃粉尘引起的爆炸等。

71. 答案：ABCD

解析：化工企业中常见的着火源有明火、化学反应热、化工原料的分解自燃、热辐射、高温表面、摩擦和撞击、绝热压缩、电气设备及线路的过热和火花、静电放电、雷击和日光照射等。

72. 答案：ABCD

解析：预防在设备和系统里或在周围形成爆炸性混合物的措施主要有设备密闭、厂房通风、惰性介质保护、以不燃溶剂代替可燃溶剂、危险物品隔离储存等。

73. 答案：BDE

解析：装、筑药工具应采用木、铜、铝制品或不产生火花的材质制品，严禁使用铁质工具。

74. 答案：BCDE

解析：控制明火和高温表面属于消除点火源的措施。

75. 答案：ACE

解析：扑救易燃液体火灾时，比水轻又不溶于水的液体用直流水、雾状水灭火往往无效，可用普通蛋白泡沫或清泡沫扑救。扑救气体类火灾时，切忌盲目扑灭火焰，在没有采取堵漏措施的情况下，必须保持稳定燃烧，否则，大量可燃气体泄漏出来与空气混合，遇点火源就会发生爆炸，造成严重后果。

选作部分

（一）矿山安全技术

76. 答案：B

解析：根据主要通风机的工作方法，地下矿山通风方式分为抽出式、压入式和压抽混合式。详见教材第304页。

77. 答案：D

解析：发生煤与瓦斯突出事故，不得停风和反风，防止风流紊乱扩大灾情；要根据井下实际情况加强通风，要做到运行的设备不停电，停运的设备不送电；要采用综合灭火或惰气灭火。详见教材第313页。

78. 答案：D

解析：矿山排水能力要达到的要求。金属非金属矿山：井下主要排水设备，至少应由同类型的3台泵组成。工作泵应能在20h内排出一昼夜的正常涌水量；除检修泵外，其他水泵在20h内排出一昼夜的最大涌水量。井筒内应装备2条相同的排水管，其中1条工作，1条备用。水仓应由两个独立的巷道系统组成。涌水量大的矿井，每个水仓的容积，应能容纳2～4h井下正常涌水量。一般矿井主要水仓总容积，应能容纳6～8h小时的正常涌水量。详见教材第322页。

79. 答案：C

解析：处理地下矿山火灾事故时，应遵循以下基本技术原则：控制烟雾的蔓延，不危及井下人员的安全；防止火灾扩大；防止引起瓦斯、煤尘爆炸；防止火风压引起风流逆转而造成危害；保证救灾人员的安全，并有利于抢救遇险人员；创造有利的灭火条件。详见教材第319页。

80. 答案：B

解析：工作水泵的能力，应能在 20h 内排出地下矿山 24h 的正常涌水量（包括充填水和其他用水）。详见教材第 323 页。

81. 答案：A

解析：在生产过程中必须采用从上到下的开采顺序，应选用从上盘到下盘的采剥推进方向，故选项 A 错误。详见教材第 332～333 页。

82. 答案：A

解析：选项 B 和 D 为险库工况，选项 C 为病库工况。详见教材第 335～336 页。

83. 答案：C

解析：严禁用打开闸板防喷器来卸掉井内压力，故选项 A 错误；当井内有钻具时，严禁关闭全封闭闸板故选项 B 错误；返回压力表是气液比为 1∶200 的压力表，不能用普通压力表代替，故选项 D 错误。详见教材第 348～349 页。

84. 答案：D

解析：在含高油、气区域抢险时间不宜太长，组织救护队随时观察中毒等受伤人员，及时转移到安全区域进行救护，故 D 项错误。详见教材第 359～360 页。

85. 答案：B

解析：埋地输油气管道与高压输电线铁塔避雷接地体的安全距离不应小于 20m，故选项 A 错误；埋地输油气管道与通信电缆平行敷设时，其安全间距不宜小于 10m，故选项 C 错误；埋地输油气管道与其他管道平行敷设时，其安全距离不宜小于 10m，故选项 D 错误详见教材第 364 页。

（二）建筑工程施工安全技术

86. 答案：C

解析：选项 A 应为搭设高度 50m 及以上落地式钢管脚手架工程；选项 B 应为搭设高度 8m 及以上的混凝土模板支撑工程；选项 D 应为开挖深度超过 16m 的人工挖孔桩工程。详见教材第 375 页。

87. 答案：A

解析：安全带可分为：围杆作业安全带、区域限制安全带和坠落悬挂安全带。建筑、安装施工中大多使用的安全带是坠落悬挂安全带。详见教材第 378 页。

88. 答案：C

解析：详见教材第 381 页表 8-4 中内容。

89. 答案：A

解析：先拆非承重的模板，后拆承重的模板及支架，故应先拆除不承重的侧模板，梁底模是承重最大的地方，故应最后拆除。详见教材第 388～389 页。

90. 答案：A

解析：通常用的钢丝绳卡子，有骑马式、拳握式和压板式 3 种。其中骑马式卡是连接力最强的标准钢丝绳卡子，应用最广。详见教材第 391 页。

91. 答案：C

解析：(1) 技术负责人向项目工程施工负责人、施工技术负责人及施工管理人员进行安全技术交底；(2) 工程施工负责人向各工种施工负责人、作业班组长进行安全技术交底；(3) 项目工程技术负责人向专业施工队伍（班组）全体作业人员进行安全技术交底。详见教材第 395 页。

92. 答案：A

解析：停靠装置：吊篮到位停靠后，当工人进入吊篮内作业时，由于卷扬机抱闸失灵或钢丝绳突然断裂，吊篮不会坠落以保人员安全。详见教材第 402 页。

93. 答案：D

解析：纵向或横向水平杆是靠扣件连接将施工荷载、脚手板自重传给立杆的，当连墙件采用扣件连接时，要靠扣件连接将脚手架的水平力由立杆传递到建筑物上。扣件连接是以扣件与钢管之间的摩擦力传递竖向力或水平力的，因此规范规定要对扣件进行抗滑计算。详见教材第 407 页。

94. 答案：C

解析：进行交叉作业时，不得在同一垂直方向上下同时操作，下层作业的位置必须处于依上层高度确定的可能坠落范围半径之外。不符合此条件，中间应设置安全防护层。详见教材第 410 页。

95. 答案：B

解析：要明确划分出禁火作业区（易燃、可燃材料的堆放场地）、仓库区（易燃废料的堆放区）和现场的生活区，易燃、可燃材料堆料场及仓库与在建工程和其他区域的距离应不小于 20m。详见教材第 417 页。

（三）危险化学品安全技术

96. 答案：D

解析：氨的燃点为 651℃，爆炸极限是 15%～28%，具有易燃和爆炸特性；强酸、碱具有腐蚀和毒害特性，详见教材第 420～421 页。

97. 答案：A

解析：本题采用二氧化氯泡腾片代替液氯消毒，为选用无毒或低毒的化学品替代已有的有毒有害化学品，是控制措施中的替代方法。详见教材第 427 页。

98. 答案：D

解析：危险化学品储存方式分为 3 种：隔离储存、隔开储存、分离储存。详见教材第 430 页。

99. 答案：A

解析：丙烷着火属于气体类火灾，扑救时切勿盲目扑救火焰，在没有采取堵漏措施的情况下必须保持稳定燃烧，故选项 A 正确，B 错误；丙烷属于易燃品，不宜溶于水，应尽量采用普通蛋白泡沫或清泡沫扑救，故选项 C 错误。扑救爆炸物品火灾时切忌用沙土盖压，故选项 D 错误；详见教材第 434～435 页。

100. 答案：B

解析：呼吸道防毒面具分为过滤式和隔离式，详见教材第 439 页表 9-3 内容。

101. 答案：A

解析：防止静电的措施有控制流速、保持良好接地、采用静电消散技术、人体静电防护等，详见教材第 210～211 页。

102. 答案：A

解析：对于易燃液体，不可采用压缩空气压送，因为空气与易燃液体蒸气混合，可形成爆炸性混合物，且有产生静电的可能。对于闪电很低的可燃液体，应用氮气或二氧化碳等惰性气体压送。详见教材第 464 页。

103. 答案：D

解析：设备内部有毒有害气体含量不得超过《工业企业设计卫生标准》（GBZ 1—2010）规定的最高允许浓度，氧含量应为 18%～22%。详见教材第 469 页。

104. 答案：D

解析：罐区的布局有以下 3 个基本问题：（1）罐与罐之间的间距；（2）罐与其他装置的间距；（3）设置拦液堤所需要的面积。详见教材第 451 页。

105. 答案：A

解析：悬浮液可选用隔膜式往复泵或离心泵输送；黏度大的液体、胶体溶液、膏状物和糊状物时可选用齿轮泵、螺杆泵或高黏度泵；毒性或腐蚀性较强的可选用屏蔽泵。故选项 B、C、D 错误。详见教材第 455 页。

（四）综合安全技术

106. 答案：B

解析：操作旋转机床戴手套，易发生绞手事故。详见教材第 11 页。

107. 答案：B

解析：有的绝缘材料是在高温作用下，加速了热老化进程，导致热击穿短路，产生的电弧，将其引燃。详见教材第 72 页。

108. 答案：C

解析：电气线路或电气装置中的电路连接部位是系统中的薄弱环节，是产生危险温度的主要部位之一。详见教材第 70 页。

109. 答案：C

解析：等电位联结是指保护导体与建筑物的金属结构、生产用的金属装备以及允许用作保护线的金属管道等用于其他目的的不带电导体之间的联结，以提高TN系统的可靠性。详见教材第84页。

110. 答案：C

解析：压力容器发生超压超温时要马上切断进汽阀门；对于反应容器停止进料；对于无毒非易燃介质，要打开放空管排汽。本题容器储存的是易燃易爆介质，不应打开放空管排气。详见教材第126页。

111. 答案：C

解析：对于燃气、燃油锅炉，炉膛停火后，引风机至少要继续引风5min以上；对无旁通烟道的可分式省煤器，应密切监视其出口水温，并连续经省煤器上水、放水至水箱中，使省煤器出口水温度低于锅筒压力下饱和温度20℃；为防止锅炉降温过快，在正常停炉的4～6h内，应紧闭炉门和烟道挡板；停炉18～24h，在锅水温度降至70℃以下时，方可全部放水。故选项A、B、D错误。详见教材第142页。

112. 答案：D

解析：在多台起重机共同作业的情况下，起重机上要求安装防撞装置，用来防止上述起重机在交会时发生碰撞事故。详见教材第159页。

113. 答案：A

解析：扩散阶段。可燃气分子和氧气分子分别从释放源通过扩散达到相互接触；化学反应阶段。自由基与反应物分子相互作用。生成新的分子和新的自由基，完成燃烧反应；扩散阶段时间远远大于其余两阶段时间，因此是否需要经历扩散过程，就成了决定可燃气体燃烧或爆炸的主要条件。详见教材第183页。

114. 答案：D

解析：具有粉尘爆炸危险性的物质较多，常见的有金属粉尘（如镁粉、铝粉等）、煤粉、粮食粉尘、饲料粉尘、棉麻粉尘、烟草粉尘、纸粉、木粉、火炸药粉尘和大多数含有C、H 元素及与空气中氧反应能放热的有机合成材料粉尘等。石英、玻璃、水泥粉尘不具爆炸性。详见教材第196页。

115. 答案：B

解析：高温强热辐射作业环境有冶金工业的炼钢、炼铁车间，机械制造工业的铸造、锻造，建材工业的陶瓷、玻璃、搪瓷、砖瓦等窑炉车间，火力电厂的锅炉间等。详见教材第252页。

第四部分

安全生产事故案例分析

2018年度全国注册安全工程师执业资格考试模拟试卷（一）

安全生产事故案例分析

（考试时间150分钟，满分100分）

一

A供气公司位于N省B市C县工业园区内，有员工225人，法定代表人为甲。甲认为，公司员工不足300人，没必要设置安全生产管理部门，也没有必要配备专职安全生产管理人员。公司技术人员乙于2010年通过了全国注册安全工程师执业资格考试，但未注册。乙被甲任命为公司兼职安全生产管理人员。

A供气公司生产的煤气主要供市民及周边企业使用。该公司3#、4#焦炉煤气工程（简称焦炉煤气工程）于2009年8月取得C县规划局《关于A供气公司3#、4#焦炉煤气工程的选址意见》的批复，2010年12月取得B市发展和改革委员会《关于A供气公司3#、4#焦炉煤气工程的批复意见》。

焦炉煤气工程的主要设备设施包括：60万t/a焦炉2座，备煤、煤气净化、生产回收装置，50000m^3稀油密封干式煤气柜（简称气柜）1座。

气柜内部设有可上下移动的活塞，活塞下部空间储存煤气，上部空间有与大气相连的通气孔。正常生产状况下，活塞在气柜内做上升、下降往复运动，起储存焦炉煤气和稳定煤气管网压力的作用。

气柜于2011年5月开工建设，气柜施工没有聘用工程监理。在气柜建设期间，未经具有相关资质的设计单位设计，在气柜顶部安装了非防爆的照明射灯、摄像探头等用电设备。2012年7月完工。施工完成后，没有依据相关标准和规范进行项目验收，施工的相关档案资料不全。2012年9月投入试运行后，A供气公司未对焦炉煤气工程进行安全验收评价，也未向相关安全生产监督管理部门申请安全验收，一直处于试生产阶段。

至2013年9月25日，气柜试运行正常。2013年9月26日9时20分，气柜内活塞封油液位下降，气柜活塞密封系统失效，煤气由活塞下部空间泄漏到活塞上部空间，气柜顶部气体检测报警仪频繁报警。乙多次将上述情况向甲报告，但未引起重视，气柜一直带病运行。

2013年9月28日17时56分，气柜突然发生爆炸，造成气柜本体损毁报废，周边约

150m 范围内砖墙倒塌，约 1000m 范围内建筑物门窗部分损坏。爆炸导致气柜北侧粗苯工段的洗苯塔、脱苯塔以及回流槽损坏，粗苯泄漏并被引燃，造成火灾。

该起事故共造成 3 人死亡、4 人重伤、29 人轻伤。事故损失包括：受伤人员的医疗费用 450 万元，受伤人员的歇工工资 260 万元，设备设施等固定资产损失 3800 万元，清理现场的费用 120 万元，损坏建筑物的维修费用 322 万元，粗苯泄漏环境污染的处置费用 65 万元，补充新职工的培训费用 3 万元，善后及丧葬抚恤金 1150 万元，事故罚款 200 万元等。

根据以上场景，回答下列问题（共 14 分，每题 2 分，1～3 题为单选题，4～7 题为多选题）：

1. 焦炉煤气工程竣工后，在正式投产或使用前，A 供气公司依法必须开展的工作是（　　）。
   A. 气柜安全现状评价
   B. 焦炉煤气工程试运行
   C. 经国家安全生产监督管理总局进行气柜安全情况备案
   D. 组织焦炉煤气工程安全设施竣工验收
   E. 将焦炉煤气工程建设施工资料根据相关安全生产监督管理部门备案
2. 根据《生产安全事故报告和调查处理条例》（国务院令第 493 号），负责该起事故调查的应为（　　）。
   A. N 省安全生产委员会
   B. N 省人民政府
   C. B 市安全生产监督管理局
   D. B 市人民政府
   E. B 市安全生产委员会
3. 根据《危险化学品生产企业安全生产许可证实施办法》（国家安全生产监督管理总局令第 41 号），下列关于 A 供气公司安全生产管理机构设置和安全生产管理人员配置的说法中，正确的是（　　）。
   A. A 供气公司从业人员不足 300 人，可不设置安全生产管理机构
   B. A 供气公司从业人员不足 300 人，可不配备专职安全生产管理人员
   C. A 供气公司应委托具有相应资质的注册安全工程师事务所进行安全生产管理
   D. A 供气公司应设置安全生产管理机构并配备专职安全生产管理人员
   E. A 供气公司应设置安全生产管理机构或配备专职安全生产管理人员
4. 下列事故损失中，应列为事故直接经济损失的有（　　）。
   A. 受伤人员的歇工工资 260 万元
   B. 清理现场的费用 120 万元

C. 粗苯环境污染的处置费用 65 万元

D. 补充新职工的培训费用 3 万元

E. 事故罚款 200 万元

5. A 供气公司气柜操作人员的安全培训应包括的主要内容有（　　）。

A. 煤气燃烧爆炸特性

B. 气柜操作应注意的安全事项

C. 气体检测报警器的标定方法

D. 气柜运行的工况参数

E. 气柜建设施工方法

6. 甲最后被判处有期徒刑，关于甲刑满释放后就业的限制，下列说法中不正确的有（　　）。

A. 五年后可以从事化工企业安全生产管理工作

B. 五年后可以担任化工企业的主要负责人

C. 终身不得担任化工企业的主要负责人

D. 五年内不得担任任何生产经营单位的主要负责人

E. 终身不得担任任何生产经营单位的主要负责人

7. A 供气公司存在的违反安全生产法律法规和安全生产标准的行为有（　　）。

A. 在气柜顶部安装非防爆的照明射灯和摄像探头

B. 未申请危险化学品建设项目安全设施竣工验收

C. 安全生产管理人员乙未取得注册安全工程师执业证

D. 未及时查明气体检测报警器频繁报警的原因

E. 施工相关档案资料不全

二

2011 年 11 月 20 日 4 时，A 铁矿 390 平巷盲竖井的罐笼在提升矿石时发生卡罐故障，罐笼被撞破损后卡在离井口 2.5m 处。当班绞车工甲随即升井向值班矿长乙和维修工丙报告，乙和丙下井检修。丙在没有采取任何防护措施的情况下，3 次对罐笼角、井筒护架进行切割与焊接。切割与焊接作业至 7 时结束。随后，乙和丙升井返回地面。

当日 7 时 29 分，甲在绞车房发现提升罐笼的钢丝绳异动，前往井口观察，发现盲竖井内起火，当即返回绞车房，关闭向井下送电的电源开关，并立即升井向乙和丙报告。随后甲和丙一起下井，到达 390 平巷时烟雾很大，能见度不足 5m。甲和丙前行到达离起火盲竖井约 300 m 处，无法继续前行，遂返回地面向乙汇报。乙立即报警，请矿山救护队救援，并启动 A 铁矿应急救援预案。

截至11月27日10时，核实井下被困人员共122人，其中矿山救护队救出52人，70人遇难。遇难人员中包括周边4座铁矿的61名井下作业人员。

事故调查发现，A铁矿与周边的4座铁矿越界开采，井下巷道及未经处理的采空区相互贯通。各矿均未形成独立的机械通风系统，且安全出口等标志标识不符合安全规定。

事故调查组确认，该起事故的直接原因是：丙在切割与焊接作业时，切割下的高温金属残块及焊渣掉落在井壁充填护帮的荆笆上，造成荆笆着火，引燃井筒木支架等可燃物，引发火灾。该起事故的经济损失包括：人身伤亡后所支出的费用9523万元，善后处理费用3052万元，财产损失1850万元，停产损失580万元，处理环境污染费用5万元等。

根据以上场景，回答下列问题（共16分，每题2分，1～3题为单选题，4～8题为多选题）：

1．根据《火灾分类》（GB/T 4968—2008），A铁矿盲竖井发生的火灾类别属于（　　）。

A．A类火灾　　B．B类火灾
C．C类火灾　　D．D类火灾
E．E类火灾

2．在A铁矿390平巷盲竖井进行切割与焊接作业，应办理的许可手续是（　　）。

A．有限空间作业许可　　B．带电作业许可
C．动火作业许可　　D．高温作业许可
E．潮湿环境作业许可

3．按照以上场景中所列出的数据，该起事故的直接经济损失为（　　）万元。

A．9523　　B．12575
C．14425　　D．15005
E．15010

4．根据《生产安全事故报告和调查处理条例》（国务院令第493号），针对该起事故的调查处理，下列说法正确的有（　　）。

A．可由国务院授权国家安全生产监督管理总局组织事故调查组进行调查
B．可由A铁矿所在地省级人民政府授权其所属安全生产监督管理部门组织事故调查组进行调查
C．由公安部消防局组织调查
D．事故调查组的组成应当遵循精简、效能的原则
E．事故调查应有A铁矿员工或A铁矿工会参加

5．该起事故的间接原因包括（　　）。

A．作业人员安全教育培训不够　　B．事故报告与救援不及时
C．安全管理制度缺失　　D．未按规定参加工伤保险

E．未按规定办理安全生产行政许可

6．该起事故中，当甲发现盲竖井内起火时，应该采取的应急措施包括（　　）。

A．设法使盲竖井风流反向　　B．设法加大盲竖井风速

C．用灭火器灭火，灭火无效时迅速撤离　D．向 A 铁矿调度室报告火情

E．通知现场人员撤离

7．根据事故情况，A 铁矿的应急管理工作应改进的方面包括（　　）。

A．矿井火灾等事故应急预案方面

B．下井作业人员配备自救设备方面

C．用文件的形式授权矿长乙全权处理矿井火灾事故方面

D．高危行业安全生产责任保险方面

E．矿井通信系统及安全标志标识方面

8．根据《安全生产法》及相关法规，关于 A 铁矿安全生产管理机构设置和人员配置的要求，下列说法正确的是（　　）。

A．应设置安全生产管理机构或配备专职安全生产管理人员

B．应设置安全生产管理机构或配备兼职安全生产管理人员

C．可以委托第三方中介机构负责 A 铁矿的安全生产管理

D．可以委托取得相应资格的注册安全工程师负责 A 铁矿的安全生产管理

E．A 铁矿的安全生产管理人员必须经过相应的培训

三

E 印刷企业为重点防火单位，厂区占地面积 23000m^2，员工 1200 人，设有安全生产管理科并配备了 2 名专职安全生产管理人员，各车间有兼职安全生产管理人员。

E 印刷企业厂区主要设施和设备有：胶版印刷、凹版印刷、凸版印刷、彩印、油墨调配、维修等车间；原料库、油墨库、化工库、废料库；变配电站、柴油发电机房、空压机房、燃气锅炉房、消防监控室；5t 桥式起重机 8 台、叉车 15 辆、电瓶车 20 辆及电瓶车充电室。

企业内 10kV 变配电站配置 2 台变压器；柴油发电机房有柴油发电机 1 台；在厂区西南角有柴油罐区 1 个；罐区内有供发电机使用的 10t 柴油储罐 1 座；空压机房有供气量为 20m^3/min 的空气压缩机 3 台；锅炉房有蒸发量 20t/h 的燃气锅炉 1 台。

油墨调配车间用水性油墨、乙酸乙酯、丙酮、酒精等原料，为其他车间调配、提供不同的油墨。

维修车间有车床 5 台、钻床 8 台、铣床 3 台、电焊机 6 台、砂轮机 3 台及氧气瓶、乙

炔气瓶等。

原料库储存纸500t；油墨库储存各类油墨30t；化工库储存稀料20t、丙酮5t、乙酸乙酯10t、酒精8t；废料库存放压坨打包的废纸25t。

2013年7月的隐患排查治理活动中，发现废料库房存在坍塌危险。为确保安全，采取了设置警示标志、加强监督检查、控制人员进入等临时性措施，并制订了拆除重建方案，计划在年底前完成整改。

根据以上场景，回答下列问题（共22分）

1．指出E印刷企业的特种设备和特种作业。

2．根据相关法律法规，指出E印刷企业应取得的安全检测报告的类别。

3．指出E印刷企业内必须使用的防爆电器场所。

4．根据《安全生产事故隐患排查治理暂行规定》（国家安全生产监督管理总局令第16号），编制E印刷企业废料库房坍塌隐患治理的简要方案。

四

F集团公司拥有长距离轻质原油运输管道（简称Ⅱ号管道），公司下属的分公司负责Ⅱ号管道日常巡检维护，公司下属的Ⅰ分公司负责Ⅱ号管道现场抢险以及其他应急处置。

Ⅱ号管道路经G市的海港居民生活区（简称海港区）。2013年12月2日19时Ⅱ号管道在海港区的港大十字路口附近发生原油泄漏。原油泄漏到港大路路面，同港大路的污水一并流入港海下水道。

港海下水道是G市生活污水排水系统的一部分，负责将生活污水输运至G市的二污水处理厂。

当日21时许，H分公司向G市海港区安全生产监督管理局，F集团公司安全生产管理部门报告了Ⅱ号管道在海港区的原油泄漏情况。同时，H分公司开展泄漏点分析、泄漏量估算和泄漏原油流淌范围的勘查。初步确认，泄漏点在港海下水道与Ⅱ号管道交叉点的上方，泄漏原油已沿港大路流淌约70m，并有大量原油流入港海下水道。

为控制原油泄漏，H分公司通知Ⅰ分公司进行现场抢险堵漏。Ⅰ分公司抢险队和装备于3日5时到达泄漏现场，并组成现场抢修组，由甲任组长。甲带领技术员乙、丙进行了现场勘查，发现Ⅱ号管道泄漏部位上方有0.4m厚的水泥盖板，必须使用工程机械先将水泥改版凿碎、拖离，才能确认泄漏点，并进行后续抢修堵漏。甲找来液压破碎锤，准备进场施工。

海港区的部分晨练居民闻到油气味，不知道发生了什么事情，部分人员到抢修现场围观。一些通过港大十字路口的行人，发现抢修现场交通受阻，也挤到现场观望。

3 日 7 时 30 分，甲下令工程破碎机械进入抢修点作业，液压破碎锤开始敲砸盖板，施工 5min 后突然发生爆炸，随后施工点周围港海下水道内多处发生爆炸，事故造成重大人员伤亡和极其恶劣的社会影响。经事故调查组确认，此次爆炸事故第一起爆点在液压破碎锤周边 0.5m 范围内。

根据以上场景，回答下列问题（共 22 分）

1．分析第一起爆点的可能点火源和港海下水道内参与爆炸的物质。

2．指出此次事故在应急响应和应急处置方面存在的问题。

3．指出此次事故事后处置应开展的工作。

4．简要说明 F 集团公司为确保Ⅱ号管道运行应采取的安全措施。

五

J 市地铁 1 号线由该市轨道交通公司负责投资建设及运营。该市 K 建筑公司作为总承包单位承揽了第 3 标段的施工任务。该标段包括：采用明挖法施工的 304 地铁车站 1 座，采用盾构法施工，长 4.5km 的 401 隧道一条。

J 市位于暖温带，夏季潮湿多雨，极端最高气温 42℃。工程地质勘查结果显示第 3 标段的地质条件和水文地质条件复杂，401 隧道工程需穿越耕土层、砂质黏土层及含水的砂砾岩层，共穿越 1 条宽 50m 的季节性河流。304 地铁车站开挖工程周边为居民区，人口密集。明挖法施工需特别注意边坡稳定、噪声和粉尘飞扬，并监控周边建筑物的位移和沉降。为了确保工程施工安全，K 建筑公司对第 3 标段施工开展了安全评价。

J 市轨道交通公司与 K 建筑公司于 2014 年 5 月 1 日签订了施工总承包合同，合同工期 2 年，K 建筑公司将第 3 标段进行了分包，其中 304 地铁车站由 L 公司中标，L 公司组建了由甲担任项目经理的项目部，项目部管理人员共 25 人，于 6 月 2 日进行了进场开工仪式。

304 地铁车站基坑深度 35m，开挖至坑底设计标高后，进行车站底板垫层、防水层的施工，车站主体结构施工期间，模版支架最大高度为 7m。施工现场设置了两个钢筋加工区和一个木材加工区。在基坑土方开挖、支护及车站主体结构施工阶段，施工现场使用的大型机械设备包括：门式起重机 1 台、混凝土泵 2 台、塔式起重机 2 台、履带式挖掘机 2 台、排土运输车辆 6 辆。施工用混凝土由 J 市 M 商品混凝土搅拌站供应。

根据以上场景，回答下列问题（共 26 分）

1．根据《企业职工伤亡事故分类》（GB 6441—86），辨识 304 地铁车站土方开挖及基础施工阶段的主要危险有害因素。

2．简述 K 建筑公司对 L 公司进行安全生产管理的主要内容。

3．简述第 3 标段的安全评价报告中应提出的安全对策措施。

4．简述 304 地铁车站施工期间 L 公司项目经理甲应履行的安全生产责任。

5．根据《危险性较大的分部分项工程安全管理办法》（建质〔2009〕87 号），指出 304 地铁车站工程中需要编制安全专项施工方案的分项工程。

安全生产事故案例分析模拟试卷

答案与解析

（满分 100 分）

一、答案与解析

1. 答案：B

解析：建设项目竣工后，生产经营单位应当在正式投入生产或者使用前进行试运行，并向安全生产监督管理部门申请安全设施竣工验收。只有选项 B 符合题意。

2. 答案：B

解析：该题首先要确定事故的等级。该事故死亡 3 人，但直接经济损失达 6300 万余元，属于重大事故。重大事故由事故发生地省级人民政府直接组织事故调查组进行调查。所以选项 B 正确。

3. 答案：D

解析：《危险化学品生产企业安全生产许可证实施办法》第十二条规定，企业应当依法设置安全生产管理机构，配备专职安全生产管理人员。

4. 答案：ABE

解析：事故的直接经济损失包括：（1）人员伤亡后所支出的费用，如医疗费用、丧葬及抚恤费用、补助及救济费用、歇工工资等；（2）事故善后处理费用，如处理事故的事务性费用、现场抢救费用、现场清理费用、事故罚款和赔偿费用等；（3）事故造成的财产损失费用，如固定资产损失价值、流动资产损失价值等。选项 A、B、E 都属于直接经济损失；选项 C 中的环境污染处置费用和选项 D 中的新职工培训费用属于间接经济损失。

5. 答案：ABCD

解析：对气柜操作人员的安全培训主要是指三级安全培训教育，包括厂级、车间级、班组级安全教育。除厂级安全生产教育是该人员入厂时就应该进行的教育之外，培训内容重点包括：岗位安全操作规程，岗位之间工作衔接配合、作业过程的安全风险分析方法和控制对策、事故案例，安全设施、个人防护用品的使用和维护等，所以选项 ABCD 都符合，只有选项 D 不属于操作人员学习的范畴。

6. 答案：ABCD

解析：《安全生产法》第九十一条规定，生产经营单位的主要负责人未履行本法规定的安全生产管理职责而导致发生生产安全事故的，并依照规定受刑事处罚或者撤职处分的，自刑罚执行完毕或受处分之日起，五年内不得担任任何生产经营单位的主要负责人；对重大、特别重大生产安全事故负有责任的，终身不得担任本行业生产经营单位的主要负责人。按照直接经济损失计算，该事故属于重大事故，所以甲终身不得担任本行业生产经营单位的主要负责人。

7. 答案：ABDE

二、答案与解析

1. 答案：A

解析：《火灾分类》（GB/T 4968—2008）中国家标准新规定的六类火灾如下：A 类火灾：固体物质火灾。这种物质通常具有有机物性质，一般在燃烧时能产生灼热的余烬；B 类火灾：液体或可熔化的固体物质火灾；C 类火灾：气体火灾；D 类火灾：金属火灾；E 类火灾：带电火灾，即物体带电燃烧的火灾；F 类火灾：烹饪器具内的烹饪物（如动植物油脂）火灾。

2. 答案：C

解析：动火作业：指在厂区内进行焊接、切割、加热、打磨以及在易燃易爆场所使用电钻、砂轮等可能产生火焰、火星、火花和炽热表面的临时性作业。由于是进行切割与焊接作业，因此必须要办理动火作业许可。

3. 答案：C

解析：事故的直接经济损失包括：（1）人员伤亡后所支出的费用，如医疗费用、丧葬及抚恤费用、补助及救济费用、歇工工资等；（2）事故善后处理费用，如处理事故的事务性费用、现场抢救费用、现场清理费用、事故罚款和赔偿费用等；（3）事故造成的财产损失费用，如固定资产损失价值、流动资产损失价值等。

根据案例直接经济损失为 9523+3052+1850=14425 万元。

4. 答案：AD

解析：《生产安全事故报告和调查处理条例》第十九条规定，特别重大事故由国务院或者国务院授权有关部门组织事故调查组进行调查。案例中 70 人遇难，属于特别重大事故。第二十二条规定，事故调查组的组成应当遵循精简、效能的原则。

根据事故的具体情况，事故调查组由有关人民政府、安全生产监督管理部门、负有安全生产监督管理职责的有关部门、监察机关、公安机关以及工会派人组成，并应当邀请人民检察院派人参加。事故调查组可以聘请有关专家参与调查。

5. 答案：ABC

解析：事故直接原因是指直接导致事故发生的因素，包括两个方面：（1）机械物质或者环境的不安全状态；（2）人的不安全行为。事故间接原因是指直接原因发生的原因，包括下面 7 个方面：（1）技术和设计上的缺陷；（2）教育培训不够；（3）劳动组织不合理；

（4）对现场工作缺乏检查或者指导错误；（5）没有安全操作规程或者不健全；（6）没有或不认真实施事故防范措施；（7）其他。

6. 答案：CDE

解析：不能直通地表的是盲井，设法使盲竖井风流反向和设法加大盲竖井风速都会造成有毒气体不减反增，因此选项 A、B 错误。

7. 答案：ABE

解析：A 铁矿应急救援预案不完善，造成大量伤亡。安全出口等标志标识不符合安全规定，下井作业人员自救设备配备不足。

8. 答案：AE

解析：《安全生产法》第二十一条规定，矿山、金属冶炼、建筑施工、道路运输单位和危险物品的生产、经营、储存单位，应当设置安全生产管理机构或者配备专职安全生产管理人员。《生产经营单位安全培训规定》第六条规定，生产经营单位主要负责人和安全生产管理人员应当接受安全培训，具备与所从事的生产经营活动相适应的安全生产知识和管理能力。

三、答案及评分标准（共 22 分。其中：第 1 题 7 分，第 2 题 4 分，第 3 题 5 分，第 4 题 6 分）

1.（共 7 分，每个得分点得 1 分，最多得 7 分）

（1）E 印刷企业的特种设备有：（最多得 3 分）

燃气锅炉、5t 桥式起重机、叉车、氧气瓶、乙炔瓶。

（2）E 印刷企业的特种作业有：（最多得 4 分）

电工作业、金属焊接切割作业、登高架设作业、制冷作业、企业场内机动车驾驶、起重机械作业、锅炉作业、压力容器作业。

2.（共 4 分，每个得分点得 1 分，最多得 4 分）

安全检测报告的类别：

（1）职业卫生建设项目预评价报告；

（2）职业卫生建设项目控制效果评价报告；

（3）职业卫生建设项目现状评价报告；

（4）职业卫生建设项目日常监测报告；

（5）安全现状评价报告。

3.（共 5 分，每个得分点得 1 分，最多得 5 分）

必须使用防爆电器的场所：

原料库；化工库；油墨调配车间；废料库；柴油罐区；变配电站；柴油发动机房；燃气锅炉房；消防监控室。

4.（共 6 分，每个得分点得 1 分）

隐患治理的简要方案

（1）治理的目标和任务；

（2）采取的方法和措施；

（3）经费和物资的落实；

（4）负责治理的机构和人员；

（5）治理的时限和要求；

（6）安全措施和应急预案。

四、答案及评分标准（共22分，第1题4分，第2题6分，第3题6分，第4题6分）

1.（共4分，每个得分点得2分）

（1）第一起爆点的可能点火源：液压破碎锤击打水泥盖板时出现的火花、液压破碎锤发动机火源、人工明火、手机、静电放电火花。

（2）参与爆炸的物质：轻质原油挥发物、污水沼气、其他可燃气体。

2.（共6分，每个得分点得1分，最多得6分）

此次事故在应急响应和应急处置方面存在以下问题：

（1）H公司发现原油泄漏后没有立即停止输送石油；

（2）上报时未向消防部门、环保部门和公安部门报告；

（3）在实施抢修管道时，没有对周边人员进行疏散；

（4）现场抢险人员没有佩戴防化服和空气呼吸器；

（5）H公司发现原油泄漏后未及时上报；

（6）没有使用防爆工具；

（7）事故发生后主要负责人未到现场组织实施抢救。

3.（共6分，每个得分点得1分，最多得6分）

事故事后处置应开展以下工作：

（1）该石油输送管道立即停止输送石油；

（2）向消防部门、环保部门、公安部门报警、安监部门报告；

（3）疏散影响区域附近所有人员，向上风向转移，防止吸入接触；

（4）按照应急预案，组织机构到位，成立现场应急指挥小组；

（5）处置人员佩戴好防化服和空气呼吸器，用防爆工具等进行堵漏处理；

（6）泄漏的油污，可用吸附材料收集和吸附泄漏物；

（7）注意事项：处置过程中，杜绝一切明火；现场处置人员，穿防静电工作服；使用不产生火花的防爆工具或设备设施；修复完毕后，清理现场油污。

4.（共6分，每个得分点得1分，最多得6分）

F集团公司为确保II号管道运行应采取以下安全措施：

（1）建立健全安全生产责任制，制定完备的安全生产规章制度和操作规程；

（2）安全投入符合安全生产要求；

（3）设置安全生产管理机构，配备专职安全生产管理人员；

（4）主要负责人和安全生产管理人员经考核合格；

（5）特种作业人员经有关业务主管部门考核合格，取得特种作业人员操作资格证书；

（6）从业人员经安全生产教育和培训合格；

（7）依法参加工伤保险，为从业人员缴纳保险费；

（8）厂房、作业场所和安全设施、设备、工艺符合有关安全生产法律、法规、标准和规程的要求；

（9）有职业危害防治措施，并为从业人员配备符合国家标准或者行业标准的劳动保护用品；

（10）依法进行安全评价；

（11）有重大危险源监测、评估、监控措施和应急预案；

（12）有生产安全事故应急救援预案、应急救援组织或者应急救援人员，配备必要的应急救援器材、设备；

（13）法律、法规规定的其他条件。

五、答案及评分标准（共 26 分。其中：第 1 题 5 分，第 2 题 4 分，第 3 题 7 分，第 4 题 5 分，第 5 题 5 分）

1.（共 5 分，每个得分点得 1 分，最多得 5 分）

304 地铁车站土方开挖及基础施工阶段的主要危险有害因素有：

（1）高处坠落；（2）物体打击；（3）机械伤害；（4）火灾；（5）起重伤害；（6）车辆伤害；（7）触电；（8）坍塌；（9）淹溺；（10）噪声；（11）振动；（12）粉尘；（13）高温。

2.（共 4 分，每个得分点得 1 分，最多得 4 分）

安全生产管理的主要内容包括：

（1）签订安全管理协议；

（2）审查资质；

（3）统一协调管理；

（4）发包给有资质的公司。

3.（共 7 分，每个得分点得 1 分，最多得 7 分）

第 3 标段的安全评价报告中应提出的安全对策措施：

（1）施工过程中工人应该佩戴好安全帽防止物体打击和重物坠落；作业过程中工人涉及登高作业的应该系好安全带，高挂低用，安全带完好无破损；

（2）采用的金属切削工具和木工机械防护罩完好，接地良好；

（3）木工作业现场划分防火区域，采用吸尘设备，并在现场根据《建筑灭火器配置设计规范》（GB 50140—2005）配备灭火器；

（4）使用起重机械，挖掘机和运输车辆人员应取得特种设备操作许可证持证上岗，使用的特种设备应状况良好，经过定期检验合格后方可进入现场使用；

（5）固定、临时电器线路及用电设备接线规范，接地良好，根据使用用途及场所使用特地电压，并在直接上级加装漏电保护器；

（6）作业过程中水下穿越工程时有坍塌、淹溺的危险，开凿隧道时要固定好支撑顶网和锚杆，防止冒顶片帮和坍塌。对隧道和河道采取监控手段并进行连锁声光报警，当隧道顶端出现裂纹、渗水等危险情况时，立即撤离；

（7）震动设备应进行降噪处理，设备固定螺栓加装垫片，工作人员配发耳塞；

（8）可能情况下采用湿式作业，降低粉尘，并配发防尘口罩/面罩；

（9）开凿隧道时要对隧道内进行含氧量和有毒气体、易燃易爆气体进行检测。各项指标合格后，在专人监护的情况下，方可作业。进行机械通风；

（10）照明设施良好，不影响作业人员作业；

（11）根据危险有害因素分析评价结果制定专项应急预案，配备应急器材和应急人员。

4.（共5分，每个得分点得1分，最多得5分）

304地铁车站施工期间L公司项目经理甲安全生产责任：

（1）建立、健全L公司安全生产责任制；

（2）组织经理部制定304地铁站施工安全生产规章制度、施工方案、安全技术措施方案和各项作业活动设备操作规程；

（3）保证安全生产投入的有效实施；

（4）督促、检查施工过程的安全生产工作，及时消除生产安全事故隐患；

（5）组织制定并实施地铁站施工过程的生产安全事故应急救援预案；

（6）发生事故及时、如实报告。

5.（共5分，每个得分点得1分，最多得5分）

需要编制安全专项施工方案的分项工程有：

（1）基坑支护、降水工程；

（2）土方开挖工程；

（3）模板工程及支撑体系；

（4）起重吊装及安装拆卸工程；

（5）脚手架工程；

（6）拆除、爆破工程；

（7）其他。

2018年度全国注册安全工程师执业资格考试模拟试卷（二）

安全生产事故案例分析

（考试时间150分钟，满分100分）

一

A特钢厂是P公司投资新建的独立法人企业，2015年1月经验收合格后正式投入生产。该厂现有员工180人，配备1名安全生产管理人员，具体负责该厂安全与设备日常管理工作。

2015年5月23日8时30分，该厂电炉车间电炉班在更换1号电炉炉体后，班长甲与本班员工乙、丙完成铁料斗装料，准备往电炉内加料。因起重作业指挥未在现场，甲便指挥天车起吊铁料斗，准备将固体料倒入电炉。乙用一根Φ14mm、长8m的钢丝绳，将两端环扣分别挂住料斗出口端两侧的吊耳，并将钢丝绳挂在天车主钩上，班长甲从自己工具箱中取出一根Φ9.5mm、长3m的钢丝绳挂住料斗尾端下部的两个吊耳，并将钢丝绳两端的环扣挂在天车副钩上，随后打手势指挥天车司机丁起吊。天车将料斗吊起，对准电炉加料口。在天车司机丁操纵副钩升起料斗尾端，将料斗内固体料往电炉内倾倒时，Φ9.5mm钢丝绳在距副钩约600mm处突然破断，料斗尾端失控，部分固体料从料斗中甩出，其中1块掉在电炉平台护栏上弹出，砸中在地面进行修包作业的戊的头部，戊经医院抢救无效死亡。

事故发生后，事故调查组委托专业检测机构对钢丝绳进行了检测，检测结论为：Φ14mm钢丝绳无明显缺陷；Φ9.5mm钢丝绳距一端环扣600mm区段曾受到高温烘烤，油麻芯失油干枯、钢丝生锈，经机械性能试验，该钢丝绳未受烘烤区段的破断拉力为4.7t，受烘烤区段的破断拉力为4.1t，经查，当班甲、乙、丙均未经起重作业指挥培训。

为了加强A特钢厂安全生产工作，属地人民政府安全生产监督管理部门采用“四不两直”的工作方法对该厂进行了安全生产检查，并约谈了该厂党政主要负责人，提出了一系列工作建议，其中包括要求该厂认真负责贯彻属地人民政府《安全生产“党政同责”暂行规定》精神，完善包括厂党组织负责人在内的安全生产责任体系。

根据以上场景，回答下列问题（共 14 分，每题 2 分，1～3 题为单选题，4～7 题为多选题）：

1. 根据《安全生产法》，关于 A 特钢厂安全生产管理人员的配备，下列说法正确的是（　　）。

A. 配备不少于 1 名兼职安全生产管理人员

B. 配备不少于 1 名兼职注册安全工程师

C. 配备不少于 1 名专职安全生产管理人员

D. 可不配备安全生产管理人员，由 P 公司负责 A 特钢厂安全生产管理

E. 可不配备安全生产管理人员，委托注册安全工程师事务所代为管理

2. A 特钢厂建设项目安全设施竣工或者试运行完成后，依法必须履行的程序是（　　）。

A. 向属地人民政府安全生产监督管理部门申请安全设施竣工验收

B. 委托具有相应资质的安全评价机构对安全设施进行验收评价

C. 邀请相关专家对安全设施进行竣工验收并形成书面报告

D. 由 P 公司安全生产管理部门对安全设施进行竣工验收

E. 属地人民政府安全生产监督管理部门委托具有相应资质的安全评价机构对安全设施进行验收评价

3. 下列个人劳动防护用品中，应为 A 特钢厂电炉班员工配备的是（　　）。

A. 防静电鞋　　B. 阻燃工作服

C. 防切割手套　　D. 安全带

E. 防噪声头盔

4. A 特钢厂电炉车间在用天车进行加料作业时，需要取得特种设备作业人员证或特种作业操作证的人员包括（　　）。

A. 班长　　B. 修包员

C. 天车司机　　D. 装料辅助工

E. 起重作业指挥

5. 造成此次事故的直接原因包括（　　）。

A. 使用不合格的钢丝绳　　B. 班长甲违章指挥

C. 天车司机丁违章起吊　　D. 甲、乙、丙、丁安全意识淡薄

E. 钢丝绳存放在甲的工具箱内

6. 下列选项中，属于“四不两直”中“四不”的内容包括（　　）。

A. 不发通知　　B. 不穿制服

C. 不听汇报　　D. 不用陪同和接待

E. 不查书面资料

7. 为落实《安全生产“党政同责”暂行规定》精神，A 特钢厂党组织的安全生产职责应包括（　　）。

A. 将安全生产纳入党组织年度工作重点内容

B．组织对建设项目安全设施“三同时”工作进行评审

C．加大安全生产工作在领导班子和领导干部年度考核中的分值权重

D．组织全体员工进行职业健康体检并建立健康档案

E．严肃查处安全生产工作中的不作为和乱作为行为

二

B 企业为金属加工企业，主要从事铝合金轮毂加工制造。

B 企业的铝合金轮毂打磨车间为二层建筑，建筑面积 2000m^2。南北两端各设置载重 2.5t 的货梯和敞开式楼梯，一层有通向室外的钢制推拉门 2 个。该车间共设有 32 条生产线，一、二层各 16 条，每条生产线设有 12 个工位，沿车间横向布置，总工位数 384 个，相邻工位最小间隔不足 1m。

打磨车间每个工位设有吸尘罩，每 4 条生产线合用 1 套除尘系统，共安装有 8 套除尘系统。8 套除尘系统的室外风管相互连通并共用一条主排风管将粉尘排出。车间内的除尘设备、除尘管道及配电箱等均未采取接地措施。

2015 年“安全生产月”期间，属地人民政府安全生产监督管理部门检查组对 B 企业进行安全生产检查，发现打磨车间空气中粉尘浓度超标，部分地面和除尘管道表面积尘厚度达 2mm 以上，部分员工佩戴的防尘口罩失效，个别工位旁地面发现烟蒂，部分女工长发未置于工作帽内。检查组对上述问题提出了批评，提醒 B 企业要做好员工劳动防护等各项工作。

7 月 2 日 8 时，打磨车间 265 名员工开始工作，其中含 7 月 1 日入职但未经培训的员工 12 人。8 时 5 分，除尘风机开启。9 时 34 分，1 号除尘器集尘桶发生爆炸，爆炸冲击波沿除尘管道传播，扬起了除尘系统内和车间聚积的铝粉，形成粉尘云，引发连续爆炸，当场造成 9 人死亡。事故发生后 7 天内，又有 18 名重伤人员在医院死亡；事故发生 30 天内，死亡人数 32 人，受伤人数 195 人。

事故造成的经济损失包括：现场抢救、清理现场和处理事故的事务性费用 280 万元，设备等固定资产损失 1000 万元，医疗费用（含护理费用）2990 万元，丧葬及抚恤费用 3500 万元，补助及救济费用 2100 万元，歇工工资 800 万元。停产损失 1800 万元，事故罚款 1100 万元。

事故调查发现：该车间除尘系统长时间未清理粉尘，铝粉尘大量聚积。除尘系统风机开启后，打磨产生的高温铝粉尘颗粒在集尘桶上方形成粉尘云。1 号除尘器集尘桶锈蚀破损，雨水渗入，桶内铝粉受潮，发生氧化放热反应，达到了铝粉尘的点火温度，引发除尘系统及车间内粉尘的系列爆炸。除尘系统未设泄爆装置，爆炸产生的高温气体和燃烧物瞬

间经除尘管道从各吸尘罩喷出，导致全车间几乎所有工位操作人员直接受到爆炸的冲击。同时，B 企业盲目组织生产，未建立岗位安全操作规程，无隐患排查治理台账，员工对铝粉尘存在的爆炸危险性没有认知。也从未参加过应急救援演练。

根据以上场景，回答下列问题（共 16 分，每题 2 分，1～3 题为单选题，4～8 题为多选题）：

1．根据《生产安全事故报告和调查处理条例》（国务院令第 493 号），该起事故等级属于（　　）。

A．一般事故　　B．较大事故　　C．重大事故　　D．特大事故

E．特别重大事故

2．该起事故的直接经济损失为（　　）万元。

A．6770　　B．7770　　C．9870　　D．11770　　E．13570

3．根据《生产安全事故报告和调查处理条例》，B 企业主要负责人在接到此次事故报告后，应在（　　）内，将事故信息上报其所在地县级人民政府安全生产监管部门。

A．0.5h　　B．1h　　C．2h　　D．1d　　E．7d

4．在对 B 企业打磨车间的安全生产检查中，发现存在的违反安全生产法律、法规、标准、规范的情形包括（　　）。

A．空气中粉尘浓度超标　　B．部分地面和除尘管道表面积尘 2mm 以上

C．部分员工防尘口罩失效　　D．女工从事涉尘岗位作业

E．车间内有吸烟现象

5．根据《生产经营单位安全培训规定》（安监总局令第 3 号），B 企业对新入职员工的安全培训内容应包括（　　）。

A．岗位安全操作规程　　B．铝粉尘燃烧爆炸危险性

C．工伤事故申报、索赔程序　　D．安全设备设施的使用和维护方法

E．事故发生时自救互救方法和现场紧急处置措施

6．导致该起事故发生并造成大量人员伤亡的原因包括（　　）。

A．生产工艺布局不合理　　B．除尘设备、除尘管道未接地

C．厂房墙体未设置泄爆口　　D．作业场所人员密集

E．厂房内积尘未及时清理

7．打磨车间应设置的安全标志有（　　）。

A. 

B. 

C. 

D. 　　E. 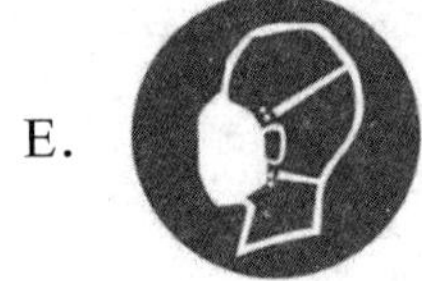

8．属地人民政府安全生产监督管理部门检查组在B企业进行安全生产检查时，针对发现的隐患和问题，可采取的措施包括（　　）。

A．当场纠正违章违法行为　　B．责令排除事故隐患

C．责令打磨车间全体人员撤出　　D．责令暂时停产，全面整顿

E．控制企业主要负责人

三

F发电厂有2×1000MW机组，厂房占地面积为100×300m^2。燃煤由码头卸下后，经皮带引桥由皮带输送机输送到储煤场，再经皮带输送机送到磨煤机磨成煤粉，煤粉送至锅炉喷燃器，由喷燃器喷到炉膛内。煤粉燃烧后的烟气经除尘系统进入脱硫脱硝系统。脱硫脱硝工艺需用液氨、盐酸和氢氧化钠等。

F发电厂有容积为1000m^{3}的助燃柴油储罐2个，储存的柴油密度为820kg/m^3、闪点为60℃。发电机的冷却方式为水－氢－氢，氢气以2.0MPa压力、经Φ100mm管道输送到发电机。锅炉最大连续蒸发量为1025t/h，过热蒸汽出口压力为17.75MPa。

F发电厂现存原材料主要有：燃煤30万t，柴油1200t，浓度大于99%的液氨16t，盐酸42t，氢氧化钠41t，压力为15MPa的氮气20×40L，压力为3.2MPa的氢气7×10m^3。

为确保安全生产，F发电厂于2012年7月16日至20日进行了全厂安全生产大检查。检查发现：在储煤场堆煤的铲车司机无证上岗，作业人员未戴安全帽；皮带引桥内的电缆有破损，皮带引桥地面存有大量煤尘。针对检查发现的问题，F发电厂厂长责成安全生产职能部门制订整改计划，落实整改措施。

根据上述场景，回答下列问题（22分）：

1．针对安全生产大检查发现的问题，提出整改措施。

2．指出进入磨煤机检修应配备的防护设备及用品，并说明其作用。

3．根据《化学品分类和危险性公示通则》（GB 13690—2009），指出F发电厂现存材料中的化学品及其类别。

4．说明F发电厂脱硫脱硝系统液氨泄漏时应采取的应急处置措施。

四

2014年12月20日18时，66号高速公路因降雪封闭。21日7时重新开放。9时该高速公路Y路段车流量逐渐增加，开始出现通行缓慢情况。9时40分，在66号高速公路Y路段M隧道内距入口20m处，一辆以60km/h速度自西向东行驶的空载货车，与前方缓行的运输甲醇的罐车发生追尾碰撞，罐车失控前冲碰撞隧道内同方向行驶的小客车，造成连环追尾事故。

事故发生后，甲醇罐车押运员甲从右侧车门下车，走向车后，发现甲醇罐车尾部防撞设施损坏、卸料管断裂、甲醇泄漏。为关闭卸料管根部球阀防止甲醇进一步泄漏，甲要求司机乙向前移动车辆。该车重新启动向前移动约1m后停止，司机乙熄火下车走到车身左侧罐体中部时，发现地面泄漏的甲醇已经起火燃烧，并形成流淌火，迅速引燃前后车辆。事发时受气象和地势影响，隧道内气流由西向东流动，且隧道东高西低，形成烟囱效应，甲醇和车辆燃烧产生的高温有毒烟气迅速在隧道内向东蔓延，继而在隧道内引发大火和浓烟，事故烧毁隧道内车辆12辆，造成25人死亡，6人受伤，隧道受损严重。

事故调查发现：甲醇罐车由轻型货车改装而成，车辆装备质量2.76t，核定载货量2.24t，实际装载甲醇3.7t。司机乙持大货车驾驶证，驾驶证在有效期内；押运员甲为临时用工人员。空载货车为D物流运输公司零担货车，车辆和驾驶员手续齐全，均在有效期内。事发时，因长时间封路等待，零担货车驾驶员丙疲劳驾驶，未及时注意到前方路况变化，导致追尾碰撞。

甲醇罐车隶属E公司，该公司自2014年6月开始一直使用改装车运输甲醇。

E公司为危险化学品经营企业，危险化学品经营许可证在有效期内，无危险化学品道路运输资质。该公司共有员工15名，其中安全生产管理人员1名，由公司出纳兼任。该公司实际控制人为丁，丁上一次接受安全生产培训时间为2012年12月。

E公司安全生产管理制度不健全，相关员工从未接受过危险化学品道路运输事故应急培训。

根据以上场景，回答以下问题（共22分）：

1．根据《危险化学品安全管理条例》（国务院令第591号），指出E公司哪些人员应通过有关主管部门对其安全生产知识和管理能力的考核。

2．简述甲醇罐车被追尾碰撞后，甲、乙应采取的应急处理措施。

3．根据《生产安全事故报告和调查处理条例》（国务院令第493号），简要说明该起事故调查报告应包括的主要内容。

4．指出E公司在安全管理方面存在的问题。

五

F 公司是风力发电企业，拥有单机容量 1.5MW 的风电机组 325 台，布置在长约 27km，宽 2～6km 的戈壁地带，并配套有一座 220kV 升压变电站。F 公司风电机组主要由风轮（包括叶片和轮毂）、主轴、发电机、塔架（塔筒）、机舱以及液压系统、偏航系统、齿轮箱、制动系统、电气系统、变桨系统、控制系统等组成。

F 公司有员工 117 人，未设置安全生产管理机构。该公司与当地一家安全咨询公司 G 签订了安全服务协议，规定 G 公司对 F 公司安全生产状况负有管理责任。G 公司委派 1 名安全管理顾问（注册安全工程师）实际负责 F 公司安全管理体系建设和日常管理，每周在 F 公司工作不少于 3 天，2 名 F 公司的兼职安全管理人员协助其工作。

2015 年 3 月 20 日 4 时 50 分，F 公司风力发电场 19#风机机舱发生故障。6 时 29 分，F 公司值班员甲签出《生产区域外包工作联系单》，通知风机供应商 H 公司进行检修。8 时 15 分，H 公司维修部经理乙指派维修工丙、丁进行故障排查。排查发现：19#风机机舱内的变流柜 690V 电源处 350A 熔断器熔断，电容柜内一处电容损坏，需更换。2 人回到维修部向经理乙做了汇报。

13 时 20 分，经理乙安排维修工程师戊、维修工丁进行维修。14 时 35 分，司机己驾车将戊、丁送到 19#风机下，2 人进入塔筒顶部的机舱开始维修作业。19#风机塔筒从地面向上共有三层平台，第三层平台上部为风机机舱。

15 时 02 分，己发现机舱与塔筒连接处冒烟，随之起火，立即向乙报告。乙分别给丁、戊打电话，无法接通，立即联系 F 公司风力发电场升压站控制室，切断 19#风机所有电源，并拨打 119 和 120，随后赶赴现场。16 时 20 分，消防车、救护车到达现场，抢险救护人员在第一层平台，发现维修工丁已经死亡，因三层平台以上火势过大无法施救。次日凌晨 1 时，在大火熄灭 2 小时后，抢险救护人员在 19#风机塔筒第三层平台发现一具烧焦遗体，经认定为维修工程师戊。

事故调查发现：变流柜下半部 690V 电源进线处烧损最为严重，被电弧烧熔出直径约 0.5m 的不规则孔洞。变流柜所有对地导线外绝缘完全烧损，并出现大电流发热造成的变形拉尖熔断现象。地面箱式变压器内接地保护断路器未正常工作。丁、戊维修时站立位置为机舱内绝缘地板。戊为 H 公司合同工，丁为 H 公司雇用的当地劳务派遣工。

调查组发现，F 公司对承包商安全生产管理基本没有涉及；G 公司派驻 F 公司的安全管理顾问由于经常参加其他单位的安全标准化评审和安全评价，在 F 公司实际工作每周平均不足 1 天；2 名 F 公司兼职安全生产管理人员日常主要忙于其他事务。

事故调查组在事故调查报告中，要求 F 公司设置安全生产管理机构，建立健全安全生产责任体系，加强安全生产管理工作。

根据以上场景，回答下列问题（共26分）：

1．根据《企业职工伤亡事故分类标准》（GB 6441—1986），指出该起事故的事故类别并说明理由，辨识F公司风力发电场风机机舱的危险因素。

2．分析该起事故的直接原因。

3．分析F、G、H公司在该起事故中应承担的主要与次要责任并说明原因。

4．为避免此类事故再次发生，简述F公司在相关方安全管理方面应采取的措施。

5．简述F公司安全生产管理机构以及安全生产管理人员的主要职责。

安全生产事故案例分析模拟试卷

答案与解析

（满分 100 分）

一、答案与解析

1. 答案：C

解析：《安全生产法》第二十一条规定，矿山、金属冶炼、建筑施工、道路运输单位和危险物品的生产、经营、储存单位，应当设置安全生产管理机构或者配备专职安全生产管理人员。

2. 答案：B

解析：建设项目安全设施竣工或者试运行完成后，生产经营单位应当委托具有相应资质的安全评价机构对安全设施进行验收评价，并编制建设项目安全验收评价报告。

3. 答案：B

解析：电炉班员工进行现场作业时，高温物质有可能飞溅或泄漏进而导致火灾或爆炸。所以应为电炉班员工配备阻燃工作服。

4. 答案：CE

解析：特种作业人员必须进行专门的安全技术培训并考核合格，取得特种设备作业操作证，方可上岗作业。高处作业属于特种作业的范畴，故天车司机和起重作业指挥都需要取得特种作业操作证。

5. 答案：ABC

解析：从案例可知，Φ9.5mm 的钢丝绳曾受高温烘烤且生锈，且当班甲、乙、丙均未经起重作业指挥培训，而天车司机丁还随其指挥起吊。所以选项 A、B、C 符合题意。

6. 答案：ACD

解析："四不两直"即：不发通知、不打招呼、不听汇报、不用陪同接待、直奔基层、直插现场。

7. 答案：ACE

二、答案与解析

1. 答案：E

解析：自事故发生之日起 30 日内（道路交通事故、火灾事故自发生之日起 7 日内），事故造成的伤亡人数发生变化的，应当及时补报。该事故为粉尘爆炸事故，30 日内死亡人数为 32 人，属于特别重大事故。

2．答案：D

解析：事故的直接经济损失包括：（1）人员伤亡后所支出的费用，如医疗费用、丧葬及抚恤费用、补助及救济费用、歇工工资等；（2）事故善后处理费用，如处理事故的事务性费用、现场抢救费用、现场清理费用、事故罚款和赔偿费用等；（3）事故造成的财产损失费用，如固定资产损失价值、流动资产损失价值等。

该事故的经济损失为 280+1000+2990+3500+2100+800+1100=11770 万元。

3．答案：B

解析：本题考查事故上报的时限和部门。《生产安全事故报告和调查处理条例》第九条规定，事故发生后，事故现场有关人员应当立即向本单位负责人报告；单位负责人接到报告后，应当于 1h 内向事故发生地县级以上人民政府安全生产管理部门和负有安全生产监督管理职责的有关部门报告。

4．答案：ABCE

解析：作业场所粉尘浓度超标、员工防尘口罩失效、吸烟都明显违反了有关规定，作业岗位粉尘堆积严重（堆积厚度最厚处超过 1mm）时，极易引发粉尘爆炸，应当立即停止作业，将人员撤离作业岗位。所以选项 A、B、C、E 符合题意。

5．答案：ABDE

解析：《生产经营单位安全培训规定》（2015 年修正）第十一条规定，煤矿、非煤矿山、危险化学品、烟花爆竹、金属冶炼等生产经营单位必须对新上岗的临时工、合同工、劳务工、轮换工、协议工等进行强制性安全培训，保证其具备本岗位安全操作、自救互救以及应急处置所需的知识和技能后，方能安排上岗作业。选项 A、B、D、E 符合题意。

6．答案：CE

解析：从案例中可得知，该起事故发生并造成大量人员伤亡的原因是厂房墙体未设置泄爆口以及厂房内积尘未及时清理。

7．答案：ABE

解析：A 是禁止点火，B 是当心爆炸，C 是当心触电，D 是当心电离辐射，E 是必须戴防尘口罩。由于车间内有大量粉尘，遇火会发生爆炸，所以选项 A、B、E 符合题意。

8．答案：BC

解析：《安全生产法》第六十二条规定，安全生产监督管理部门和其他负有安全生产监督管理职责的部门依法开展安全生产行政执法工作，对检查中发现的事故隐患，应当责令立即排除；重大事故隐患排除前或者排除过程中无法保证安全的，应当责令从危险区域内撤出作业人员，责令暂时停产停业或者停止使用相关设施、设备；重大事故隐患排除后，经审查同意，方可恢复生产经营和使用。

三、答案及评分标准（共 22 分。其中：第 1 题 3 分，第 2 题 6 分，第 3 题 6 分，第 4 题 7 分）

1.（共 3 分，每个得分点得 1 分，最多得 3 分）

（1）无证上岗：培训、考核、持证上岗；

（2）未戴安全帽：教育、培训，建立健全并严格执行各项规章制度；

（3）电缆破损：及时检查、维修、更换，严把电气防爆关；

（4）存有大量煤尘：及时清扫，采用有效的防降尘措施。

2.（共 6 分，每个得分点得 1 分）

（1）通风设备：通风吹散其中的危险有害物质；

（2）检测仪器：检查氧含量及有毒气体浓度；

（3）安全帽：防砸；

（4）防尘口罩：防尘；

（5）安全带：预防高处坠落；

（6）空气呼吸器：应急救护。

3.（共 6 分，每个得分点得 1 分，最多得 6 分）

（1）氢气：易燃气体；

（2）柴油：易燃液体；

（3）盐酸：金属腐蚀剂；

（4）氢氧化钠：金属腐蚀剂；

（5）氨（液氨）：呼吸或皮肤过敏，严重眼损伤；

（6）氮气：压力下气体；

（7）燃煤：易燃固体。

4.（共 7 分，每个得分点得 1 分，最多得 7 分）

（1）启动应急预案；

（2）控制现场火源、电源；

（3）通知现场和周边人员撤离；

（4）检测：风向、风速、空气中氨气浓度及扩散范围、环境中氨含量；

（5）设置警戒线，隔离现场，管制周边交通；

（6）搜救伤员；

（7）现场抢险处置：洗消、封堵；

（8）清点核实人员后进行应急效果评估。

四、答案及评分标准（共22分。其中：第1题4分，第2题6分，第3题6分，第4题6分）

1.（共4分，每个得分点得1分，最多得4分）

E企业中以下人员运输应通过应当经交通运输主管部门考核合格，取得从业资格：

（1）危险化学品的驾驶人员；（2）船员；（3）装卸管理人员；（4）押运人员；（5）申报人员；（6）集装箱装箱现场检查员。

2.（共6分，每个得分点得1分，最多得6分）

应采取的应急处置措施：

（1）车辆应立即熄火。

（2）向消防部门119、公安部门110、安监部门报告。

（3）疏散影响区域附近所有人员，向上风向转移，防止吸入接触。

（4）按照应急预案，组织机构到位，成立现场应急指挥小组。

（5）处置人员穿戴好防化服和空气呼吸器，用防爆工具等进行堵漏处理。

（6）泄漏的物质，可用吸附材料收集和吸附泄漏物。

（7）注意事项：处置过程中，杜绝一切明火；现场处置人员，穿防静电工作服；使用不产生火花的防爆工具或设备设施；修复完毕后，清理现场泄漏物、油污等。

3.（共6分，每个得分点得1分）

（1）事故发生单位概况。甲醇罐车隶属E公司，E公司为危险化学品经营企业，危险化学品经营许可证在有效期内，无危险化学品道路运输资质。

（2）事故发生经过和事故救援情况。2014年12月20日9时40分，在66号高速公路Y路段M隧道内距入口20m处，一辆以60km/h速度自西向东行驶的空载货车，与前方缓行的运输甲醇的罐车发生追尾碰撞，罐车失控前冲碰撞隧道内同方向行驶的小客车，造成连环追尾事故。然后发现甲醇罐车尾部防撞设施损坏、卸料管断裂、甲醇泄漏。为防止甲醇进一步泄漏，甲要求司机乙向前移动车辆，该车重新启动进而引燃甲醇，形成流淌火，迅速引燃前后车辆，继而在隧道内引发大火。

（3）事故造成的人员伤亡和直接经济损失。事故烧毁隧道内车辆12辆，造成25人死亡、6人受伤，隧道受损严重。

（4）事故发生的原因和事故性质。该事故的直接原因是：甲醇罐车尾部防撞设施损坏致甲醇泄漏，为防止甲醇进一步泄漏，甲要求司机乙向前移动车辆，该车重新启动进而引燃甲醇，形成流淌火，迅速引燃前后车辆。

该起事故是一起责任事故。

（5）事故责任的认定以及对事故责任者的处理建议。依据《安全生产法》及相关的安全法律、法规，建议对事故负有责任的有关人员，给予相应的撤职、警告、降级、记过等行政处分及罚款；构成犯罪的由司法机关批准逮捕。

（6）事故防范和整改措施。该公司应贯彻落实有关安全生产法律法规，完善安全管理制度，企业负责人应加强安全生产管理工作，加强安全培训，提高员工安全意识及事故应急能力，有关部门应加强安全生产监督。

4.（共 6 分，每个得分点得 1 分，最多得 6 分）

E 公司在安全管理方面存在的问题：

（1）安全生产管理制度不健全；

（2）安全生产责任制落实不到位；

（3）员工教育培训不到位，安全意识淡薄；

（4）安全操作规程不完善；

（5）企业负责人对安全生产工作不够重视；

（6）没有合理有效的事故应急救援预案和措施或未加强演练；

（7）没有认真实施事故防范措施，对事故隐患整改不力。

五、答案及评分标准（共 26 分。其中：第 1 题 7 分，第 2 题 3 分，第 3 题 3 分，第 4 题 7 分，第 4 题 6 分）

1.（共 7 分，每个得分点得 7 分）

（1）事故类别是火灾。（1 分）

① 出现大电流发热造成的变形拉尖熔断现象；（1 分）

② 丁、戊维修时所站立位置为绝缘地板，丁、戊分别在逃离过程中死亡，可排除触电死亡。（1 分）

（2）危险因素：（共 4 分，每个得分点得 1 分，最多得 4 分）

① 高处坠落；

② 物体打击；

③ 触电；

④ 火灾；

⑤ 机械伤害；

⑥ 中毒和窒息。

2.（共 3 分，每个得分点得 1 分）

该起事故的直接原因：

（1）检修作业时，F 公司风力发电场没有切断 19#风机回路电源，造成了带电检修作业环境；

（2）检修人员没有按照电工作业规程执行验电程序，在检修过程中，意外引起 690V 电线对地拉弧放电；

（3）690V 电线对地拉弧放电后，地面箱式变压器内接地保护断路器未能正常起作用，电弧导致火灾。

3.（共3分，每个得分点得1分）

F、G、H公司在该起事故中应承担的主要与次要责任及原因：

（1）F公司承担主要责任。F公司风力发电场签出《生产区域外包工作联系单》，告知H公司进行检修，但没有切断19#风机回路电源，造成了带电检修作业环境，应负有主要责任；作为业主单位应当承担安全生产的主体责任，生产经营单位委托咨询机构提供安全生产管理服务的，以及使用承包商提供服务的，安全生产的责任仍由本单位负责。

（2）G公司承担次要责任。G公司为F企业提供安全生产管理咨询服务，但安全顾问实际工作时间不足，客观上导致了F企业安全管理水平低下。

（3）H公司承担次要责任。H公司作为检修作业项目承包单位，应当对现场的安全生产负责。

4.（共7分，每个得分点得1分，最多得7分）

为避免此类事故再次发生，F公司在相关方安全管理方面应采取的措施：

（1）将相关方安全管理纳入管理范畴，对相关方统一要求，统一管理，统一考核；

（2）应与相关方负责人、工程技术人员进行全面的安全技术交底，并应有完整的记录；

（3）在有危险性的生产区域内作业，应要求相关方做好作业安全风险分析，制订安全措施，经F公司批准后，监督相关方实施；

（4）在相关方队伍进入作业现场前，要对其进行电气安全、消防安全、设备设施保护等安全教育。相关方取得经批准的开工手续后方可开工；

（5）F公司、承包商的安全监督管理人员，应经常深入现场，检查指导安全施工；

（6）加强对涉及多单位的工作现场的管控，签订专门的安全管理协议，约定各自的安全生产管理职责，建立工作现场联系制度，统一协调管理，明确责任人；

（7）加强应急管理和培训，明确相关方突发情况下的应急处置方案；

（8）相关方违章作业，导致设备故障等严重影响安全生产的后果，F公司应要求相关方停工整顿，并有权决定终止合同的执行；

（9）对咨询单位委派的安全顾问进行有效监管。

5.（共6分，每个得分点得1分，最多得6分）

F公司安全生产管理机构以及安全生产管理人员的主要职责：

（1）组织或者参与拟订本单位安全生产规章制度、操作规程和生产安全事故应急救援预案；

（2）组织或者参与本单位安全生产教育和培训，如实记录安全生产教育和培训情况；

（3）督促落实本单位重大危险源的安全管理措施；

（4）组织或者参与本单位应急救援演练；

（5）检查本单位的安全生产状况，及时排查生产安全事故隐患，提出改进安全生产管理的建议；

（6）制止和纠正违章指挥、强令冒险作业、违反操作规程的行为；

（7）督促落实本单位安全生产整改措施。

2018 年度全国注册安全工程师执业资格考试模拟试卷（三）

安全生产事故案例分析

（考试时间 150 分钟，满分 100 分）

一

A 企业为矿山企业，地下金属矿山采用竖井、斜井、斜坡道联合开拓方式和下行分层胶结充填采矿方法。

2012 年 5 月 9 日 8 时，司机甲和司机乙开始在井下 1150 工作面进行铲装作业。9 时，甲使用的铲装车出现故障，无法正常作业，于是来到休息室休息。10 时 30 分，乙完成自己的铲装工作量后也来到休息室。甲见乙来到休息室，便借用了乙的铲装车进行作业。11 时，甲发现铲装车的监控系统显示排气管温度已达 170℃，便停止铲装作业，将车开到斜坡道岔口处熄火降温。11 时 10 分，甲再次启动乙的铲装车时，发现发动机下方着火。甲取下车载灭火器灭火，火未灭掉，于是去叫休息中的乙，并和乙一起从休息室拿了两个大容量灭火器进行灭火，但由于已引燃井下临时加油罐中的柴油，火焰蔓延，无法扑灭。11 时 30 分，甲将火情报告给在附近的工区值班员丙，丙向调度室作了电话报告，调度员丁接到丙的火情报告后进行了记录，但未向主管领导报告，也未向消防部门报警。丙向调度室报告火情后，与甲各拿一个灭火器赶往着火现场灭火，甲、乙、丙看到火势猛烈、冒出阵阵浓烟，并感觉呼吸困难，遂于 12 时返回地面。

由于未能及时控制火势，造成着火铲装车下风侧巷道和工作面的作业人员 17 人死亡、2 人重伤，直接经济损失 9421 万元。

事故调查确认该起事故的过程为：铲装车发动机长时间工作，排气管温度过高；铲装车油管泄漏，渗漏的柴油因高温烘烤在发动机周围形成可燃气体，重新启动时产生的火花点燃可燃气体，引燃临时加油罐内的柴油，燃烧产生大量的有毒有害气体，造成人员中毒或窒息。

根据以上场景，回答下列问题（共 14 分，每题 2 分，1～3 题为单选题，4～7 题为多选题）：

1．该起事故的责任单位是（　　）。

A．A 企业

B．甲所在班组

C．调度室

D．铲装车维修班

E．1150 工作面所在工区值班班组

2. 根据《生产安全事故报告和调查处理条例》(国务院令第 493 号)，该起事故等级为(　　)。

A．轻微事故

B．一般事故

C．较大事故

D．重大事故

E．特别重大事故

3．导致该起事故发生的直接原因是（　　）。

A．甲的铲装车出现故障

B．甲使用乙的铲装车

C．甲将乙的铲装车开到斜坡道岔口处熄火降温

D．乙的铲装车油管漏油，甲再次启动时引燃发动机周围的可燃气体

E．丁未向主管领导报告，也未向消防部门报警

4．该起事故中，造成人员伤亡的燃烧产物有（　　）。

A．CO

B．N_2

C．CO_2

D．H_2O 气

E．NH_3 气

5．甲在铲装作业时应佩戴和使用的劳动防护用品有（　　）。

A．电绝缘鞋

B．安全帽

C．防护镜

D．便携式矿灯

E．防尘口罩

6．根据《安全生产法》及配套法规，关于 A 企业安全生产管理机构设置和人员配置的要求，下列说法正确的有（　　）。

A．应设置安全生产管理机构或配备专职安全生产管理人员

B．可以委托第三方中介机构负责 A 企业的安全生产管理

C．安全生产管理人员应取得相应的资格

D．可以委托取得相应资格的注册安全工程师负责 A 企业的安全生产管理

E．A 企业的安全生产管理人员必须经过相应的培训

7．为防止此类事故再次发生，A 企业应采取的预防措施包括（　　）。

A．改变开拓方式

B．改变采矿方法

C．进行全员安全教育培训

D．针对此类事故组织应急演练

E．排查治理铲装车的火灾隐患

二

6 月 6 日，B 炼油厂油罐区的 2 号汽油罐发生火灾爆炸事故，造成 1 人死亡、3 人轻伤，直接经济损失 420 万元。该油罐为拱顶罐，容量 $200m^3$。油罐进油管从罐顶接入罐内，但未伸到罐底。罐内原有液位计，因失灵已拆除。

5 月 20 日，油罐完成了清罐检修。6 月 6 日 8 时，开始给油罐输油，汽油从罐顶输油时进油管内流速为 2.3～2.5m/s，导致汽油在罐内发生了剧烈喷溅，随即着火爆炸。爆炸把整个罐顶抛离油罐。现场人员灭火时发现泡沫发生器不出泡沫，匆忙中用水枪灭火，导致火势扩大。B 炼油厂主要负责人在接到此次事故报告后将事故信息以电话快报方式上报其所在地县级人民政府安全生产监管部门及消防部门，消防队到达后，用泡沫扑灭了火灾。事故发生后，事故调查组在事故调查分析时发现，泡沫灭火系统正常，泡沫发生器不出泡沫的原因是现场人员操作不当，开错了阀门。该厂针对此次事故暴露出的问题，加强了员工安全培训，在现场增设了自动监控系统，完善了现场设备、设施的标志和标识，制定了安全生产应急救援预案。

根据以上场景，回答下列问题（共 16 分，每小题 2 分，1～3 题为单选题，4～8 题为多选题）：

1．根据《生产安全事故报告和调查处理条例》，该起事故属于（　　）。

A．一般事故　　B．较大事故

C．重大事故　　D．特大事故

E．特别重大事故

2．根据《生产安全事故报告和调查处理条例》，B 炼油厂主要负责人在接到此次事故报告后，应在（　　）内，将事故信息以电话快报方式上报其所在地县级人民政府安全生产监管部门。

A．1 小时　　B．2 小时

C．24 小时　　D．7 天

E．30 天

3．该起火灾爆炸事故的点火源是（　　）。

A．明火　　B．静电火花

C．高温烘烤　　D．油品含有的杂质

E．接地不良的罐体

4．预防此类火灾爆炸事故发生的安全技术措施包括（　　）。

A．控制油品输入流速，防止喷溅　　B．保证罐体可靠接地

C．加强管理和培训
D．重新安装液位计
E．增加消防水池

5．油罐内发生火灾时，可以选用的灭火剂包括（　　）。

A．直流水
B．泡沫
C．开花水
D．二氧化碳
E．干粉

6．该起事故调查组的组成人员应包括（　　）的人员。

A．安全生产监督管理部门
B．监察机关
C．劳动保障部门
D．新闻媒体
E．公安机关

7．上述案例中，火灾爆炸事故发生后应立即采取的应急救援措施包括（　　）。

A．报警
B．疏散人员
C．灭火
D．追究事故责任
E．抚恤伤亡人员

8．事故发生后，该企业支出的下列费用中，属于安全投入的包括（　　）。

A．事故善后处理费用
B．安全技术培训费用
C．自动监控系统建设费用
D．完善现场设备、设施的标志和标识费用
E．安全生产应急救援预案编制费用

三

D企业是一家肉制品生产、仓储、物流、销售企业，现有员工612人。2016年3月开始试生产。甲为D企业法定代表人，乙为实际控制人，丙为负责安全生产的副总经理，丁为总会计师，戊为总工程师。

D企业的主要生产工序为：原料采购运输——解挑捧——滚揉斩件——灌装成型——熏落——包装——冷藏等，主要原料为：肉、水、食品添加剂等，生产过程中使用天然气液氨、柴油。

D企业的主要建筑物有：生产车间、制冷站、冷库、轴料库、配电室、锅炉污水处理站、宿舍楼等，主要设备有：4t/h的燃气/燃油蒸汽钢炉2台，0.15MW导热油锅炉1台，1000kVA变压器2台，宿舍楼客用电梯2部，制冷成套设备1套（制冷剂为20氨）叉车10台，冷藏车20辆，肉制品专用设备若干以及蒸汽、制冷管网等。

2016年年底，D企业开始创建安全生产标准化企业，委托E安全咨询公司进行企业风险评估、隐患排查等工作，发现制冷站存在氨泄漏的重大事故隐患；配电室占压地下燃气管道，存在火灾爆炸隐患。

D企业根据自身生产经营活动特点及E安全咨询公司的建议，完善了安全生产规章制度，层层签订了安全生产责任书，开展了相应的安全生产教育培训工作，制定了隐患治理方案，修订了相关应急救援预案。

根据以上场景，回答下列问题（共22分）

1. 列出D企业的特种设备清单。
2. 针对制冷站存在氨泄漏这一重大事故隐患，根据《安全生产事故隐患排查治理暂行规定》（安监总局令第16号）简述该隐患治理方案的主要内容。
3. 根据《中共中央国务院关于推进安全生产领域改革发展的意见》和《安全生产法》，指出D企业安全生产的第一责任人，并说明其安全生产职责。
4. 提出针对D企业配电室火灾爆炸事故的应急处置措施。

四

E企业为汽油、柴油、煤油生产经营企业，2012年实际用工2000人，其中有120人为劳务派遣人员，实行8小时工作制。对外经营的油库为独立设置的库区，设有防火墙。库区出入口和墙外设置了相应的安全标志。

E企业2012年度发生事故1起，死亡1人，重伤2人。该起事故的情况如下：

2012年11月25日8时10分，E企业司机甲驾驶一辆重型油罐车到油库加装汽油，油库消防员乙在检查了车载灭火器、防火帽等主要安全设施的有效性后，在运货单上签字放行。8时25分，甲驾驶油罐车进入库区，用自带的铁丝将油罐车接地端子与自动装载系统的接地端子连接起来，随后打开油罐车人孔盖，放下加油鹤管。自动加载系统操作员丙开始给油罐车加油。为使加油鹤管保持在工作位置，甲将人孔盖关小。

9时15分，甲办完相关手续后返回，在观察油罐车液位时将手放在正在加油的鹤管外壁上。由于甲穿着化纤服装和橡胶鞋，手接触加油鹤管外壁时产生静电火花，引燃了人孔盖口挥发的汽油，进而引燃了人孔盖周围的油污，甲手部烧伤。听到异常声响，丙立即切断油料输送管道的阀门；乙将加油鹤管从油罐车取下，用干粉灭火器将加油鹤管上的火扑灭。

甲欲关闭油罐车人孔盖时，火焰已延烧到人孔盖附近。乙和丙设法灭火，但火势较大，无法扑灭。甲急忙进入驾驶室将油罐车驶出库区，开出25m左右，油罐车发生爆炸。事故造成甲死亡、乙和丙重伤。

根据以上场景，回答下列问题（共 20 分）：

1．计算 E 企业 2012 年度的千人重伤率和百万工时死亡率。

2．分析该起事故的间接原因。

3．根据《企业职工伤亡事故分类标准》（GB 6441—1986），辨识加油作业现场存在的主要危险有害因素。

4．提出 E 企业为防止此类事故再次发生应采取的安全技术措施。

五

2016 年 12 月 11 日，南方某省 L 电厂二期扩建工程 M 标段冷却塔施工平台发生坍塌事故，造成 49 人死亡，3 人受伤。该二期扩建工程由 I 工程公司总承包，K 监理公司监理，M 标段冷却塔施工由 J 建筑公司分包。

M 标段的合同工期为 15 个月，因前期施工延误，为赶工期，I 工程公司私下与 J 建筑公司约定，要求其在 12 个月内完成 M 标段施工，为此，J 公司实行 24 小时连续作业，时值冬季，当地气候潮湿阴冷，混凝土养护所需时间比其他季节延长。

冷却塔施工采用由下而上，利用浇筑好的钢筋混凝土塔壁作为支撑，在冷却塔壁内部和外部分别搭建施工平台和模板，当浇筑的混凝土达到要求的强度后，先拆除下部模板。将其安装在上部模板的上方，再进行下一轮浇筑。用混凝土泵将混凝土输送到冷却塔壁的内外两层模板之间，进行塔壁混凝土浇筑。

冷却塔内有塔式起重机及混凝土输送设备（混凝土运输罐车、混凝土泵和管道）。通过塔式起重机运送施工平台作业人员、其他建筑材料及施工工具。冷却塔施工平台上，有模板、钢筋、混凝土振捣棒以及电焊机、乙炔气瓶、氧气瓶等。

12 月 2 日至 10 日，当地连续阴雨天气，施工并未停止，至 11 日零时，冷却塔施工平台高度达到 85m。11 日 7 时 30 分，42 名作业人员到达冷却塔内，准备与前一班作业人员进行交接班，此时施工平台上有作业人员 49 人。突然，有人在施工平台上大声喊叫，接着就看到施工平台往下坠落，砸坏了部分冷却塔，随后整个施工平台全部坍塌。事故导致施工平台上 49 名作业人员全部死亡，地面 3 人受伤。

事故调查发现：事发时 I 工程公司没有人员在现场，I 工程公司对 J 公司进行安全检查的记录不全；未发现近期 J 公司混凝土强度送检及相关检验报告；J 公司现场作人员共有 210 人，项目经理指定其亲属担任安全员，主要任务是看护现场工具及建筑材料，防止财物被盗；施工平台现场作业安全管理由当班班组长负责；J 公司上次安全培训的时间是 13 个月前。

根据以上场景，回答下列问题（共28分）

1．根据《企业职工伤亡事故分类》(GB 6441—1986)，辨识冷却塔施工平台存在的危险有害因素。

2．指出J公司在M标段冷却塔施工安全生产管理中存在的问题。

3．简述I公司对J公司现场安全管理的主要内容。

4．简述J公司安全生产管理人员安全培训的主要内容。

5．简述冷却塔施工中存在的危险性较大的分部分项工程。

安全生产事故案例分析模拟试卷

答案与解析

（满分 100 分）

一、答案与解析

1. 答案：A

解析：《安全生产法》规定，生产经营单位是生产经营活动的主体，依法应当履行加强管理、确保安全生产的义务；因其违法造成事故的，应当承担相应的法律责任。《安全生产事故报告和调查处理条例》规定，生产经营单位发生生产安全事故后，负有报告、救援和接受调查的义务。据此，生产经营单位对事故发生负有直接责任，应当作为独立的责任主体承担法律责任。

2. 答案：D

解析：根据生产安全事故（以下简称事故）造成的人员伤亡或者直接经济损失，事故一般分为四个等级：特别重大事故，重大事故，较大事故，一般事故。其中，造成 10 人以上 30 人以下死亡，或者 50 人以上 100 人以下重伤，或者 5000 万元以上 1 亿元以下直接经济损失的事故为重大事故。案例中的事故造成 17 人死亡，2 人重伤，直接经济损失 9421 万元，属于重大事故。所以选 D。

3. 答案：D

解析：直接原因是指直接导致事故发生的因素。包括下面几个方面：①机械物质或者环境的不安全状态；②人的不安全行为。

间接原因是指直接原因发生的原因。包括 7 个方面：①技术和设计上的缺陷；②教育培训不够；③劳动组织不合理；④对现场工作缺乏检查或者指导错误；⑤没有安全操作规程或者不健全；⑥没有或不认真实施事故防范措施；⑦其他。

结合案例分析，由于铲装车油管泄漏，造成周围形成可燃气体，重新启动时产生的火花点燃可燃气体，是引发事故的直接原因。

4. 答案：AC

解析：铲装车使用的油属于碳氢混合物，不完全燃烧会产生大量的 CO 和 CO_2。

5. 答案：BDE

解析：劳动防护用品管理参照《劳动防护用品配备标准（试行）》。详见《安全生产管理知识》第98页。

6. 答案：ACE

解析：《安全生产法》第二十一条规定，矿山、金属冶炼、建筑施工、道路运输单位和危险物品的生产、经营、储存单位，应当设置安全生产管理机构或者配备专职安全生产管理人员。

7. 答案：CDE

解析：事故调查确认该起事故的过程为：铲装车发动机长时间工作，排气管温度过高；铲装车油管泄漏，渗漏的柴油因高温烘烤在发动机周围形成可燃气体，重新启动时产生的火花点燃可燃气体，引燃临时加油罐内的柴油，燃烧产生大量的有毒有害气体，造成人员中毒或窒息。与A、B选项无关联。

二、答案与解析

1. 答案：A

解析：根据《生产安全事故报告和调查处理条例》，一般事故是指造成3人以下死亡，或者10人以下重伤，或者1000万元以下直接经济损失的事故。该火灾爆炸事故造成1人死亡、3人轻伤，直接经济损失420万元，构成一般事故。

2. 答案：A

解析：《生产安全事故报告和调查处理条例》规定，事故发生后，事故现场有关人员应当立即向本单位负责人报告；单位负责人接到报告后，应当于1小时内向事故发生地县级以上人民政府安全生产监督管理部门和负有安全生产监督管理职责的有关部门报告。

3. 答案：B

解析：油罐进油管从罐顶接入罐内，但未伸到罐底，汽油从罐顶输油时流速过大，导致汽油在罐内发生了剧烈喷溅，产生静电集聚，放电引起火灾爆炸发生。

4. 答案：ABD

解析：扑救油类火灾应使用泡沫灭火剂，E选项“增加消防水池”不可取。

5. 答案：BDE

解析：油类流淌火灾不能使用水剂灭火，如果油类没有流淌，在容器内，可以用水对容器外壳降温。

6. 答案：ABE

解析：《生产安全事故报告和调查处理条例》规定，事故调查组由有关人民政府、安全生产监督管理部门、负有安全生产监督管理职责的有关部门、监察机关、公安机关以及工会派人组成，并应当邀请人民检察院派人参加。

7. 答案：ABC

解析：选项D、E分别为事故处理和善后处理。

8. 答案：BCDE

三、答案及评分标准（共 22 分。其中：第 1 题 4 分，第 2 题 6 分，第 3 题 6 分，第 4 题 6 分）

1.（共 4 分，每个得分点 1 分，最多得 4 分）

特种设备清单：（1）锅炉；（2）电梯；（3）叉车；（4）压力管道。

2.（共 6 分，每个得分点得 1 分）

隐患治理方案的主要内容：

（1）治理的目标和任务；

（2）采取的方法和措施；

（3）经费和物资的落实；

（4）负责治理的机构和人员；

（5）治理的时间和要求；

（6）安全措施和应急预案。

3.（共 6 分，每个得分点得 1 分）

（1）D 企业安全生产第一责任人：D 企业的法定代表人。（1 分）

（2）安全生产职责：（共 5 分，每个得分点 1 分，最多得 5 分）

①建立、健全本单位安全生产责任制；

②制定本单位安全生产规章制度和操作规程；

③制定并实施本单位安全生产教育和培训；

④保证本单位安全生产投入的有效实施；

⑤督促、检查本单位的安全生产工作，及时消除生产安全事故隐患；

⑥组织制定并实施本单位的生产安全事故应急救援预案；

⑦及时、如实报告生产安全享故。

4.（共 6 分，每个得分点得 1 分）

（1）立即组织营救受害人员，组织撤离危害区域内的其他人员；

（2）配电室断开与着火部位电源，停电操作必须严格执行电气安全操作规程和监护制度；

（3）切断地下燃气管道输送介质，安全排放残余燃气；

（4）配电室扑灭火源时严禁用水、泡沫、水基型灭火器扑灭电气火灾等自救，必须用干粉灭火器或二氧化碳灭火器；

（5）必须正确穿戴个人防护用品，应急人员佩戴好防毒口罩、应急照明器具、通信器材；

（6）严重火灾立即拨打 119 火警电话请求外援。

四、答案及评分标准（共 20 分。其中：第 1 题 4 分，第 2 题 6 分，第 3 题 4 分，第 4 题 6 分）

1.（共 4 分，每个得分点得 2 分）

（1）千人重伤率=2÷2000×10^3=1；

（2）百万工时死亡率=1÷（250×8×2000）×10^6=0.25。

2.（6 分，每个得分点得 2 分）

事故的间接原因：

（1）油罐车司机甲未正确执行油罐车接地有关规定；

（2）消防员乙未认真检查油罐车接地系统的有效性，以及油罐车与自动加载系统接地装置的连接线就签字放行；

（3）油罐车人孔盖存在设计缺陷，不能满足密闭加油的要求，且人孔盖周围存有油污。

3.（共 4 分，每个得分点得 1 分，最多得 4 分）

主要危险有害因素：

（1）车辆伤害；

（2）触电；

（3）火灾；

（4）容器爆炸；

（5）其他爆炸；

（6）物体打击；

（7）高处坠落；

（8）中毒窒息。

4.（共 6 分，每个得分点得 1 分，最多得 6 分）

（1）静电消除设施和接地系统；

（2）报警系统；

（3）防雷设施；

（4）密闭装车；

（5）保持良好通风；

（6）自动灭火系统；

（7）消灭点火源；

（8）防爆装置。

五、答案及评分标准（共 28 分。其中：第 1 题 5 分，第 2 题 7 分，第 3 题 6 分，第 4 题 6 分，第 5 题 4 分）

1.（共 5 分，每个得分点得 1 分，最多得 5 分）

危险有害因素：

（1）坍塌——高大模板、冷却塔筒壁有发生现实危险的可能；

（2）物体打击——冷却塔施工平台高度达到 85m；

（3）高空坠落——冷却塔施工平台高度达到 85m；

（4）起重伤害——场内有塔式起重机；

（5）车辆伤害——厂内有混凝土输送罐车；

（6）触电——冷却塔施工平台上有混凝土振捣棒以及电焊机；

（7）其他伤害——跌伤、扭伤。

2.（共 7 分，每个得分点得 1 分，最多得 7 分）

管理中存在的问题：

（1）操作规程和规章制度不健全；

（2）没有设置独立的安全管理组织机构，安全管理人员配置不足；

（3）安全生产投入缺失；

（4）安全培训不到位和教育力度不足；

（5）隐患排查制度不健全和发现隐患整改不力；

（6）现场管理混乱，“三违”事件时有发生；

（7）应急预案衔接不畅，未发挥作用；

（8）员工安全意识淡薄；

（9）各级人员没有危险源辨识和风险分析的能力，相关业务不熟练。

3.（共 6 分，每个得分点得 1 分，最多得 6 分）

I 公司对 J 公司现场安全管理的主要内容：

（1）工程开工前生产经营单位应对承包方负责人、工程技术人员进行全面的安全技术交底，并应有完整的记录。

（2）在有危险性的生产区域内作业，有可能造成人身伤害、设备损坏、环境污染等事故的，生产经营单位应要求承包方做好作业安全风险分析，并制定安全措施，经生产经营单位审核批准后，监督承包方实施。承包商应按有关行业安全管理法规、条例、规程的要求，在工作现场设置安全监护人员。

（3）在承包商队伍进入作业现场前，发包单位要对其进行消防安全、设备设施保护及社会治安面的教育。所有教育培训和考试完成后，办理准入手续，凭证件出入现场。

（4）生产经营单位协助做好办理开工手续等工作，承包商得到经批准的开工手续后方可开始施工。

（5）发包单位、承包商安全监督管理人员，应经常深入现场，检查指导安全施工，要随时对施工安全进行监督，发现有违反安全规章制度的情况，及时纠正，并按规定给予惩处。

（6）同一工程项目或同一施工场所有多个承包商施工的，生产经营单位应与承包商签订专门的安全管理协议或者在承包合同中约定各自的安全生产管理职责，发包单位对各承包商的安全生产工作统一协调、管理。

（7）承包商施工队伍严重违章作业，导致设备故障等严重影响安全生产的后果，生产经营单位可以要求承包商进行停工整顿，并有权决定终止合同的执行。

4.（共 6 分，每个得分点得 1 分，最多得 6 分）

安全生产管理人员安全培训的主要内容：

（1）国家安全生产方针、政策和有关安全生产的法律、规章及标准；

（2）安全生产管理、安全生产技术、职业卫生等知识；

（3）伤亡事故统计、报告及职业危害的调查处理方法；

（4）应急管理、应急预案编制以及应急处置的内容和要求；

（5）国内外先进的安全生产管理经验；

（6）典型事故和应急救援案例分析；

（7）其他需要培训的内容。

5.（共 4 分，每个得分点得 1 分，最多得 4 分）

危险性较大的分项工程：

（1）基坑支护、降水工程；

（2）土方开挖工程；

（3）模板工程及支撑体系；

（4）起重吊装及安装拆卸工程；

（5）脚手架工程；

（6）拆除、爆破工程。

后 记

2018 年全国注册安全工程师执业资格考试在即，为了让考生在繁忙的工作之余提高复习效率，以最短的时间取得最好的复习效果，我们组织安全生产工作领域的教授及专家编写了《2018 全国注册安全工程师执业资格考试模拟考场》一书。

本书编写过程中，张晓蕾、张洁、张媛媛、冯彩云、张杨薇、李宁、姚茜、王海燕、李秀华等同志对书稿进行了认真的编写和审校工作；中国环境出版集团董蓓蓓等编辑同志对本书的结构设计以及出版工作付出了辛勤的劳动。在此，我们一并向他们表示感谢！

读者在做题过程中，若对试题有任何意见和建议，请通过电子邮件的形式反馈给我们。

电子邮件：cse2018exam@163.com

编 者

2018 年 6 月